普通高等教育"十三五"规划教材

中国石油和石化工程教材出版基金资助项目

化学反应工程

（第三版）

张卫红　李为民　主编

U0264498

中国石化出版社

内 容 提 要

　　本书以反应器原理为主要线索，简明扼要讲述了化学反应工程的基本概念、基本原理和反应器设计的基本方法。全书共分十章，即绪论、均相反应动力学、等温过程均相反应器、变温过程均相反应器、非理想流动、非均相流固催化反应器、气液两相反应器、聚合反应器、生化反应器、反应器设计示例。除八、九两章外，其余每章均附有大量习题，以帮助读者进一步掌握基本原理及内容。

　　本书为化工类本科专业教材，也可供技术人员或其他相关专业师生参考。

图书在版编目（CIP）数据

　　化学反应工程 / 张卫红，李为民主编 . —3 版 .
—北京：中国石化出版社，2020.1(2025.4 重印)
　　普通高等教育"十三五"规划教材
　　ISBN 978-7-5114-5652-6

　　Ⅰ . ①化… Ⅱ . ①张… ②李… Ⅲ . ①化学反应工程-
高等学校-教材 Ⅳ . ①TQ03

　　中国版本图书馆 CIP 数据核字（2020）第 006389 号

中国石化出版社出版发行

地址：北京市东城区安定门外大街 58 号
邮编：100011 电话：(010)57512500
发行部电话：(010)57512575
http://www.sinopec-press.com
E-mail:press@sinopec.com
北京捷迅佳彩印刷有限公司印刷
全国各地新华书店经销

*

787 毫米×1092 毫米 16 开本 12.75 印张 317 千字
2025 年 4 月第 3 版第 2 次印刷
定价：40.00 元

前　言

化学反应工程是化工高等教育的一门主干课程，为了适应我国化工事业的发展，迫切需要有一本既有本专业特色，又能适应交叉学科相互渗透需要的教材。本书以化学反应器原理为主要线索，均相反应器部分着重论述化学反应动力学和反应器分析；多相反应器重点介绍反应器实际应用和设计方法；聚合反应器和生化反应器的介绍有助于拓宽化工专业学生的知识面。与前两版相比，本书增加了微通道反应器的简介、列管式固定床反应器的设计案例、计算机数值模拟及应用的相关知识。

全书共分 10 章，尹芳华负责编写第 2、3、4 章，张卫红负责编写第 1、5、7 章，李为民负责编写第 6、10 章，杨利民负责编写第 8 章。特邀清华大学袁乃驹教授编写了第 9 章，使全书大为增色。石油大学徐春明教授对全书进行了审核，并提出了许多宝贵的意见，另外高广达教授和徐以撒副教授等人也为此书的编写提供了可贵的帮助，在此表示深深的谢意。

由于编者学识所限，书中缺点、错误在所难免，欢迎读者不吝赐教，在此先致以深切的谢意。

编　者

目　　录

第1章 绪 论

1.1 概述

  化学反应工程是关于如何在工业规模上实现化学反应过程，以期最有效地把原料转化为尽可能多的目标产品，争取实现经济效益，满足国民经济需要的一门学科。凡是涉及物质分子结构变化的过程都属化学反应的范畴，故而广义的化学反应工程涉及面十分广阔，诸如无机化工、有机化工、精细化工、高分子化工、冶金工程、环保工程、生物化工等等。在许多发达国家，化学工业及与之相关的工业成为国民经济中占主要地位的产业部门。所以研究化学反应过程的放大规律，具有十分重要的意义。

  一个典型的化工生产过程大致可分为原料预处理–反应–分离三大部分，如图 1-1-1 所示：

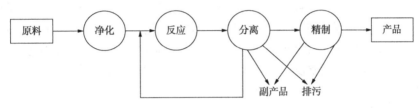

图 1-1-1 化工过程示意图

  在现代化大规模连续操作的化工厂中，化学反应器约占生产设备总投资的 15% ~ 20%，分离设备的投资占生产设备总投资的大部分。但是反应器设计的优劣、反应结果的好坏，常常是决定整个生产过程效益的关键所在。在现代生产体系中，社会分工较细，一个工厂的产品常常又是另一个工厂的原料，所以构成化工产品成本的诸因素中，原料所占的比重常常是决定性的。如何在一个化学反应过程中，最大限度地利用原料生产出最多的目标产品，就成为至关重要的因素，而这一问题正是化学反应工程所要研究解决的。

  早期的化学反应过程的放大，遵循物理相似或化学相似的原则，属于经验放大法。由于难以在放大后同时做到物理相似和化学相似，所以放大后的反应效果常与放大前有较大的差异，因而放大的倍数不能很大。往往采取"逐级放大"的设计方法，耗费的时间、人力、资金较多，效率较低。后来出现了模型设计法，即把一个实际的复杂的生产过程，合理地简化为反应、传递、流动等过程的组合，分别用一些数学方程来描述这些过程。通过实验或生产获得数据，回归得到待定的常数，借助于计算机等现代化手段，模拟出放大后过程的预期结果。用实验手段给予验证，再作为高倍数放大的依据。合理、可靠的模型设计法大大促进了化学工业的发展。

  1940 年以后，世界石油及石油化学工业的飞速发展，促成了化学反应工程学科新体系的建立。石油化工过程中涉及的有机化学反应，常常是速度较慢，副产品较多，又需要有特定的催化剂参与的反应，因此反应速度成为工业反应器设计的一个关键因素。Hougen 和 Watson 在这方面做了大量工作，奠定了化学反应工程的速率论基础。

1

化学反应器设计是反应工程学科研究的主要目的之一。工业反应器形式多样，外形各异，大小悬殊，操作方式也不一样。但是也有共性，是为反应过程提供传热传质等外部条件的，可根据产量、转化率要求确定反应器形式及其体积大小。随着化工生产规模的不断扩大，用间歇式分批操作的反应器难以满足产量扩大和质量稳定的要求，于是就出现了连续操作的反应器。英国的 Donbigh 教授等首先引入了全混流反应器和活塞流(平推流)反应器的概念，提出了理想反应器的模型及其设计计算方法。实际连续流动反应器的性能与理想流动反应器的差异，则归结为非理想流动的影响。1950 年英国科学家 Dankwarts 提出了"返混"等非理想流动的概念，用示踪-应答技术给出了定量描述返混程度的方法，为建立流动模型、更准确地预测实际反应器的反应结果作出了重大贡献。

许多重要的化学反应过程都需要用到催化剂，催化剂的研究开发与应用往往成为化工开发过程的关键之一。多孔性颗粒状固体催化剂的反应性能受到化学反应和相间传递过程的双重影响。涉及催化剂应用的非均相反应器设计成为化学反应工程研究的一个重要组成部分。在这方面 Damkohler 和 Thiele 等科学家为多相催化反应理论研究作出了重大贡献。

反应器数学模型方法是 1950~1960 年期间发展起来的。这一领域中的学术贡献首推美国学者 Amundson 和 Aris 教授。60 年代以后，随着计算机科学的飞速发展，使得以往无法用解析法求解的复杂的反应器数学模型方程可以用数值方法求解。现在，气-固相、气-液相或气-液-固三相反应系统都可以获得相当精确的数学模型解。例如美国 Mobil 公司开发的石油催化重整反应器设计与分析模型，自 1974 年以来广泛应用于工业催化剂的优化、监控和评估，用于设计新的重整反应器，预测芳烃收率，均取得了优异的成绩。

1957 年首次召开了欧洲化学反应工程学术会议，确定了化学反应工程的学科名称，此后每隔数年即召开国际反应工程学术会议。全世界的化工杂志、化工专著中都有大量有关反应工程的论文发表，大多数化工类院校都开设有关课程和研究方向。近年来反应工程学的基本原理在环境保护工程和生物化学工程中，正在发挥着越来越大的作用。

1.2　化学反应器形式举例

化学反应器大小和形式各异，操作方式也不相同，可以有多种分类方法。如按反应物的聚集状态分，有均相反应器(图 1-2-1)和非均相反应器；按反应器的操作方式分，有间歇式反应器、半间歇(半连续式)反应器和连续流动反应器；按反应器的外形分，有管式反应器、塔式反应器和釜式反应器；按反应器与外界的传热方式分，则有等温式反应器、绝热式反应器、对外换热式反应器和自热式反应器等。

在这些分类方法中，按反应物的聚集状态分类，可以反映出反应物料之间有无相间传递问题，这对反应器设计影响较大，因而是一种比较基本的分类方法。下面是一些科学研究和工业上常用的反应器类型举例。

最常用的多相反应器为气-固相催化反应器，固体催化剂堆积在反应器内构成床层，反应原料气体从一端流入，通过床层发生催化反应，反应生成气由另一端离开反应器，见图 1-2-2，(a)是列管式固定床反应器，可视为许多根管式反应器并联而成，使单位反应器容积具有较大的传热面积；(b)是流化床反应器，使固体催化剂具有流体性质，适合催化剂快失活系统。

在这些反应器的基础上，为满足特定反应条件的需要，常在反应器操作方式、内部结构、催化剂运动方式等方面作调整，派生出各式各样的反应器，如径向反应器。

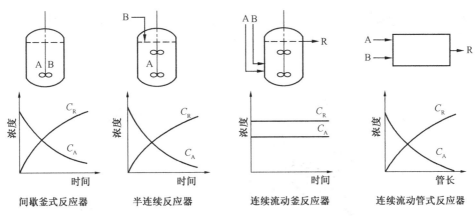

图 1-2-1　均相反应器示意图

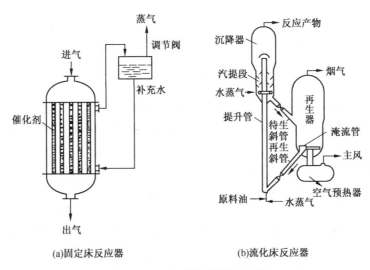

(a)固定床反应器　　　　　　　(b)流化床反应器

图 1-2-2　气-固相催化反应器

气-液相反应器和不互溶的液-液非均相反应器也有广泛的用途，如图 1-2-3 所示。

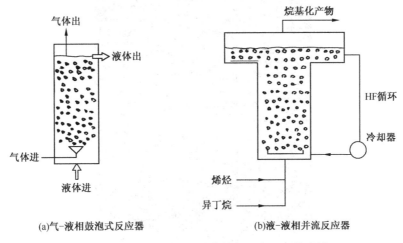

(a)气-液相鼓泡式反应器　　　　　(b)液-液相并流反应器

图 1-2-3　气-液与液-液非均相反应反应器示例

有些反应过程需要用气-液-固三相反应器,通常是气相和液相反应物借助于固相催化剂进行的反应,分为浆态床和滴流床反应器,见图1-2-4所示。

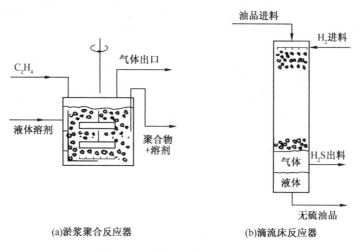

(a)淤浆聚合反应器   (b)滴流床反应器

图 1-2-4   气-液-固三相反应器

一般说来,均相反应常用管式反应器;而液相反应或液-固相反应较多采用搅拌釜式反应器;高压反应用管式反应器较多,而浆态反应则一般采用搅拌釜式反应器。间歇操作的釜式反应器具有灵活可变的特点,多用于精细化工产品的生产。反应器的类型还有很多,例如20世纪90年代中期开发出来的微通道反应器(Micro-channel reactor,MCR),是微反应器、微混合器、微换热器和微控制器等微通道化工设备的通称。图1-2-5是一种"心型"通道结构的MCR。MCR从本质上讲是一种连续流动的管式反应器,其具有反应器结构紧凑、装置占地面积极小、混合和换热性能卓越高效、停留时间分布窄、化学原料消耗少、几乎无放大效应、生产高度灵活等特点。因此,MCR特别适合于研发单位、科研院所进行快速的反应筛选、工艺探索以及放大生产。

图   1-2-5   微通道反应器

1.3 化学反应工程学的基本方法

不论是设计、放大或控制，都需要对研究对象作出定量的描述。也就是要用数学方程来表达各参数之间的关系，或称为建立数学模型。反应工程学中的数学模型主要包括以下一些内容：

①动力学方程式；②物料衡算式；③热量衡算式；④动量衡算式；⑤参数计算式。

在设计反应器时，如果流体通过反应器前后的压力变化不大，则常作为等压处理，而不列出动量衡算式。对于等温反应，就不需要列出热量衡算式。当然大部分实际化学反应过程中，放热量或吸热量常是很可观的，必须考虑热量的平衡。反应器设计过程中的参数，一般可从有关手册中查到，也可自己实验测定。任何反应器的设计计算，都需要物料衡算式和动力学方程式。对于非均相反应或非理想流动，则需要分别列出相间传递方程和流动模型方程，这些方程本质上也是属于物料衡算的范畴。

建立模型方程所用的参数，特别是动力学参数和传递参数等，一般需要用实验方法进行测定和回归。实验的规模有实验室小试、中试。小试提供最基础的数据，要求的精度较高。中试的投资较大，除了验证小试所得参数的准确性外，还可提供流动、传递等方面的数据，故对于放大成为生产装置是很有益的。如果有生产装置的系统记录数据，则可根据小试、中试所得出的模型框架，回归得到更为实用和可靠的参数。

本课程所学习的是有关化学反应工程学科的基本知识，许多是在理想的、简化的条件下所提出来的问题。这有助于掌握学科的基本知识和概貌，但实际的反应器设计中涉及的问题要复杂得多。一般要用数值方法求得近似解，这方面的内容需要花费较多的时间去学习，可根据实际需要和条件进一步学习和掌握。

第2章 均相反应动力学

化学反应能否进行，它能进行到怎样的程度，这是热力学所要回答的问题。但是一个化学反应以怎样的方式进行，进行的快慢程度如何，则是化学动力学的研究范畴。怎样使化学反应在工业上有效地实现，这是化学反应工程学的主要目的。为此，必须掌握有关化学反应热力学和动力学的知识。在这一章里，我们将从化学反应工程的需要出发，阐述化学动力学中最基本的概念和原理。

2.1 反应速率方程

化学动力学研究的核心问题，就是反应速率。反应速率是一个化学反应进行得快慢的一种数量表示。因为单位时间的反应量或产量与化学反应进行时所用的原料量有关，所以，定义化学反应速率时，必须考虑这一因素。

2.1.1 反应速率定义及其表示方法

化学反应可以分为两大类：均相反应与非均相反应。所有反应组分均处于同一相态中时，它们之间的反应称为均相反应。若反应组分处于不同的相态称为非均相反应。

均相反应的速率定义为：单位时间内，单位体积反应混合物中，某一组分 i 的反应量（或生成量）。

$$(-r_i) \overset{\text{def}}{=} -\frac{\mathrm{d}n_i}{V\mathrm{d}t}$$

例如，有一简单反应

$$\mathrm{A} \longrightarrow \mathrm{P}$$

$$(-r_A) \overset{\text{def}}{=} -\frac{\mathrm{d}n_A}{V\mathrm{d}t} = \frac{\text{由于反应而消耗 A 物质的量}}{(\text{单位体积}) \cdot (\text{单位时间})} \tag{2-1-1}$$

$$r_P \overset{\text{def}}{=} \frac{\mathrm{d}n_P}{V\mathrm{d}t} = \frac{\text{由于反应而生成 P 物质的量}}{(\text{单位体积}) \cdot (\text{单位时间})} \tag{2-1-2}$$

注意以下几点：

① 反应速率 r_i 始终是非负值。

如果是等分子单一反应

$$(-r_A) \overset{\text{def}}{=} -\frac{\mathrm{d}n_A}{V\mathrm{d}t} = r_P \overset{\text{def}}{=} \frac{\mathrm{d}n_P}{V\mathrm{d}t} \tag{2-1-3}$$

② 对于任一不可逆反应：$a\mathrm{A}+b\mathrm{B} \longrightarrow p\mathrm{P}+s\mathrm{S}$

各组分的反应速率与它的计量系数成比例

$$\frac{(-r_A)}{a} = \frac{(-r_B)}{b} = \frac{r_P}{p} = \frac{r_S}{s} \tag{2-1-4}$$

③ 定义 $(-r_A) \overset{\text{def}}{=} -\frac{\mathrm{d}n_A}{V\mathrm{d}t}$ 是个微分关系式。对于气相反应，其中 V 可以表示成时间的函数 $V(t)$，即随反应进程体积膨胀或收缩。

如改用通常形式 C_A 表示：$C_A = \dfrac{n_A}{V}$

$$(-r_A) \stackrel{\text{def}}{=} -\frac{\mathrm{d}n_A}{V\mathrm{d}t} = -\frac{1}{V} \cdot \frac{\mathrm{d}(C_A \cdot V)}{\mathrm{d}t} = -\frac{\mathrm{d}C_A}{\mathrm{d}t} - \frac{C_A}{V} \cdot \frac{\mathrm{d}V}{\mathrm{d}t} \qquad (2-1-5)$$

如果是恒容系统，$\dfrac{\mathrm{d}V}{\mathrm{d}t} = 0$

$$(-r_A) = -\frac{\mathrm{d}C_A}{\mathrm{d}t} = -\frac{1}{RT} \cdot \frac{\mathrm{d}p_A}{\mathrm{d}t} \qquad (2-1-6)$$

④ 在多相体系中，反应是在相界面或某相内部进行的。

例如液-固相反应中，

$$(-r_A) \stackrel{\text{def}}{=} -\frac{1}{V} \frac{\mathrm{d}n_A}{\mathrm{d}t} [\mathrm{mol}/(\mathrm{s} \cdot \mathrm{m}^3)] \qquad (2-1-7)$$

$$(-r'_A) \stackrel{\text{def}}{=} -\frac{1}{W} \frac{\mathrm{d}n_A}{\mathrm{d}t} [\mathrm{mol}/(\mathrm{s} \cdot \mathrm{kg})] \qquad (2-1-8)$$

$$(-r''_A) \stackrel{\text{def}}{=} -\frac{1}{S} \frac{\mathrm{d}n_A}{\mathrm{d}t} [\mathrm{mol}/(\mathrm{s} \cdot \mathrm{m}^2)] \qquad (2-1-9)$$

$$(-r'''_A) \stackrel{\text{def}}{=} -\frac{1}{V_P} \frac{\mathrm{d}n_A}{\mathrm{d}t} [\mathrm{mol}/(\mathrm{s} \cdot \mathrm{m}^3)] \qquad (2-1-10)$$

$$(-r''''_A) \stackrel{\text{def}}{=} -\frac{1}{V_R} \frac{\mathrm{d}n_A}{\mathrm{d}t} [\mathrm{mol}/(\mathrm{s} \cdot \mathrm{m}^3)] \qquad (2-1-11)$$

$$V \cdot (-r_A) = W \cdot (-r'_A) = S \cdot (-r''_A) = V_P \cdot (-r'''_A) = V_R(-r''''_A) \qquad (2-1-12)$$

式中　　V_P——固相占体积；

　　　　V——液相占体积；

　　　　V_R——反应器的有效体积，$V_R = V_P + V$。

在以后的章节里，要用到以上定义。

⑤ 转化率

如对于反应 A —→P，转化率

$$x_A = \frac{n_{A0} - n_A}{n_{A0}} = \frac{\text{反应掉的 A 的物质的量}}{\text{反应开始时 A 的物质的量}} \qquad (2-1-13)$$

对上式微分得

$$\mathrm{d}n_A = -n_{A0}\mathrm{d}x_A \qquad (2-1-14)$$

$$(-r_A) = -\frac{1}{V} \cdot \frac{\mathrm{d}n_A}{\mathrm{d}t} = \frac{n_{A0}}{V} \cdot \frac{\mathrm{d}x_A}{\mathrm{d}t} \qquad (2-1-15)$$

如果恒容

$$(-r_A) = C_{A0} \cdot \frac{\mathrm{d}x_A}{\mathrm{d}t}$$

式中　　C_{A0}——A 的初始浓度。

2.1.2　均相反应动力学方程

反应物系中，所有反应物及生成物(包括催化剂在内)都处于同一相中的，则称为均相反应。

影响反应速率的参数有浓度、温度、催化剂等，因此，反应速率与上述这些参数成函数关系。

设一均相不可逆反应

$$aA + bB \longrightarrow pP$$

在一定温度、一定催化剂的条件下，反应速率与浓度的关系可表示为：

$$(-r_A) = kC_A^\alpha C_B^\beta \qquad (2-1-16)$$

式中，α 和 β 叫作对反应物 A 和 B 的级数，$n = \alpha + \beta$ 为总级数。α、β 的数值通常由实验来确定，它与反应方程式的计量系数并不一致，只有基元反应时，$\alpha = a$，$\beta = b$。

式(2-1-16)中的比例常数 k 叫反应速率常数，当催化剂一定时，它是温度的函数，与反应物浓度无关。其量纲决定于反应的总级数，为[浓度]$^{1-n}$·[时间]$^{-1}$。

对于气相反应，式(2-1-16)尚可改写成反应速率与组分分压的幂指数关系，即

$$(-r_A) = k_p p_A^\alpha p_B^\beta \qquad (2-1-17)$$

式中，k_p 的量纲为[浓度][时间]$^{-1}$·[压力]$^{-n}$。

2.1.3 速率常数 k 与温度的关系——Arrhenius 公式

式(2-1-16)中的温度效应项经常用一反应速率常数 k 表示。它与反应温度之间的关系对多数化学反应可表示为温度的负指数函数式，即

$$k = k_0 e^{-\frac{E}{RT}} \qquad (2-1-18)$$

式中　k——反应速率常数；

$\quad\quad k_0$——频率因子；

$\quad\quad E$——反应活化能；

$\quad\quad R$——通用气体常数。

式(2-1-18)是由阿累尼乌斯(Arrhenius)总结了大量实验数据而提出的，因而称为Arrhenius 公式。其中的活化能 E 是一个重要的动力学参数，它在一定温度范围内是一常数。

将式(2-1-18)取对数，则有

$$\ln k = -\frac{E}{RT} + \ln k_0 \qquad (2-1-19)$$

将式(2-1-19)对温度 T 微分

$$\frac{d\ln k}{dT} = \frac{E}{RT^2} \qquad (2-1-20)$$

将式(2-1-20)积分($T_1 \rightarrow T_2$，相应地 $k_1 \rightarrow k_2$)，得

$$\ln \frac{k_2}{k_1} = \frac{E}{R}\left(\frac{1}{T_1} - \frac{1}{T_2}\right) \qquad (2-1-21)$$

【例 2-1】　邻硝基氯苯的氨解反应是二级反应。由实验测得该反应的速率常数与温度的关系如下：

表 2-1-1　反应常数 k 与温度 T 的关系

T/K	$k/[L/(mol \cdot min)]$	T/K	$k/[L/(mol \cdot min)]$	T/K	$k/[L/(mol \cdot min)]$
413	2.24×10^{-4}	423	3.93×10^{-4}	433	7.10×10^{-4}

试根据以上数据，确定该反应的速率常数与温度的关系式，并求出反应的活化能。

解：由表 2-1-1 数据可得

$\frac{1}{T}$/K^{-1}	0.002421	0.002364	0.002309
ln$k$	−8.404	−7.842	−7.250

采用以 ln$k$ 为纵坐标，以 $\frac{1}{T}$ 为横坐标的作图方法得:

$$\ln k = -\frac{10311}{T} + 16.55$$

$$E = 10311\text{K} \times 8.314\text{J} \cdot \text{mol}^{-1} \cdot \text{K}^{-1} = 85.8\text{kJ/mol}$$

2.2 单一反应

用一个化学计量式即能表达反应物间量的关系的反应称单一反应。首先考察单一、等温恒容过程。

2.2.1 一级反应

$$A \longrightarrow P$$

$$(-r_A) = -\frac{dC_A}{dt} = kC_A \tag{2-2-1}$$

当 $t=0$ 时，$C_A = C_{A0}$，积分上式，得

$$\ln C_A/C_{A0} = \ln(1 - x_A) = -kt \tag{2-2-2}$$

即

$$C_A = C_{A0}e^{-kt} \tag{2-2-3}$$

$\ln(C_A/C_{A0})$ 对时间 t 作图，直线的斜率为 $-k$。

2.2.2 二级反应

类型Ⅰ

$$A + A \longrightarrow P$$

$$(-r_A) = kC_A^2$$

$$-\frac{dC_A}{dt} = kC_A^2 \tag{2-2-4}$$

当 $t=0$ 时，$C_A = C_{A0}$，积分上式得

$$\frac{1}{C_A} - \frac{1}{C_{A0}} = kt \tag{2-2-5}$$

或

$$\frac{1}{C_{A0}} \cdot \frac{x_A}{1 - x_A} = kt \tag{2-2-6}$$

类型Ⅱ

$$A + B \longrightarrow P$$

$$(-r_A) = kC_A C_B \tag{2-2-7}$$

$$C_{A0}x_A = C_{B0}x_B$$

$$-\frac{dC_A}{dt} = C_{A0} \cdot \frac{dx_A}{dt} = kC_{A0}(1 - x_A)(C_{B0} - C_{A0}x_A) \tag{2-2-8}$$

令初始浓度比 $M = C_{B0}/C_{A0}$

$$C_{A0} \cdot \frac{\mathrm{d}x_A}{\mathrm{d}t} = kC_{A0}^2(1 - x_A)(M - x_A) \qquad (2-2-9)$$

积分得：

$$k(C_{B0} - C_{A0})t = \ln\frac{M - x_A}{M(1 - x_A)} = \ln\frac{C_B C_{A0}}{C_A \cdot C_{B0}} = \ln\frac{C_B}{M \cdot C_A} \qquad (2-2-10)$$

如果初始浓度比 $M = 1$，即 $C_{A0} = C_{B0}$ 的情况与类型 I 相同。

如果

$$aA + bB \longrightarrow P$$

$$-\frac{\mathrm{d}C_A}{\mathrm{d}t} = kC_A C_B = kC_{A0}^2(1 - x_A)\left(M - \frac{b}{a}x_A\right)$$

$$\ln\frac{C_B C_{A0}}{C_A C_{B0}} = \ln\frac{M - \left(\dfrac{b}{a}\right)x_A}{M(1 - x_A)} = C_{A0}\left(M - \frac{b}{a}\right)kt \qquad (2-2-11)$$

类型 I 中 $1/C_A$ 对 t 的关系见图 2-2-1(a)，类型 II 中 $\ln(C_B/C_A)$ 对 t 的关系见图 2-2-1(b)

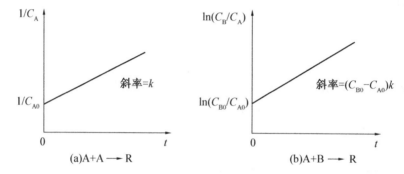

图 2-2-1　二级反应的线性回归

2.2.3　n 级反应

$$nA \longrightarrow P$$

$$-\frac{\mathrm{d}C_A}{\mathrm{d}t} = kC_A^n$$

$$\frac{1}{C_A^{n-1}} - \frac{1}{C_{A0}^{n-1}} = (n-1)kt \quad (n \neq 1) \qquad (2-2-12)$$

或

$$(1 - x_A)^{1-n} - 1 = (n-1)kC_{A0}^{n-1}t \qquad (2-2-13)$$

表 2-2-1 为单一反应速率方程的积分形式。

表 2-2-1　单一反应的速率方程的积分形式

反应系统	反应速率方程	积分形式	半衰期 $t_{1/2}$
0 级	$(-r_A) = k$	$kt = C_{A0} - C_A$	$C_{A0}/(2k)$
1/2 级	$(-r_A) = kC_A^{1/2}$	$\dfrac{1}{2}kt = C_{A0}^{1/2} - C_A^{1/2}$	$2(1 - 1/\sqrt{2})\sqrt{C_{A0}}/k$
1 级	$(-r_A) = kC_A$	$kt = \ln(C_{A0}/C_A)$	$\ln 2/k$

反应系统	反应速率方程	积分形式	半衰期 $t_{1/2}$
2 级 1 型	$(-r_A) = kC_A^2$	$kt = \dfrac{1}{C_A} - \dfrac{1}{C_{A0}}$	$1/(kC_{A0})$
2 级 2 型	$(-r_A) = kC_A C_B$	$k\left(C_{B0} - \dfrac{b}{a}C_{A0}\right)t = \ln\dfrac{C_B C_{A0}}{C_A C_{B0}}$	$\dfrac{a}{k(aC_{B0} - bC_{A0})}\ln\left(2 - \dfrac{bC_{A0}}{aC_{B0}}\right)$
3 级 1 型	$(-r_A) = kC_A^3$	$kt = \dfrac{1}{2}\left(\dfrac{1}{C_A^2} - \dfrac{1}{C_{A0}^2}\right)$	$\dfrac{3}{2kC_{A0}^2}$
3 级 2 型	$(-r_A) = kC_A^2 C_B$	$kt = \dfrac{-a}{(bC_{A0} - aC_{B0})}\left(\dfrac{1}{C_A} - \dfrac{1}{C_{A0}}\right)$ $+ \dfrac{ab}{(bC_{A0} - aC_{B0})^2}\ln\dfrac{C_A C_{B0}}{C_B C_{A0}}$	$-\dfrac{a}{kC_{A0}(bC_{A0} - aC_{B0})}$ $\dfrac{ab\ln(2 - bC_{A0}/aC_{B0})}{k(bC_{A0} - aC_{B0})^2}$
n 级	$(-r_A) = kC_A^n$	$kt = \dfrac{1}{n-1}\left(\dfrac{1}{C_A^{n-1}} - \dfrac{1}{C_{A0}^{n-1}}\right)$	$\dfrac{(2^{n-1} - 1)}{kC_{A0}^{n-1}(n-1)}$

注：a、b 为计量系数。

【例 2-2-1】 气相反应 A →3P 为一级反应，速度常数为 $k = 0.5\text{min}^{-1}$，反应在恒容间歇式反应器中进行。求 1min 后体系的总压。进料状况如下：

（1）纯 A，0.1MPa；

（2）纯 A，1MPa；

（3）10% 的 A 和 90% 的 I(惰性气体)混合组分，1MPa。

解：

$$(-r_A) = -\frac{dn_A}{Vdt} = kC_A$$

$$C_A = \frac{n_A}{V} = \frac{p_A}{RT}$$

$$(-r_A) = -\frac{dp_A}{RTdt} = kp_A/RT$$

即

$$-\frac{dp_A}{dt} = kp_A \qquad (\text{I})$$

任意时刻的总压 π 为各组分分压 p_A，p_P，p_I 之和

$$\pi = p_A + p_P + p_I = p_A + 3(p_{A0} - p_A) + p_I$$

$$= 3p_{A0} - 2p_A + p_I$$

$$p_A = \frac{3p_{A0} + p_I - \pi}{2} \qquad (\text{II})$$

$$-\frac{dp_A}{dt} = \frac{1}{2} \cdot \frac{d\pi}{dt}$$

对比式（I）、（II），得

$$\frac{d\pi}{dt} = k(3p_{A0} + p_I - \pi) \qquad (\text{III})$$

当 $t = 0$，$\pi = \pi_0$，积分式（III），得

$$\ln\frac{3p_{A0} + p_I - \pi_0}{3p_{A0} + p_I - \pi} = kt \qquad (\text{IV})$$

（1）$p_{A0} = \pi_0 = 0.1$，$p_1 = 0$，$\ln \dfrac{0.2}{0.3-\pi} = 0.5 \times 1$，$\pi = 0.179 \text{MPa}$

（2）$p_{A0} = \pi_0 = 1$，$p_1 = 0$，$\ln \dfrac{2}{3-\pi} = 0.5$，$\pi = 1.79 \text{MPa}$

（3）$p_{A0} = 0.1$，$\pi_0 = 1$，$p_1 = 0.9$，$\ln \dfrac{0.3+0.9-1}{0.3+0.9-\pi} = 0.5$，$\pi = 1.079 \text{MPa}$

2.3 可逆反应

可逆反应是指正方向、逆方向同时以显著速度进行的反应，也叫对峙反应。

2.3.1 一级可逆反应

$$A \underset{k_2}{\overset{k_1}{\rightleftharpoons}} R$$

$$- \frac{dC_A}{dt} = k_1 C_A - k_2 C_R \tag{2-3-1}$$

初始浓度为 C_{A0}，C_{R0}，

$$C_A = C_{A0}(1 - x_A)，\quad C_R = C_{R0} + C_{A0} x_A$$

代入式（2-3-1）得

$$\frac{dx_A}{dt} = \left(k_1 - k_2 \cdot \frac{C_{R0}}{C_{A0}} \right) - (k_1 + k_2) x_A \tag{2-3-2}$$

达到平衡时，$-dC_A/dt = 0$，平衡时浓度为 C_{Ae}、C_{Re}，转化率为 x_{Ae}。

$$\frac{k_1}{k_2} = \frac{C_{Re}}{C_{Ae}} = K = \text{平衡常数} \tag{2-3-3}$$

$$k_1 C_{A0}(1 - x_{Ae}) = k_2(C_{R0} + C_{A0} x_{Ae})$$

整理得

$$k_2 C_{R0} = k_1 C_{A0} - C_{A0} x_{Ae}(k_1 + k_2)$$

代入式（2-3-2）得

$$\frac{dx_A}{dt} = (k_1 + k_2)(x_{Ae} - x_A) \tag{2-3-4}$$

积分其为

$$t = \frac{1}{k_1 + k_2} \ln \frac{x_{Ae}}{x_{Ae} - x_A} = \frac{1}{k_1 + k_2} \ln \frac{C_{A0} - C_{Ae}}{C_A - C_{Ae}} \tag{2-3-5}$$

2.3.2 二级可逆反应

$$A + B \underset{k_2}{\overset{k_1}{\rightleftharpoons}} R + S$$

一般地，可逆反应的级数愈高，速度式的积分形式愈复杂。

$$- \frac{dC_A}{dt} = k_1 C_A C_B - k_2 C_R C_S \tag{2-3-6}$$

初始条件为 $C_{A0} = C_{B0}$，$C_{R0} = C_{S0} = 0$ 时，积分上式为

$$\ln \frac{x_{Ae} - (2x_{Ae} - 1)x_A}{x_{Ae} - x_A} = 2k_1 \left(\frac{1}{x_{Ae}} - 1 \right) C_{A0} t \qquad (2-3-7)$$

表 2-3-1 为可逆反应的速率方程的积分形式。

表 2-3-1　可逆反应的速率方程的积分形式(等温，等容)[①]

化学计量式	反应速度式	积 分 形 式
A ⇌ R	$(-r_A) = k_1 C_A - k_2 C_R$	$t = \dfrac{1}{k_1 + k_2} \ln \dfrac{C_{A0} - C_{Ae}}{C_A - C_{Ae}}$
A ⇌ R+S	$(-r_A) = k_1 C_A - k_2 C_R C_S$	$t = \dfrac{1}{k_1} \cdot \dfrac{C_{A0} - C_{Ae}}{C_{A0} + C_{Ae}} \ln \dfrac{C_{A0}^2 - C_A C_{Ae}}{(C_A - C_{Ae}) C_{A0}}$
A+B ⇌ R	$(-r_A) = k_1 C_A C_B - k_2 C_R$	$t = \dfrac{1}{k_1 C_{Ae}} \dfrac{C_{A0} - C_{Ae}}{(2C_{A0} - C_{Ae})} \ln \dfrac{C_{A0} C_{Ae}(C_{A0} - C_{Ae}) + (C_{A0} - C_{Ae})^2 C_A}{(C_A - C_{Ae}) C_{A0}^2}$
A+B ⇌ R+S 2A ⇌ R+S	$(-r_A) = k_1 C_A C_B - k_2 C_R C_S$ $(-r_A) = k_1 C_A^2 - k_2 C_R C_S$	$t = \dfrac{1}{k_1} \dfrac{x_{Ae}}{2C_{A0}(1 - x_{Ae})} \ln \dfrac{x_{Ae} - (2x_{Ae} - 1)x_A}{x_{Ae} - x_A}$

[①] $C_{A0} = C_{B0}$，$C_{R0} = C_{S0} = 0$，C_{Ae} 为平衡时的浓度，x_{Ae} 为平衡转化率。

2.4　复合反应

需要用两个或更多的独立计量方程来描述的反应即为复合反应。单一反应的动力学表达形式较为简单，只要知道一个组分的动态变化，系统的所有组分变化也就确定下来了。而对于复合反应，由于有两种以上的反应同时存在，所以将同时产生许多产物，而往往只有其中某个产物才是我们所需的目标产物(或主产物)，其他产物均称副产物。生成主产物的反应称为主反应，其他的均称为副反应。研究复合反应特征的重要目标之一是在提高主反应速率的同时抑制副反应发生，从而达到改善产品分布，以提高原料的利用率的目的。在具体讨论各类复合反应的动力学特性之前，先就一些常用的术语加以说明。

平行反应：如果几个反应都是以相同的反应物按各自的计量关系同时发生的，称为平行反应，可用下式表示：

$$A + B \rightarrow \begin{cases} \rightarrow R + P \\ \rightarrow S \end{cases} \quad (平行反应)$$

连串反应：如果几个反应是依次发生的，这样的复合反应称为连串反应，如下式表示：
$$A + B \longrightarrow P \rightarrow R(连串反应)$$

收率：表示在实际反应过程中，反应掉的 A 和生成的目标产物 P 之比，即得失之比。以符号 φ 表示瞬时收率，以 Φ_P 表示总收率。

$$\varphi = \frac{dC_P}{-dC_A} = \frac{r_P}{(-r_A)} \qquad (2-4-1)$$

$$\Phi_P = \frac{n_P - n_{P0}}{n_{A0} - n_A} \qquad (2-4-2)$$

13

得率：以符号 X_P 记之，它是生成的目的产物 P 的物质的量与着眼反应物 A 的起始的物质的量之比，即：

$$X_P = \frac{n_P - n_{P0}}{n_{A0}} \tag{2-4-3}$$

选择性：是指生产的混合产品中主、副产品之比。以符号 S_P 记为瞬时选择性，S_O 记为总选择性。

$$S_P = \frac{dC_P}{dC_S} = \frac{r_P}{r_S} \tag{2-4-4}$$

$$S_O = \frac{C_P}{C_S} = \frac{X_P}{X_S} \tag{2-4-5}$$

下面对各种类型的一级反应进行分析。

2.4.1 一级平行反应

$$A \to \begin{cases} \xrightarrow{k_1} P（目标产物） \\ \xrightarrow{k_2} S \end{cases}$$

$$\left(-\frac{dC_A}{dt}\right) = (k_1 + k_2)C_A \tag{2-4-6a}$$

$$\frac{dC_P}{dt} = k_1 C_A \tag{2-4-6b}$$

$$\frac{dC_S}{dt} = k_2 C_A \tag{2-4-6c}$$

当 $t=0$ 时，$C_A = C_{A0}$，$C_P = C_{P0}$，$C_S = C_{S0}$ 时，积分式(2-4-6a)为

$$C_A = C_{A0}e^{-(k_1+k_2)t} \tag{2-4-7a}$$

$$C_P - C_{P0} = \frac{k_1}{k_1+k_2}(C_{A0} - C_A) = \frac{k_1 C_{A0}}{k_1+k_2}\left[1 - e^{-(k_1+k_2)t}\right] \tag{2-4-7b}$$

$$C_S - C_{S0} = \frac{k_2}{k_1+k_2}(C_{A0} - C_A) = \frac{k_2 C_{A0}}{k_1+k_2}\left[1 - e^{-(k_1+k_2)t}\right] \tag{2-4-7c}$$

得率

$$\left. \begin{aligned} X_P &= \frac{C_P}{C_{A0}} = \frac{k_1}{k_1+k_2}x_A \\ X_S &= \frac{C_S}{C_{A0}} = \frac{k_2}{k_1+k_2}x_A \end{aligned} \right\} \tag{2-4-8}$$

总选择性

$$S_O = \frac{X_P}{X_S} = \frac{k_1}{k_2} \tag{2-4-9}$$

瞬时选择性

$$S_P = \frac{dC_P}{dC_S} = \frac{k_1}{k_2} \tag{2-4-10}$$

一级平行反应的浓度分布见图 2-4-1。

因此，对于一级平行反应，选择性不变。

14

2.4.2 一级连串反应

$$A \xrightarrow{k_1} P(目标) \xrightarrow{k_2} S$$

$$- \frac{dC_A}{dt} = k_1 C_A \tag{2-4-11a}$$

$$\frac{dC_P}{dt} = k_1 C_A - k_2 C_P \tag{2-4-11b}$$

$$\frac{dC_S}{dt} = k_2 C_P \tag{2-4-11c}$$

当 $t = 0$ 时，$C_A = C_{A0}$，$C_{P0} = C_{S0} = 0$ 时，积分为

$$\frac{C_A}{C_{A0}} = \exp(-k_1 t) \tag{2-4-12}$$

$$\frac{C_P}{C_{A0}} = \frac{k_1}{k_1 - k_2} (e^{-k_2 t} - e^{-k_1 t}) \tag{2-4-13}$$

因为

$$C_S = C_{A0} - (C_P + C_A)$$

所以

$$\frac{C_S}{C_{A0}} = 1 - \frac{k_2}{k_2 - k_1} e^{-k_1 t} + \frac{k_1}{k_2 - k_1} e^{-k_2 t} \tag{2-4-14}$$

一级连串反应的浓度分布见图 2-4-2，反应物 A 呈指数型递减，中间产物 P 存在极大值，最终生成物 S 随时间的增加单调递增，这就是一级连串反应的特征。

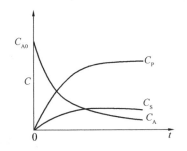

图 2-4-1 一级平行反应的浓度分布

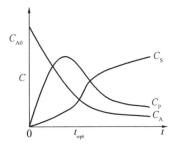

图 2-4-2 一级连串反应的浓度分布

若将式(2-4-13)对时间 t 求导，并令其导数等于零，则可导出相应 C_p 为最大时的反应时间 t_{opt}。

$$t_{opt} = \frac{\ln \dfrac{k_2}{k_1}}{k_2 - k_1} = \frac{1}{k_{ln}} \tag{2-4-15}$$

式中，k_{ln} 为连串反应的速度常数的对数平均值。

将上式代入式(2-4-13)后可得 P 的最大得率 $X_{P,max}$ 为：

$$X_{P,max} = \frac{C_{P,max}}{C_{A0}} = \left(\frac{k_1}{k_2}\right)^{\frac{k_2}{k_2 - k_1}} \tag{2-4-16}$$

图 2-4-3 为中间产物的浓度分布曲线。

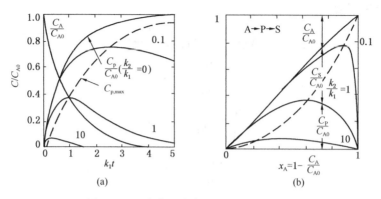

图 2-4-3　连串反应中间产物的浓度分布

2.5　自催化反应

　　自催化反应的特点是其反应产物中有某一产物对反应有催化作用。为使反应进行常常事先在反应物料中加入少量的起催化作用的产物。可用下一反应式来表示自催化反应：

$$A + P \longrightarrow P + P + R$$

P 为起催化作用的反应产物，设反应对各反应组分均为一级反应，其速率方程为：

$$(- r_A) = k C_A C_P \qquad (2 - 5 - 1)$$

若在 $t = 0$ 时，$C_A = C_{A0}$，$C_P = C_{P0}$ 和 $C_R = C_{R0} = 0$，则在反应开始时反应混合物的总物质的量 $C_0 = C_{A0} + C_{P0}$。

$$C_{A0} - C_A = C_P - C_{P0}$$
$$C_P = C_0 - C_A \qquad (2 - 5 - 2)$$

代入式(2-5-1)中，得：

$$(- r_A) = \frac{- \mathrm{d} C_A}{\mathrm{d} t} = k C_A (C_0 - C_A) \qquad (2 - 5 - 3)$$

积分后可得：

$$C_0 k t = \ln \frac{C_{A0} (C_0 - C_A)}{C_A (C_0 - C_{A0})} \qquad (2 - 5 - 4)$$

$$\frac{C_A}{C_{A0}} = \frac{\left(\dfrac{C_0}{C_{P0}} \right) \exp(- C_0 k t)}{1 + \left(\dfrac{C_{A0}}{C_{P0}} \right) \exp(- C_0 k t)} \qquad (2 - 5 - 5)$$

$$x_A = 1 - \frac{C_A}{C_{A0}} = \frac{1 - \exp(- C_0 k t)}{1 + \dfrac{C_{A0}}{C_{P0}} \exp(- C_0 k t)} \qquad (2 - 5 - 6)$$

应用式(2-5-4)可以求得速率常数 k,只要将 C_A-t 数据以 $\ln\{C_{A0}(C_0-C_A)/[C_A(C_0-C_{A0})]\}$ 对 t 作图,所得直线的斜率即为 C_0k。

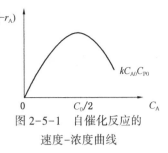

图 2-5-1 为自催化反应的速度-浓度曲线,其初速度为 $kC_{A0}C_{P0}$,将式(2-5-3)对 C_A 求导,并令其导数值为零,即可获得相应于反应速度为最大时的 A 的浓度 $C_{A,\text{opt}}$:

图 2-5-1 自催化反应的
速度-浓度曲线

$$C_{A,\text{ opt}} = \frac{C_0}{2} \qquad (2-5-7)$$

将它分别代入式(2-5-3)和式(2-5-4)可得最大反应速率和相应于最大反应速率时的反应时间 t_{opt}。

$$(-r_A)_{\text{max}} = \frac{k}{4}C_0^2 \qquad (2-5-8)$$

$$t_{\text{opt}} = \frac{1}{kC_0}\ln\frac{C_{A0}}{C_0-C_{A0}} = \frac{1}{kC_0}\ln\frac{C_{A0}}{C_{P0}} \qquad (2-5-9)$$

2.6 反应前后分子数变化的气相反应

工业上进行的液相反应一般说来反应前后物料密度变化不明显,因此通常称为恒容反应系统。

对于等温气相反应,如果反应前后分子数不变且压力恒定的反应系统也属于恒容反应系统。多数情况下,反应前后分子数发生变化,如果过程恒压,则为变容反应系统。分子数发生变化的气相反应在间歇反应器中,由于反应器的容积恒定,其结果使反应系统的总压变化,称之为恒容变压过程。

表征反应前后分子数变化程度的参数之一为膨胀因子。

2.6.1 膨胀因子 δ 和膨胀率 ε

膨胀因子 δ 是变分子反应参数。膨胀因子 δ_A 的意义是反应物 A 每消耗 1mol 时,引起整个物系总物质的量的增加或减少值。对反应

$$a\text{A} + b\text{B} \longrightarrow p\text{P} + s\text{S}$$

则

$$\delta_A = \frac{(p+s)-(a+b)}{a} \qquad (2-6-1)$$

反应系统有惰性物料时,因惰性物料在反应前后是不变的,因此膨胀因子 δ_A 值与进料中有无惰性物料无关。$\delta_A > 0$ 表示反应后分子数增加,$\delta_A < 0$ 表示反应后分子数减少,$\delta_A = 0$ 表示反应前后分子数不变。当反应开始时($t=0$)总物质的量 n_{t0} 为:

$$n_{t0} = n_{A0} + n_{B0} + n_{P0} + n_{S0}$$

反应至任一时刻,此时 A 的转化率为 x_A,多组分的总物质的量为:

$$n_t = n_{t0} + \delta_A n_{A0} x_A = n_{t0}(1 + \delta_A y_{A0} x_A) \qquad (2-6-2)$$

式中,$y_{A0} = n_{A0}/n_{t0}$ 为反应开始时 A 的摩尔分率。

膨胀率 ε 表征反应前后体积变化的程度。膨胀率 ε_A 的意义是当转化率 x_A 从零变化到 1 时,引起体系体积的变化率,即:

$$\varepsilon_A = \frac{V_{x_A=1} - V_{x_A=0}}{V_{x_A=0}} \qquad (2-6-3)$$

2.6.2 等温等压变容过程

变容过程大多发生在气相反应,而工业上气相反应几乎都在连续流动反应器中进行,在反应动力学方程式中一般都用分压表示,如 n 级反应:

$$(-r_A) = -\frac{1}{V}\frac{dn_A}{dt} = k_p p_A^n \qquad (2-6-4)$$

此处速度常数 k_p 与以浓度表示的速度常数 k_c 单位不同。

对于理想气体,在等温等压下,由式(2-6-2)得:

$$V = \frac{RT}{p}n_t = V_0(1 + \delta_A y_{A0} x_A) \qquad (2-6-5)$$

对照式(2-6-3)与式(2-6-5)得

$$\varepsilon_A = \delta_A y_{A0} \qquad (2-6-6)$$

同理,由式(2-6-5)

$$C_A = \frac{n_A}{V} = \frac{n_{A0}(1 - x_A)}{V_0(1 + \delta_A y_{A0} x_A)} = C_{A0} \cdot \frac{(1 - x_A)}{(1 + \delta_A y_{A0} x_A)} \qquad (2-6-7)$$

$$p_A = p_{A0}\frac{(1 - x_A)}{(1 + \delta_A y_{A0} x_A)} \qquad (2-6-8)$$

$$p_B = \frac{p_{B0} - \dfrac{b}{a}p_{A0}x_A}{1 + \delta_A y_{A0} x_A} \qquad (2-6-9)$$

一级反应的反应速率为:

$$(-r_A) = -\frac{1}{V}\frac{dn_A}{dt} = kC_{A0}\frac{(1 - x_A)}{(1 + \delta_A y_{A0} x_A)} \qquad (2-6-10)$$

即

$$\frac{dx_A}{dt} = k(1 - x_A)$$

积分上式得

$$kt = -\ln(1 - x_A) \qquad (2-6-11)$$

即用转化率表示时,其积分形式与恒容时一样,而 C_A 为恒容时的 $\dfrac{1}{(1+\delta_A y_{A0} x_A)}$ 倍。

对于 n 级反应: $(-r_A) = kC_A^n$

$$C_{A0}^{n-1}kt = \int_0^{x_A}\frac{(1 + \varepsilon_A x_A)^{n-1}}{(1 - x_A)^n}dx_A \qquad (2-6-12)$$

对于上式,既可以用解析积分法求解,也可以用数值积分法求解。

2.6.3 等温等容变压过程

在等温条件下,由式(2-6-2)等号两边同时乘以 RT/V,得

$$P_t = P_{t0}(1 + \delta_A y_{A0} x_A) \qquad (2-6-13)$$

或

$$x_A = \frac{P_t - P_{t0}}{\delta_A y_{A0} P_{t0}} = \frac{P_t - P_{t0}}{\delta_A p_{A0}} \qquad (2-6-14)$$

又

$$x_A = \frac{n_{A0} - n_A}{n_{A0}} = \frac{p_{A0} - p_A}{p_{A0}} \qquad (2-6-15)$$

18

比较式(2-6-14)和式(2-6-15)，得

$$\delta_A = \frac{P_t - P_{t0}}{p_{A0} - p_A} \qquad (2-6-16)$$

【例2-6-1】 总压法测定气相反应的速率常数。设在一间歇反应器内进行等温等容反应

$$2NO_2 \longrightarrow N_2O_4$$
$$(A) \qquad (P)$$

已知速率方程：

$$r_p = \frac{(-r_A)}{2} = -\frac{1}{2}\frac{dC_A}{dt} = \frac{dC_P}{dt} = k_2 C_A^2, \quad 求 k_2。$$

解：

$$-\frac{1}{2}\frac{dC_A}{dt} = k_2 C_A^2$$

$$C_A = \frac{p_A}{RT}$$

$$\frac{dC_A}{dt} = \frac{1}{RT}\frac{dp_A}{dt}$$

$$\delta_A = \frac{1-2}{2} = -\frac{1}{2}$$

由式(2-6-16)得

$$\frac{P_t - P_{t0}}{p_{A0} - p_A} = -\frac{1}{2}$$

$$p_A = 2P_t - 2P_{t0} + p_{A0} = 2P_t - P_{t0}$$

$$\frac{dp_A}{dt} = 2 \cdot \frac{dP_t}{dt}$$

代入速率方程

$$r_P = -\frac{1}{2}\frac{dC_A}{dt} = -\frac{1}{2RT}\frac{dp_A}{dt} = -\frac{1}{RT}\frac{dP_t}{dt} = k_2 C_A^2 = \frac{k_2}{(RT)^2}(2P_t - P_{t0})^2$$

即

$$-\frac{dP_t}{dt} = \frac{k_2}{RT}(2P_t - P_{t0})^2$$

将上式积分，得

$$\frac{1}{2}\left(\frac{1}{2P_t - P_{t0}} - \frac{1}{P_{t0}}\right) = \frac{k_2}{RT} \cdot t$$

$$k_2 = \frac{RT}{2t}\left(\frac{1}{2P_t - P_{t0}} - \frac{1}{P_{t0}}\right) \qquad (2-6-17)$$

2.7 动力学的实验和数据处理

动力学方程是不能用推理的方法导出的，只能通过实验建立。测定动力学常数所采用的实验反应器可以是间歇操作的，也可以是连续操作的。对于液相反应，大多数采用间歇操作的反应器。要得出化学反应的本征动力学方程，就要求在测定动力学数据时完全排除宏观混合以及由于扩散作用和传热作用造成的浓度分布和温度分布的影响。实验应在特殊

设计的反应器中进行。

动力学实验的目的是：

① 确定反应速度与反应物浓度间的函数关系；

② 确定反应速率常数；

③ 确定反应速率常数与温度的关系或是反应的活化能。

取动力学的实验数据可分两步。第一步先保持温度不变，找出反应物浓度的变化与反应速率的关系；第二步再求出反应速率常数随温度变化的规律。实验时，可能是直接测量物料的浓度，也可能是利用物理或化学的方法测定反应系统的一些物理性质，如压力、密度、折光率、旋光度或导电率的变化，然后再根据物理性质与物料浓度的关系，换算为反应物浓度的变化，再进行数据处理。一般可以把浓度与时间的关系表示为下列形式：

① 浓度 C 的变化速度是时间 t 的函数，

$$\frac{\mathrm{d}C}{\mathrm{d}t} = kf_1(t) \qquad\qquad (2-7-1)$$

② 浓度变化的速度是浓度的函数，

$$\frac{\mathrm{d}C}{\mathrm{d}t} = kf_2(C) \qquad\qquad (2-7-2)$$

③ 浓度是时间的函数，

$$C = kf_3(t) \qquad\qquad (2-7-3)$$

过去很少采用速度–时间的关系，现在由于广泛采用计算机在线采集数据系统，利用这种关系的方法已比较普遍。速度–浓度的关系原则上是最适用的，因为它们可以直接用于动力学微分形式(2-7-2)，这种方法称为微分法。

2.7.1 用积分法分析实验数据

利用积分法求反应动力学方程，是根据测出的浓度 C 与时间 t 的关系的实验数据，先假设一个可能的动力学方程，再把这个动力学方程的积分式与由实验测出的 $C-kf(t)$ 关系作比较。若二者符合得较好，便认为所假设的动力学方程正确。否则重新假设另一个动力学方程，按上述方法再与实验值比较，直至二者符合得较好为止。若所假设的动力学方程的积分式可以通过解析的方法获得，则可设法把这些方程线性化，然后把实验值代入作图。若得出一直线，便认为所假设的动力学方程是正确的。在表 2-7-1 中给出了一些将动力学方程的积分式变换为线性关系的方法和图形，以供用积分法处理数据时使用。若动力学方程比较复杂，不能用解析的方法把 $\int \frac{\mathrm{d}C}{f(C)}$ 的积分式求出，可采用图解积分法。以 $1/f(C)$ 和 C 为坐标作图，把实验值代入，求出曲线下的面积。把求出的面积对时间作图，若得出一直线，说明所假设的动力学方程与实际是相符的。否则，重新假设另一动力学方程，再按上述的方法计算，直到曲线下的面积对 t 的关系是线性时为止。

表 2-7-1　恒温恒容时一些典型的动力学积分式及其线性化方法

反应系统		反应速率式	反应速率积分式	直 线 方 程		
n	反应式			函数关系	斜 率	截 距
0	A→P	$(-r_A) = k$	$C_A = C_{A0} - kt$	$C_A - t$	$-k$	C_{A0}
1	A→P	$(-r_A) = kC_A$	$-\ln\frac{C_A}{C_{A0}} = kt$	$\ln C_A - t$	$-k$	$\ln C_{A0}$

反应系统		反应速率式	反应速率积分式	直 线 方 程		
n	反应式			函数关系	斜　率	截　距
2	$2A \rightarrow P$ $A+B \rightarrow P$ $(C_{A0}=C_{B0})$	$(-r_A)=kC_A^2$ $(-r_A)=kC_AC_B$	$\dfrac{1}{C_A}-\dfrac{1}{C_{A0}}=kt$	$\dfrac{1}{C_A}-t$	k	$\dfrac{1}{C_{A0}}$
	$A+B \rightarrow P$ $C_{A0} \neq C_{B0}$	$(-r_A)=kC_AC_B$	$\ln\left(\dfrac{C_{B0}}{C_{A0}}\cdot\dfrac{C_A}{C_B}\right)$ $=(C_{A0}-C_{B0})kt$	$\ln\dfrac{C_A}{C_B}-t$	$(C_{A0}-C_{B0})k$	$-\ln\dfrac{C_{B0}}{C_{A0}}$
n	$A \rightarrow P$	$(-r_A)=kC_A^n$	$C_A^{1-n}-C_{A0}^{1-n}$ $=(n-1)kt(n \neq 1)$	$C_A^{1-n}-t$	$(n-1)k$	C_{A0}^{1-n}

用积分法分析实验数据时，也可以采用半衰期方法。半衰期 $t_{1/2}$ 是指反应物的浓度降到起始浓度的一半所需的时间。

如对简单的 n 级反应

$$-\frac{\mathrm{d}C_A}{\mathrm{d}t}=kC_A^n \qquad (2-7-4)$$

当 $n \neq 1$ 时，积分上式得

$$t_{\frac{1}{2}}=\frac{2^{n-1}-1}{k(n-1)}C_{A0}^{1-n} \qquad (2-7-5)$$

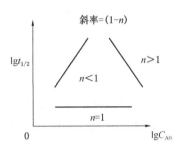

图 2-7-1　半衰期与反应级数

以 $\lg t_{1/2}$ 对 $\lg C_{A0}$ 作图（见图 2-7-1），n 值不同所得出的直线有不同的斜率。若把实验数据按图2-7-1的方法作图，并把得出的直线与图 2-7-1 作比较，可以比较容易判明 n 是大于 1 或小于 1。由于以 $\lg t_{1/2}$ 对 $\lg C_{A0}$ 作图所得的直线的斜率为 $(1-n)$，截距为 $\lg\dfrac{2^{n-1}-1}{k(n-1)}$，故很容易求出 n 和 k 的数值。

【例 2-7-1】 二溴乙烷和碘化钾在 99% 的甲醇溶液中进行反应，反应式为

$$C_2H_4Br_2 + 3KI \longrightarrow C_2H_4 + 2KBr + KI_3$$

反应在恒容下进行，温度为333K。二溴乙烷的起始浓度为 $0.02864 kmol/m^3$，KI 的起始浓度为 $0.1531 kmol/m^3$。$C_2H_4Br_2$ 的转化率 x 与时间 t 的关系见下表。求动力学方程和反应速度常数 k 的数值。

$t/10^3 s$	29.7	40.5	47.7	55.8	62.1	72.9	83.7
x_A	0.2863	0.3630	0.4099	0.4572	0.4890	0.5396	0.5795

解：先假设这是一个二级反应，并设动力学方程为 $-\dfrac{\mathrm{d}C_A}{\mathrm{d}t}=kC_AC_B$。由表 2-2-1 可得，对于这个动力学方程，若以 $\ln\dfrac{C_BC_{A0}}{C_AC_{B0}}$ 对 t 作图，可以得出一条直线，其斜率为 $(C_{B0}-3C_{A0})k$。由物料恒算得

$$3(C_{A0}-C_A)=C_{B0}-C_B$$

$$3C_{A0}x_A=C_{B0}x_B, \quad x_B=3C_{A0}x_A/C_{B0}$$

$$\ln \frac{C_B C_{A0}}{C_A C_{B0}} = \ln \frac{(1 - x_B)}{(1 - x_A)} = \ln \left[\frac{1 - 3(x_A C_{A0}/C_{B0})}{1 - x_A} \right]$$

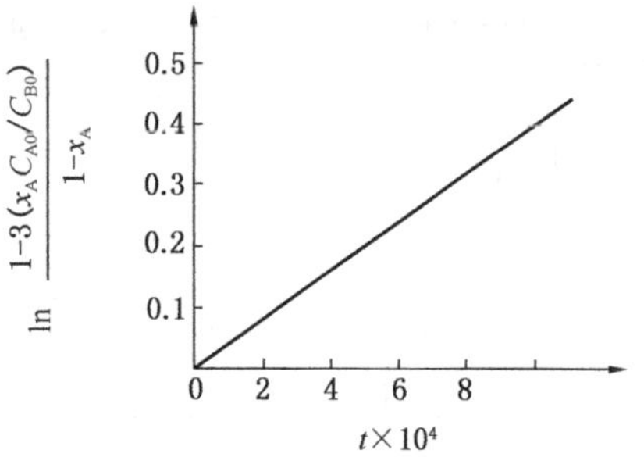

图 2-7-2 例 2-7-1 附图

以 $\ln \left[\dfrac{1 - 3(x_A C_{A0}/C_{B0})}{1 - x_A} \right]$ 对 t 作图出一条很好的直线(见图 2-7-2),故认为假设的动力学方程是正确的。直线的斜率为 $5.69 \times 10^{-6} \mathrm{s}^{-1}$ 故

$$k(0.1531 - 3 \times 0.02864) = 5.69 \times 10^{-6} (\mathrm{s}^{-1})$$

$$k = 84.7 \times 10^{-6} [\mathrm{m}^3/(\mathrm{kmol} \cdot \mathrm{s})]$$

动力学方程为:

$$(-r_A) = 84.7 \times 10^{-6} C_A C_B \left(\frac{\mathrm{kmol}}{\mathrm{m}^3 \cdot \mathrm{s}} \right)$$

2.7.2 用微分法分析实验数据

微分法求动力学方程是直接利用某一类动力学方程的微分式,以反应速度对浓度的函数作图,然后与实测的数据相拟合的一种方法。一般也是设法把图形线性化,把实验数据代入。若得出一直线,便认为所假设的动力学方程是正确的。否则,重新选定另一个动力学方程进行猜算,直到得出一条直线为止。

在处理实验数据时,最小二乘法特别适用于如下形式的方程式:

$$(-r_A) = -\frac{\mathrm{d}C_A}{\mathrm{d}t} = k C_A^\alpha \cdot C_B^\beta \qquad (2-7-6)$$

此处 k,α,β 是待测定的,为此,可对式(2-7-6)取对数:

$$\lg(-r_A) = \lg k + \alpha \lg C_A + \beta \lg C_B \qquad (2-7-7)$$

或写成如下形式:

$$Y = a_0 + a_1 X_1 + a_2 X_2$$

根据最小二乘法法则,应满足:

$$\sum \Delta_i^2 = \sum (a_0 + a_1 X_1 + a_2 X_2 - y_{实测})^2 = 最小 \qquad (2-7-8)$$

将式(2-7-8)分别对 a_0、a_1、a_2 偏微分并令其等于零,即可解出 $a_0 = \lg k$,$a_1 = \alpha$,$a_2 = \beta$ 等。

在实验中往往测得的是时间 t 与浓度 C 的关系而不是 $-\mathrm{d}C_A/\mathrm{d}t$ 与 C_A 的关系。故需要求出各浓度下的 $-\mathrm{d}C_A/\mathrm{d}t$,这可以从以 C_A 对 t 作的曲线上各点的斜率求得。求各点的斜率时可用镜面法。

【例 2-7-2】 有一反应 A + B ⟶ 2P,当 $C_A = C_B$ 时,由下面所示实验数据求动力学方程。

$C_A/(\mathrm{mol/L})$	0.2250	0.9000	0.6750	0.4500
$(-r_A)/[\mathrm{mol}/(\mathrm{L} \cdot \mathrm{min})]$	1.76×10^{-3}	10.9×10^{-3}	8.19×10^{-3}	4.465×10^{-3}

解:设动力学方程为

$$(-r_A) = -\frac{\mathrm{d}C_A}{\mathrm{d}t} = k C_A^\alpha C_B^\beta$$

$C_A = C_B$,故设 $(-r_A) = k C_A^n$

取对数,$\lg(-r_A) = \lg k + n \lg C_A$

令其 $Y = \alpha_0 + \alpha_1 X$

根据最小二乘法法则推得：

$$\alpha_0 = \lg k = \frac{\sum Y_i \cdot \sum X_i^2 - \sum X_i \sum X_i Y_i}{m \sum X_i^2 - (\sum X_i)^2}$$

$$\alpha_1 = n = \frac{m \sum X_i Y_i - \sum X_i \sum Y_i}{m \sum X_i^2 - (\sum X_i)^2} \qquad m = \text{实验次数} = 4$$

计算列表如下：

$C_A/\text{mol} \cdot \text{L}^{-1}$	$(-r_A)/[\text{mol}/(\text{L} \cdot \text{min})]$	$X_i = \lg C_A$	$Y_i = \lg(-r_A)$	X_i^2	$X_i Y_i$
0.2250	1.76×10^{-3}	−0.6478	−2.754	0.4197	1.7841
0.9000	10.9×10^{-3}	−0.0458	−1.963	0.0021	0.0898
0.6750	8.19×10^{-3}	−0.1707	−2.087	0.0291	0.3562
0.4500	4.465×10^{-3}	−0.3468	−2.350	0.1203	0.8150
	Σ	−1.2111	−9.154	0.5712	3.0451

$$n = \alpha_1 = \frac{(4 \times 3.0451) - [-1.2111 \times (-9.154)]}{4 \times 0.5712 - (-1.2111)^2} = 1.337$$

$$\lg k = \alpha_0 = \frac{(-9.154 \times 0.5712) - (-1.2111 \times 3.0451)}{4 \times 0.5712 - (-1.2111)^2} = -1.884$$

$$k = 0.013 (\text{mol/L})^{-0.337} \cdot \text{min}^{-1}$$

动力学方程为：

$$(-r_A) = 0.013 C_A^{1.337} \text{mol}/(\text{L} \cdot \text{min})$$

参 考 文 献

1　Levenspiel O. Chemical Reaction Engineering, 2nd edition. New York：John Wiley, 1972

2　Smith JM. Chemical Engineering Kinetics, 2nd edition. New York：McGraw-Hill, 1970

3　陈甘棠. 化学反应工程. 北京：化学工业出版社, 2007

4　大竹云雄. 化学工学Ⅲ, 第二版. 1978

5　袁乃驹, 丁富新编著. 化学反应工程基础. 北京：清华大学出版社, 1988

习　　题

1. 某反应的反应速度常数 k 在 110℃ 和 120℃ 时分别为：

$k_{110} = 0.105\text{L}/(\text{mol} \cdot \text{min})$

$k_{120} = 0.196\text{L}/(\text{mol} \cdot \text{min})$

(1) 根据阿累尼乌斯公式计算此反应的活性能 E 和频率因子 k_0

(2) 这是几级反应？

(3) 130℃ 时的 k_{130} 之值为多少？

2. 三级气相

$$2NO + O_2 \longrightarrow 2NO_2$$

$$2A+B \longrightarrow 2P$$

在反应恒温(300K)恒压下以浓度为变量的速度常数为 $k_C = 2.65 \times 10^4 \, L^2/(mol^2 \cdot s)$，今若以分压为变量，$(-r_A) = k_p p_A^2 p_B$，则 k_p 之值应为多少？

3. 在间歇反应器中有一级液相可逆反应 $A \rightleftharpoons P$，初始反应时 $C_{A0} = 0.5 \, mol/L$，$C_{P0} = 0$ 反应 8min 后，A 的转化率为 1/3，而平衡转化率是 2/3，求此反应的动力学方程式。

4. 纯气相组分 A 在一等温等容间歇反应器中按计量式 $A \rightleftharpoons 2.5P$ 进行反应，实验测得如下数据，

时间/min	0	2	4	6	8	10	12	14	$\propto$
分压 p_A/MPa	0.1	0.08	0.0625	0.051	0.042	0.036	0.032	0.028	0.020

用积分法求此反应的动力学方程式。

5. 等温等容气相反应 $2H_2 + 2NO \longrightarrow N_2 + 2H_2O$，由等物质的量比的 H_2 和 NO 开始进行实验，测得如下数据，求此反应的反应级数：

总压 P_t/MPa	0.0272	0.0326	0.0381	0.0435	0.0543
半衰期 $t_{1/2}$/s	265	186	135	104	67

6. 有一可逆液相反应 $A+B \underset{k_2}{\overset{k_1}{\rightleftharpoons}} P$，用初速度法测得不同的起始浓度时的初速度见下表：

$C_{A0}/(mol/L)$	0.90	0.675	0.45	0.225
$C_{B0}/(mol/L)$	0.90	0.675	0.45	0.225
$(-r_A)/[mol/(L \cdot min)]$	10.90×10^{-3}	8.19×10^{-3}	4.465×10^{-3}	1.76×10^{-3}

用最小二乘法求正反应的级数。

7. 各步均为一级的平行-连串反应，由纯 A 开始反应，反应途径为：$A \rightarrow \begin{cases} \overset{k_1}{\longrightarrow} P \overset{k_2}{\longrightarrow} S \\ \overset{k_3}{\longrightarrow} R \end{cases}$ 已知 $k_2 \neq k_1 + k_3$，求在反应时间 t 时各组分的浓度。

8. 一级连串反应 $A \overset{k_1}{\longrightarrow} P \overset{k_2}{\longrightarrow} S$，已知 $k_1 = k_2 = k$，推导中间产物 P 浓度的表达式，最佳反应时间和 P 的最大得率。$t = 0$ 时，$C_A = C_{A0}$，$C_{P0} = C_{S0} = 0$。

9. 等温等容间歇反应器中一级连串反应 $A \overset{k_1}{\longrightarrow} P \overset{k_2}{\longrightarrow} S$，$\frac{k_1}{k_2} = 2$，反应从纯 A 开始，起始浓度 C_{A0}，求中间产物 P 的瞬时收率与总收率，最佳反应时间下的瞬时选择性。

10. 等温等压下气相单一反应 $A+B \longrightarrow P$，动力学方程 $(-r_A) = k_1 C_A C_B - k_2 C_P$，已知 $C_{A0} = 1 mol/L$，$C_{P0} = 0$，$C_{I0} = 1 mol/L$，I 为惰性组分，取 A 为着眼组分，试将反应速率 $(-r_A)$ 表示成 x_A 的单变量函数式。

11. 等温等压下一级气相反应 $2A \longrightarrow P$，已知初始反应物中 A 占 80%（摩尔），反应 5min 后反应体系体积减小 20%。

（1）预计再反应多长时间后体系体积降为初始体积的 70%？

（2）若此反应在同样温度下于恒容间歇反应器中进行，初始反应时为纯 A 气体，$C_{A0} = 0.2 mol/L$，则需反应多长时间后 A 的残余浓度降为 0.04mol/L？

12. 在常压高温及催化剂存在下进行氨分解反应 $2NH_3 \longrightarrow N_2 + 3H_2$，反应器进口含氨 90%（摩尔），惰性气体 10%，反应器出口含氨 10%，试求反应器出口其他各组分的摩尔分数。

13. 恒温恒容的气相反应 $A \longrightarrow 3P$，其动力学方程为 $(-r_A) = -\dfrac{1}{V}\dfrac{\mathrm{d}n_A}{\mathrm{d}t} = k\dfrac{n_A}{V}$，在反应过程中系统总压 P_t 及组分 A 的分压均为变量，试推导 $\dfrac{\mathrm{d}P_t}{\mathrm{d}t} = f(p_A)$ 的表达式。

第3章 均相等温反应器

3.1 概述

化学反应器是化工生产一系列设备中的核心。反应器的形式、尺寸大小、流体流动状态等，在很大程度上影响产品的产量和质量。所以化学反应器的选型、设计计算和选择最优化的操作条件，是化工生产中极为重要的课题。

讨论均相反应过程的目的，在于介绍工业均相反应过程开发及均相反应器设计计算中有关的基本原理及方法，需要解决的问题包括如何通过实验建立反应的动力学方程式并加以应用；如何根据反应的特点与反应器的性能特征，选择反应器形式及操作方式等；如何计算等温和非等温过程的反应器大小及其生产能力等。

在上一章，讨论了等温情况下动力学方程式的建立，本章将着重讨论几种典型的等温均相反应装置的性能特征及其计算方法等。

3.1.1 反应器中的流动问题

物料在反应器中的流动与混合情况是各不相同的，按照流体流动的机理，一般分为层流与湍流两种流型，这里将讨论按照流体流动方向与速度分布等情况来区分的不同的流动状况。比如在层流时，在圆形导管径向呈抛物线型的速度分布，即导管截面上流体的平均速度为导管中心线上流体最大速度的一半。流速不同，说明物料粒子在反应器中的停留时间不一，从而引起反应程度的差异，造成反应器横截面上的沿径向浓度分布，这就给反应器的设计计算带来了困难。而停留时间不同的流体微元之间的混合，通常称之为"返混"，又将导致反应器效率的降低，对反应产品的产量、质量都带来影响。由于物料在反应器中的流动状况往往比较复杂，特别在反应器的工程放大过程中，它的影响将表现得更加突出，因此，在反应器设计计算前，必须先对物料在反应器中流动状况进行分析。为了讨论方便，在本章将只就两种极端情况的理想流动及其相应的反应器进行分析，对偏离理想流动状况的非理想流动及其反应器的计算，将于第5章讨论。

平推流(又称活塞流或理想排挤流等)和全混流(也称完全混合或理想混合)是典型的两种极端情况的理想流动状况。所谓平推流，是指反应物料以一致的方向向前移动，在整个截面上各处的流速完全相等。这种平推流流动的特点是所有物料微元在反应器中的停留时间是相同的，不存在返混。而所谓全混流，则指刚进入反应器的新鲜物料与已存留在反应器中的物料能达到瞬间的完全混合，以致在整个反应器内各处物料的浓度和温度完全相同，且等于反应器出口处物料的浓度和温度，在这种情况下，返混达到了最大限度。

实际反应器中的流动状况，介于上述两种理想流动之间。但是，在工程计算上，常把许多接近于上述两种理想流动状况的过程，当作该种理想流动状况来处理。比如对管径较小，流速较大的管式反应器，可作为平推流处理；而带有搅拌的釜式反应器可作为全混流反应器处理，只在必须考虑与理想流动状况的偏离时，才另作处理。

3.1.2 反应器操作中的几个常用名词

1. 反应时间与停留时间

从反应物料加入反应器后实际进行反应时算起至反应到某一时刻所需的时间,称为反应时间,以符号 t 表示。而所谓停留时间则是指从反应物料进入反应器时算起至离开反应器时为止所经历的时间。在间歇反应器中,从加料、进行反应到反应完成后卸料,所有物料微元的停留时间及反应时间都是相同的。在平推流管式反应器中,停留时间与反应时间也相一致,但对其他连续操作的反应器,由于同时进入反应器的物料微元在反应器中的停留时间可能有长有短,因而形成一个分布,称为停留时间分布。这时,常常用"平均停留时间"来表述,即不管同时进入反应器的物料粒子的停留时间是否相同,而是根据体积流量和反应器容积进行计算,并用符号 $\bar{t}$ 表示:

$$\bar{t} = \frac{\text{反应器容积}}{\text{反应器中物料的体积流量}} = \frac{V}{v} \qquad (3-1-1)$$

2. 空时与空速

对连续操作的工业反应器常用的另二个名词是空时与空速。空时的定义为在规定条件下,进入反应器的物料通过反应器体积所需的时间,称为空时,用符号 τ 表示,并可写成

$$\tau = \frac{\text{反应器有效容积}}{\text{进料的体积流量}} = \frac{V_R}{v_0}$$

空速的定义为在规定条件下,单位时间内进入反应器的物料体积相当于几个反应器的容积,或为单位时间内通过单位反应器容积的物料体积,称为空速,用符号 S_V 表示,可写成:

$$S_V = \frac{v_0}{V_R} = \frac{1}{\tau} = \frac{F_{A0}}{C_{A0} V_R}$$

在连续操作的反应器中,对于恒容过程,物料的平均停留时间也可以看作是空时,两者在数值上是等同的;若为变容过程,情况就不一样了,因为在变容过程中,在一定的反应器体积 V_R 下,按初始进料的体积流量 v_0 计算的平均停留时间,并不等于体积起变化时的真实平均停留时间,而且,平均停留时间与空时也有差异。为此,在应用时应予注意。

3.2 简单反应器

反应器设计计算除了与反应器内流体的流动形式、反应器的传热形式有关以外,它所涉及的基本方程式,归根到底,就是反应的动力学方程式与物料衡算式、热量衡算式等的结合。对等温恒容过程,一般只需动力学方程式结合物料衡算式就足够了。第 2 章已经讨论了动力学方程式的建立,这里,结合物料衡算,讨论三种比较简单的反应器(间歇、平推流管式、全混流釜式反应器)的计算。

首先,讨论物料衡算式。

对于简单化学反应: $a\text{A} + b\text{B} \longrightarrow p\text{P} + s\text{S}$

只需要对我们所着眼的一个反应物列出物料衡算式,其余的反应物和产物的量就可由化学计量关系确定。

由于反应器内温度和反应物浓度等参数通常随空间或时间而变,$(-r_A)$ 也随之改变,因而必须选取浓度 C_A、温度 T 看作不变的单元体积 ΔV 和单元时间 Δt 作为物料衡算的空间基

准和时间基准。

物料衡算通式如下：

$$\begin{Bmatrix} 单元时间内 \\ 进入单元体积 \\ 的反应物料量 \end{Bmatrix} = \begin{Bmatrix} 单元时间内 \\ 离开单元体积 \\ 的反应物料量 \end{Bmatrix} + \begin{Bmatrix} 单元时间、单元 \\ 体积内转化掉的 \\ 反应物料量 \end{Bmatrix} + \begin{Bmatrix} 单元时间、单元 \\ 体积内反应物的 \\ 积累量 \end{Bmatrix}$$

输入量Ⅰ项　　　　　输出量Ⅱ项　　　　　反应量Ⅲ项　　　　　积累量Ⅳ项

说明：以上如是对某一着眼组分 A 进行衡算，第Ⅲ项可写成$(-r_A)\cdot\Delta V\cdot\Delta t$，$(-r_A)$：单位体积内反应物 A 的消失速度。

物料衡算式给出了反应物浓度或转化率随反应器内位置或时间变化的函数关系。

3.2.1　间歇反应器

间歇反应器(Batch Reactor)简称 BR，如图 3-2-1 所示。反应物料按一定配料比一次加到反应器内，开动搅拌，使整个釜内物料的浓度和温度保持均匀。通常这种反应器均配有夹套和蛇管，以控制反应温度在指定的范围之内。经过一定时间，反应达到所要求的转化率后，将物料排出反应器，完成一个生产周期。

BR 内的操作实际是非定常态操作，釜内组分的组成随反应时间而改变，但由于剧烈搅拌，所以在任一瞬间，反应器中各处的组成是均匀的。

搅拌器
进料口
夹套
出料口
图 3-2-1　间歇反应器示意图

由于 BR 有上述特点，所以物料衡算式可以简化如下：

① 由于反应器内浓度、温度均一，不随位置变化，故取单元体积 $\Delta V = V$。

② 由于 BR 是一非稳定态过程，故取单元时间 $\Delta t = \mathrm{d}t$

③ 由于 BR 系间歇操作，反应时既无进料，也无出料，故物料衡算式中的Ⅰ项 $=0$，Ⅱ项 $=0$。

输入量＝输出量＋反应量＋累积量

$\quad 0 \qquad\qquad 0 \qquad\quad (-r_A)V\mathrm{d}t \quad \mathrm{d}n_A$

$$(-r_A)V = -\frac{\mathrm{d}n_A}{\mathrm{d}t} = n_{A0}\cdot\frac{\mathrm{d}x_A}{\mathrm{d}t} \qquad\qquad (3-2-1)$$

积分：

$$t = n_{A0}\int_0^{x_A}\frac{\mathrm{d}x_A}{(-r_A)V} \qquad\qquad (3-2-2)$$

式(3-2-2)是 BR 计算的通式，表达了在一定操作条件下为达到所要求的转化率 x_A 所需的时间 t。也可用如图 3-2-2 所示的图解方法求解。

在恒容条件下，式(3-2-2)可简化为：

$$t = C_{A0}\int_0^{x_A}\frac{\mathrm{d}x_A}{(-r_A)} = -\int_{C_{A0}}^{C_A}\frac{\mathrm{d}C_A}{(-r_A)} \qquad\qquad (3-2-3)$$

从式(3-2-3)可见，恒容间歇反应器内为达到一定转化率所需时间的计算，实际上只是动力学方程式的直接积分。同式(3-2-2)一样，式(3-2-3)也可用图解积分求解，如图 3-2-3所示。

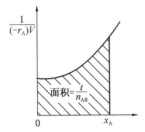

图 3-2-2　间歇反应器的图解

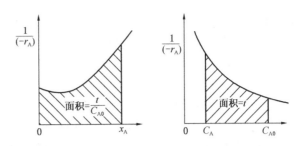

图 3-2-3　恒容情况间歇反应器的图解计算

【例 3-2-1】　某厂生产醇酸树脂是使己二酸和己二醇以等物质的量比在 70℃用间歇釜并以 H_2SO_4 作催化剂进行缩聚反应而生产的，实验测得反应的动力学方程式为：

$$(-r_A) = kC_A^2 \text{kmol}/(\text{L} \cdot \text{min})$$

$$k = 1.97 \text{L}/(\text{kmol} \cdot \text{min})$$

$$C_{A0} = 0.004 \text{kmol/L}$$

求己二酸转化率分别为 $x_A = 0.5$、0.6、0.8、0.9 所需的反应时间为多少？

若每天处理 2400kg 己二酸，转化率为 80%，每批操作的非生产时间为 1h，计算反应器体积为多少？设反应器的装料系数为 0.75。

解：（1）达到所需要求的转化率所需的反应时间为：

$$x_A = 0.5, \quad t = \frac{1}{kC_{A0}} \frac{x_A}{(1-x_A)} = \frac{1}{1.97} \cdot \frac{0.5}{0.004(1-0.5)} \cdot \frac{1}{60} = 2.12(\text{h})$$

$$x_A = 0.6, \quad t = \frac{1}{1.97} \cdot \frac{0.6}{0.004(1-0.6)} \cdot \frac{1}{60} = 3.17(\text{h})$$

$$x_A = 0.8, \quad t = \frac{1}{1.97} \cdot \frac{0.8}{0.004(1-0.8)} \cdot \frac{1}{60} = 8.46(\text{h})$$

$$x_A = 0.9, \quad t = \frac{1}{1.97} \cdot \frac{0.9}{0.004(1-0.9)} \cdot \frac{1}{60} = 19.04(\text{h})$$

可见随着转化率的增加，所需的反应时间将急剧增加，因此，在确定最终转化率时应该考虑这一因素。

（2）反应器体积的计算：

最终转化率为 0.80 时，每批所需的反应时间为 8.5h，

$$\text{每小时己二酸进料量} = \frac{2400}{24 \times 146} = 0.685(\text{kmol/h})$$

$$v_0 = \frac{F_{A0}}{C_{A0}} = \frac{0.685}{0.004} = 171(\text{L/h})$$

每批生产总时间=反应时间+非生产时间=9.5（h）

反应器体积 $V_R = v_0 t_{总} = 171 \times 9.5 = 1625(\text{L}) \approx 1.63(\text{m}^3)$

考虑装料系数，故实际反应器体积 $V_{实} = \frac{1.63}{0.75} = 2.17(\text{m}^3)$

从上例计算可知，对于等温、间歇操作的反应器，达到一定转化率所需的反应时间，只取决于反应的速度而与反应器的大小无关。而反应器的大小，是由单位时间处理物料量的多少以及所需的转化深度所决定。由于系间歇操作，每进行一批生产，都要进行清洗、

装卸料、升降温等操作，这些反应的辅助工序所需要的时间，有时也很可观。因此，间歇反应器一般适于反应时间较长的慢反应。由于它灵活、简便，在小批量、多品种的染料、制药等生产部门仍然得到广泛应用。

3.2.2 平推流反应器

平推流反应器(Plug Flow Reactor)简称 PFR。该反应器中的流动是人们设想的一种理想流动，即认为在反应器内具有严格均匀的速度分布，且轴向没有任何混合，这种流动也称为活塞流、理想排挤流等。这是一种并不存在的理想化流动，是作为一种极端化的流动模型而被人们研究的。实际反应器中流动状况，只能以不同程度接近于这种理想流动。在化工生产中，当管式反应器的管长远大于管径时，比较接近这种理想流动。

平推流反应器具有以下特点：

① 在正常情况下，它是连续定态操作，故在反应器的各个截面上，过程参数(浓度、温度等)不随时间而变化。

② 反应器内浓度、温度等参数随轴向位置变化，故反应速率随轴向位置变化。

③ 由于径向具有严格均匀的速度分布，也就是在径向不存在浓度分布。

1. PFR 的基础设计方程

对 PFR 建立物料衡算式，就可以得到 PFR 的基础设计方程式。在 PFR 中进行平推流动时，物料衡算式有如下特点：

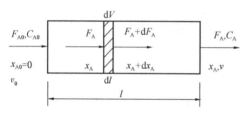

图 3-2-4 平推流反应器的物料衡算示意图

① 由于流动处于稳定状态，各点浓度、温度和反应速度均不随时间而变化，故单元时间 Δt 可任取。

② 由于沿流动方向浓度、温度和 $(-r_A)$ 都在改变，故应取单元体积 $\Delta V = \mathrm{d}V$。

③ 稳定状态下，单元时间、单元体积内反应物的积累量为零。

如图 3-2-4 所示，对任一 $\mathrm{d}l$ 段、体积为 $\mathrm{d}V$ 的微元管段对着眼反应物 A 作物料衡算：

进入量 = 排出量 + 反应量 + 累积量

$$F_A \qquad F_A + \mathrm{d}F_A \quad (-r_A)\mathrm{d}V$$

$$F_A = F_A + \mathrm{d}F_A + (-r_A)\mathrm{d}V$$

$$-\mathrm{d}F_A = F_{A0}\mathrm{d}x_A$$

$$F_{A0}\mathrm{d}x_A = (-r_A)\mathrm{d}V \qquad (3-2-4)$$

式中　F_A——物料 A 的摩尔流量；

F_{A0}——$x_{A0}=0$ 时 A 的摩尔流量。

F_{A0} 对整个反应器而言，应将式(3-2-4)积分：

$$\int_0^V \frac{\mathrm{d}V}{F_{A0}} = \int_0^{x_A} \frac{\mathrm{d}x_A}{(-r_A)}$$

$$\frac{V}{F_{A0}} = \frac{\tau}{C_{A0}} = \int_0^{x_A} \frac{\mathrm{d}x_A}{(-r_A)} \qquad (3-2-5)$$

如果进入反应器时 A 的转化率为 x_{A1}，离开反应器的转化率为 x_{A2}，这样，可得更一般的表达平推流反应器的基础设计式：

$$\left.\begin{aligned}\tau = \frac{V}{v_0} &= C_{A0}\int_{x_{A1}}^{x_{A2}}\frac{\mathrm{d}x_A}{(-r_A)}\\[2mm]\text{或}\ \frac{V}{F_{A0}} &= \int_{x_{A1}}^{x_{A2}}\frac{\mathrm{d}x_A}{(-r_A)}\end{aligned}\right\} \qquad (3-2-6)$$

在恒容条件下，式(3-2-5)可以简化为：

$$\tau = C_{A0}\int_0^{x_A}\frac{\mathrm{d}x_A}{(-r_A)} = -\int_{C_{A0}}^{C_A}\frac{\mathrm{d}C_A}{(-r_A)} \qquad (3-2-7)$$

式(3-2-5)、式(3-2-6)、式(3-2-7)就是 PFR 的基础设计方程式，它关联了反应速度、转化率、反应器体积和进料量四个参数。在具体计算时，式中的 $(-r_A)$ 要用具体反应的动力学方程式或其变化后的形式替换，如动力学方程式较简单，上述基础设计式能直接解析积分，而比较复杂的动力学方程式，一般可以采用数值积分或图解积分。如图 3-2-5 所示。各种情况下变容的 PFR 设计式见表 3-2-1 及表 3-2-2，恒容情况下的设计式可套用间歇釜的设计式。

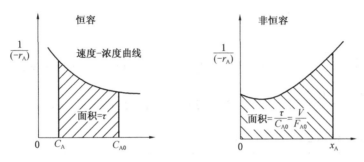

图 3-2-5　平推流反应器图解计算示意图

表 3-2-1　等温、变容平推流反应器的设计式（膨胀因子用 δ 表示）

反　应	动力学方程式	设　计　式
$A{\to}mP$	$(-r_A)=kp_A$	$\dfrac{V_R}{F_0}=\dfrac{1}{kp}\left[(1+\delta_A y_{A0})\ln\dfrac{1}{1-x_A}-\delta_A y_{A0}x_A\right],\ (\delta_A=m-1)$
$2A{\to}mP$	$(-r_A)=kp_A^2$	$\dfrac{V_R}{F_0}=\dfrac{1}{kp^2}\left[\delta_A^2 y_{A0}x_A+(1+\delta_A y_{A0})^2\dfrac{x_A}{y_{A0}(1-x_A)}-2\delta_A(1+\delta_A y_{A0})\ln\dfrac{1}{1-x_A}\right],\ \left(\delta_A=\dfrac{m-2}{2}\right)$
$A+B{\to}mP$	$(-r_A)=kp_A p_B$	$\dfrac{V_R}{F_0}=\dfrac{1}{kp^2}\left[\delta_A^2 y_{A0}x_A-\dfrac{(1+\delta_A y_{A0})^2}{y_{A0}-y_{B0}}\ln\dfrac{1}{1-x_A}+\dfrac{(1+\delta_A y_{B0})^2}{y_{A0}-y_{B0}}\ln\dfrac{1}{1-\left(\dfrac{y_{A0}}{y_{B0}}\right)x_A}\right],\ (\delta_A=m-2)$
$A{\rightleftharpoons}P$	$(-r_A)=k\left(p_A-\dfrac{p_P}{K_P}\right)$	$\dfrac{V_R}{F_0}=\dfrac{K_P}{(1+K_P)k_p}\ln\dfrac{K_P y_{A0}-y_{P0}}{K_P y_{A0}(1-x_A)-y_{A0}x_A-y_{P0}},\ (\delta_A=0)$

【例 3-2-2】　均相气体反应在 185℃和 0.5MPa 压力下按照 A→3P 在一 PFR 中进行，已知其在此条件下的动力学方程为

$$(-r_A)=0.2C_A^{\frac{1}{2}}\ \mathrm{mol/(m^3\cdot s)}$$

若进料的 50%为惰性气体，求 A 的转化率为 80%时所需的时间 τ。

解：根据式(3-2-5)

$$\tau = \frac{V}{v_0} = C_{A0} \int_0^{x_A} \frac{dx_A}{(-r_A)}$$

其中

$$(-r_A) = 0.2C_A^{\frac{1}{2}}$$

对于非恒容系统

$$C_A = C_{A0} \left(\frac{1 - x_A}{1 + \delta_A y_{A0} x_A} \right)$$

根据 δ_A 的定义，可得 $\delta_A = \frac{3-1}{1} = 2$，$y_{A0} = 0.5$

$$C_{A0} = \frac{p_{A0}}{RT_0} = \frac{0.5 \times 0.5 \times 10^6}{8.314(185 + 273)} = 65.65 (\text{mol/m}^3)$$

$$\tau = C_{A0} \int_0^{x_A} \frac{dx_A}{0.2C_{A0}^{\frac{1}{2}} \left(\frac{1 - x_A}{1 + x_A} \right)^{\frac{1}{2}}} = C_{A0}^{\frac{1}{2}} \times 5 \times \int_0^{0.8} \left(\frac{1 - x_A}{1 + x_A} \right)^{-\frac{1}{2}} dx_A$$

此公式可用数值积分求之。

利用 Simpson 法则：

$$\int_{x_0}^{x_n} = \frac{\Delta x}{3} \left[I_0 + 4 (I_1 + I_3 + I_5 + \cdots) + 2 (I_2 + I_4 + \cdots) + I_n \right]$$

$$= \frac{0.2}{3} \left[1 + 4 (1.225 + 2) + 2 (1.526) + 3 \right] = 1.33$$

$\tau = 5 \times 65.65^{\frac{1}{2}} \times 1.33 = 54 (\text{s})$ 为所求。

x_A	$\frac{1 + x_A}{1 - x_A}$	$\left(\frac{1 + x_A}{1 - x_A} \right)^{\frac{1}{2}}$
0	1.00	1.00
0.2	1.50	1.225
0.4	2.33	1.526
0.6	4.00	2.00
0.8	9.00	3.00

3.2.3 全混流反应器

全混流反应器(Continuous Stirred Tank Reactor)简称 CSTR，它是连续流动反应器的一种，它的外形虽然与 BR 相同，但由于其中的流动状态与 BR、PFR 完全不同，从而引起反应器性能的巨大变化。

在连续流动釜式反应器中，也假定采用一定的手段使反应器内物料达到全釜保持均匀的浓度和温度。但是其操作方式与每批一次投料的 BR 不同。在此，一边连续恒定地向反应器内加入反应物，同时连续不断地把反应产物引出反应器，这样的流动状况称作全混流。与平推流相对应，全混流是另一极端的理想化流动模型。实际工业生产中广泛应用的连续釜式搅拌反应器，只要达到足够的搅拌强度，其流型很接近全混流。

全混流的流动状况如下：反应器内混合均匀，组成与温度均匀一致，而且与出口一致，在整个反应过程中，釜内温度、组成不变，有恒定的反应速度。

如图 3-2-6，在对着眼反应组成 A 作物料衡算前有如下说明：

① 过程参数与空间位置、时间无关，故取单元体积 $\Delta V = V$，单元时间 Δt 可任取。

② 釜内参数与流出参数一致，所以釜内与流出流体的反应速率值均为$(-r_A)_f$。

③ 由于系定常态操作，所以累积量=0

因此有：

进入量=排出量+反应量+积累量

$$F_{A0} \qquad F_A \qquad (-r_A)_f V \qquad 0$$

故

$$F_{A0} x_A = (-r_A)_f V$$

整理得：

$$\frac{V}{F_{A0}} = \frac{\tau}{C_{A0}} = \frac{\Delta x_A}{(-r_A)_f} = \frac{x_A - x_{A0}}{(-r_A)_f} = \frac{x_A}{(-r_A)_f}$$

$$(3-2-8)$$

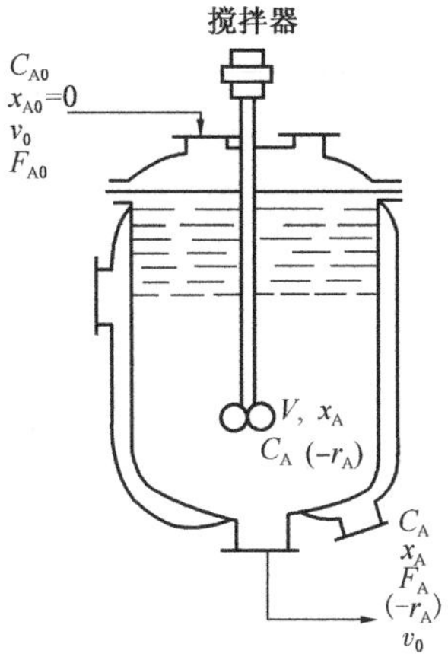

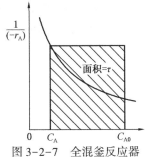

图 3-2-6　全混流釜式
反应器示意图

或

$$\tau = \frac{V}{v_0} = \frac{C_{A0} x_A}{(-r_A)_f}$$

此外，x_A 和 $(-r_A)_f$ 均指从反应器流出的流体状态下的值。它同反应器内的状态是相同的。式中取 $x_{A0}=0$

因为 CSTR 多用于液相恒容系统，故式(3-2-8)可简化为

$$\left. \begin{array}{l} \dfrac{V}{F_{A0}} = \dfrac{x_A}{(-r_A)_f} = \dfrac{C_{A0} - C_A}{C_{A0}(-r_A)_f} \\[3mm] \tau = \dfrac{V}{v_0} = \dfrac{C_{A0} x_A}{(-r_A)_f} = \dfrac{C_{A0} - C_A}{(-r_A)_f} \end{array} \right\} \qquad (3-2-9)$$

式(3-2-8)和式(3-2-9)就是 CSTR 的基础设计式，它比 PFR 更简单地关联了 x_A，$(-r_A)_f$，V，F_{A0} 四个参数，不必经过积分。由于 CSTR 的这种性能，使它在动力学研究中得到广泛应用。

图 3-2-7　全混釜反应器图解计算示意图

图 3-2-7 是 CSTR 的图解计算示意图。表 3-2-2 汇集了一些 CSTR 的设计式。

表 3-2-2　全混釜反应器的设计式(进料中不含产物)

反　　应	动力学方程式	设　计　式
1 级 A ⟶ P	$-\dfrac{dC_A}{dt} = kC_A$	$C_A = C_{A0}/(1+kt)$
2 级 A ⟶ P	$-\dfrac{dC_A}{dt} = kC_A^2$	$C_A = \dfrac{1}{2kt}\left[(1+4ktC_{A0})^{1/2} - 1\right]$
$\dfrac{1}{2}$ 级 A ⟶ P	$-\dfrac{dC_A}{dt} = kC_A^{\frac{1}{2}}$	$C_A = C_{A0} + 1/2(kt)^2 - kt\left(C_{A0} - \dfrac{k^2 t^2}{4}\right)^{1/2}$
n 级 A ⟶ P	$-\dfrac{dC_A}{dt} = kC_A^n$	$t = (C_{A0} - C_A)/kC_A^n$
2 级 A+B ⟶ P	$-\dfrac{dC_A}{dt} = kC_A C_B$	$C_{A0} kt = \dfrac{x_A}{(1-x_A)(\beta - x_A)}$，$\beta = \dfrac{C_{B0}}{C_{A0}} \neq 1$
A+B ⟶ P+S		$C_{A0} kt = \dfrac{x_A}{(1-x_A)^2}$，$\beta = 1$
1 级	$-\dfrac{dC_A}{dt} = (k_1+k_2)C_A$	$C_A = \dfrac{C_{A0}}{1+(k_1+k_2)t}$

反 应	动力学方程式	设 计 式
$A\begin{cases}\xrightarrow{k_1}P\\\xrightarrow{k_2}S\end{cases}$	$\dfrac{\mathrm{d}C_P}{\mathrm{d}t}=k_1C_A$	$C_P=\dfrac{C_{A0}k_1t}{1+(k_1+k_2)t}$
	$\dfrac{\mathrm{d}C_s}{\mathrm{d}t}=k_2C_A$	$C_S=\dfrac{C_{A0}k_2t}{1+(k_1+k_2)t}$
1级 $A\xrightarrow{k_1}P\xrightarrow{k_2}S$	$\dfrac{-\mathrm{d}C_A}{\mathrm{d}t}=k_1C_A$	$C_A=\dfrac{C_{A0}}{1+k_1t}$，$C_P=\dfrac{C_{A0}k_1t}{(1+k_1t)(1+k_2t)}$
	$\dfrac{\mathrm{d}C_P}{\mathrm{d}t}=k_1C_A-k_2C_P$	$C_S=\dfrac{C_{A0}k_1t^2\cdot k_2}{(1+k_1t)(1+k_2t)}$
		$C_{p,\max}=\dfrac{C_{A0}}{[(k_2/k_1)^{1/2}+1]^2}$
	$\dfrac{\mathrm{d}C_S}{\mathrm{d}t}=k_2C_P$	$t_{\mathrm{opt}}=\dfrac{1}{\sqrt{k_1k_2}}$

【例 3-2-3】 有液相反应，$A+B\rightleftharpoons P+R$，在 120℃ 时，正、逆反应的常数分别为 $k_1=8L/(mol\cdot min)$，$k_2=1.7L/(mol\cdot min)$，若反应在 CSTR 中进行，其中物料容量为 100L。二股进料流同时等流量导入反应器，其中一股含 A 3.0mol/L，另一股含 B 2.0mol/L，求 B 的转化率为 80% 时，每股料液的进料流量应为多少？

解： 根据题意，在反应开始时各组分的浓度为：

$$C_{A0}=1.5mol/L$$
$$C_{B0}=1.0mol/L$$
$$C_{P0}=0$$
$$C_{R0}=0$$

B 的转化率为 80%，在反应器中和反应器的出口流中各组分的浓度为：

$$C_B=C_{B0}(1-x_B)=1.0\times0.2=0.2(mol/L)$$
$$C_A=C_{A0}-C_{B0}x_B=1.5-0.8=0.7(mol/L)$$
$$C_P=0.8(mol/L)$$
$$C_R=0.8(mol/L)$$

对于可逆反应，有 $(-r_A)=(-r_B)=k_1C_AC_B-k_2C_PC_R$
$$=8\times0.7\times0.2-1.7\times0.8\times0.8=0.04[mol/(L\cdot min)]$$

对于 CSTR：

$$\tau=\frac{V}{v_0}=\frac{C_{A0}-C_A}{(-r_A)}=\frac{C_{B0}-C_B}{(-r_B)}$$

$$v_0=\frac{V(-r_A)}{C_{A0}-C_A}=\frac{V(-r_B)}{C_{B0}-C_B}=\frac{100(0.04)}{0.8}=5(L/min)$$

因此，两股进料流中的每一股进料流量为 2.5L/min。

3.3 组合反应器

在前一节中已介绍了在两种理想状况下操作的反应器的基本计算方法。下面介绍的内容，是作为如何应用这些基础知识解决生产中存在的一些问题的例子。

3.3.1 多个全混釜串联

在前一节已提到，单个 CSTR 是在出口浓度下进行反应的。若把一个 CSTR 一分为二，则只有第二个釜是在出口浓度下进行反应的，第一个釜的反应浓度是第二个釜的入口浓度。若反应是大于零级的非自催化反应，则第一个釜的平均反应速度要比第二个釜大。由此可得出结论，把一个釜变为多个釜串联，若最后的转化率不变，反应器总的体积将减少。如图 3-3-1 所示，可以取几个串联釜中的第 i 个釜作物料衡算得：

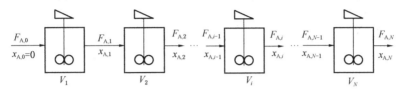

图 3-3-1　多釜串联操作示意图

$$输入量 = 输出量 + 反应量 + 积累量$$

$$F_{Ai-1} \qquad F_{Ai} \qquad (-r_A)_i V_i \qquad 0$$

$$\frac{F_{Ai-1} - F_{Ai}}{F_{A0}} = (-r_A)_i V_i / F_{A0}$$

即

$$\frac{F_{A0} - F_{Ai}}{F_{A0}} - \frac{F_{A0} - F_{Ai-1}}{F_{A0}} = x_{Ai} - x_{Ai-1} = (-r_A)_i \frac{V_i}{F_{A0}}$$

$$\frac{V_i}{F_{A0}} = \frac{\tau_i}{C_{A0}} = \frac{x_{Ai} - x_{Ai-1}}{(-r_A)_i} \tag{3-3-1}$$

对于恒容系统：

$$\tau_i = \frac{C_{Ai-1} - C_{Ai}}{(-r_A)_i} \tag{3-3-2}$$

式(3-3-1)和式(3-3-2)适用于各釜的体积和温度各不相同的串联釜。设各釜的体积分别为 V_1、V_2、$\cdots V_n$，各釜温度和反应速度常数已知。在已选定第一釜的入口浓度和体积流速后，欲求得最后一釜出口处的转化率，应该利用式(3-3-2)从第一釜算起。先算出 C_{A1} 或 x_{A1}，把它作为第二釜的输入参数，再算出 C_{A2} 或 x_{A2}，接着逐釜计算下去，便可算出最后一釜的出口浓度或转化率。

对于一级反应，由式(3-3-2)得

$$\tau_i = \frac{C_{Ai-1} - C_{Ai}}{k_i C_{Ai}} \tag{3-3-3}$$

即

$$C_{A1} = \frac{C_{A0}}{1 + k_1 \tau_1}$$

$$C_{A2} = \frac{C_{A1}}{1 + k_2 \tau_2} = \frac{C_{A0}}{(1 + k_1 \tau_1)(1 + k_2 \tau_2)}$$

依此类推，可求出第 n 个釜的出口浓度为

$$C_{AN} = \frac{C_{A0}}{(1 + k_1 \tau_1)(1 + k_2 \tau_2)(1 + k_3 \tau_3)\cdots\cdots(1 + k_n \tau_n)} \tag{3-3-4}$$

若各釜的温度或容积均相等，即 $k_1 = k_2 = \cdots = k_i$，$\tau_1 = \tau_2 = \cdots = \tau_i$，则式(3-3-4)可写为

$$C_{AN} = \frac{C_{A0}}{(1 + k\tau_i)^N} \qquad (3-3-5)$$

在处理多釜串联这类问题时，往往图解法比代数法更为方便。特别是当反应级数不是1或各釜的体积不相同或串联釜的个数较多时，很难用代数法求得精确的解析解。用图解法解决这类问题的一般过程如图3-3-2所示。由式(3-3-2)得

$$(-r_A)_i = \frac{-1}{\tau_i} \cdot (C_{Ai} - C_{Ai-1}) \qquad (3-3-6)$$

而

$$(-r_A) = kf(C_A) \qquad (3-3-7)$$

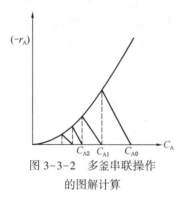

图 3-3-2　多釜串联操作的图解计算

先按式(3-3-7)以 $(-r_A)$ 对 C_A 作图，再按式(3-3-6)作图。式(3-3-6)是一条斜率的为 $-\frac{1}{\tau_i}$，截距为 $\frac{1}{\tau_i} C_{A,i-1}$ 的直线，它与 $(-r_A) = kf(C_A)$ 的曲线的交点坐标就是 $[C_{Ai}, (-r_A)_i]$。作图时可以从第一个反应器开始，由横轴点 C_{A0} 作一斜率为 $\frac{1}{\tau_1}$ 的直线与 $(-r_A) = kf(C_A)$ 的曲线相交。交点的横坐标便是 C_{A1}。再从横轴上点 C_{A1} 作一斜率为 $\frac{1}{\tau_2}$ 的直线与 $(-r_A) = kf(C_A)$ 的曲线相交，交点给出的是第二个反应器的反应速度和浓度。依次下去，可求出以后各个反应器的反应速度和浓度，直到获得给定的出口浓度为止。若得出 n 条斜线，则表示 n 个釜串联。对于非一级反应，也可以用类似的方法处理。但是，作图法只能用于反应速度可以用一个组分表示的简单反应，对于复杂反应是不适用的。因为只有 $(-r_A) = kf(C_A)$ 才可以在二维坐标上表示为 $(-r_A)$ 和 C_A 的关系。

【例题3-3-1】 苯醌和环戊二烯在298K下进行液相加成反应，反应方程式为 A+B→P，动力学方程为 $(-r_A) = kC_A C_B$。如果该反应在两个等体积串联的全混釜进行，其反应速度常数 $k = 9.92 \times 10^{-3}$ $m^3/(kmol \cdot s)$，环戊二烯和苯醌的起始浓度分别为 $0.1 kmol/m^3$ 和 $0.08 kmol/m^3$，求苯醌的转化率为95%时，两釜总的反应时间为多少？

解：由式(3-3-2)

$$\tau_1 = \frac{C_{A0} - C_{A1}}{kC_{A1}C_{B1}} \qquad (\text{I})$$

$$\tau_2 = \frac{C_{A1} - C_{A2}}{kC_{A2}C_{B2}} \qquad (\text{II})$$

$\tau_1 = \tau_2$，且

$$C_{A2} = C_{A0}(1 - 0.95) = 0.08 \times 0.05 = 0.004 (kmol/m^3)$$

$$C_{B2} = C_{B0} - (C_{A0} - C_{A2}) = 0.1 - (0.08 - 0.004) = 0.024 (kmol/m^3)$$

将 C_{A2} 和 C_{B2} 值代入式（I）和（II）得

$$\frac{0.08 - C_{A1}}{C_{A1}(0.02 + C_{A1})} = \frac{C_{A1} - 0.004}{(0.004)(0.024)}$$

整理得 $$C_{A1}^3 + 0.016C_{A1}^2 + 1.6 \times 10^{-5}C_{A1} - 0.768 \times 10^{-5} = 0$$

利用牛顿迭代法解得 $C_{A1} = 0.0154 \text{kmol/m}^3$

$$\tau = \frac{0.0154 - 0.004}{(9.92 \times 10^{-3})(0.004)(0.024)} = 11970(\text{s})$$

两个全混釜串联，总的反应时间为 23940s。

3.3.2 循环反应器

前面已介绍过平推流反应器的主要优点是没有返混，因此，在同样的转化率下反应器体积最小。但在工业上却经常把部分产物循环送至反应器入口。此类反应器称为循环反应器，见图 3-3-3。

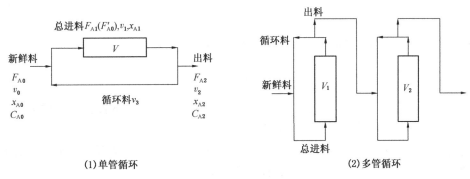

(1)单管循环   (2)多管循环

图 3-3-3　循环反应器示意图

工业上使用管式反应器有时按图 3-3-3 循环操作进行。例如对于自催化反应，如果原料中一点也不存在产物时，反应速率应为零，即反应不能进行。又如对于热效应较大的反应，光靠管壁传热不能保证反应器内维持某一定的反应温度，把反应器出口的产品经过换热后，部分循环至入口，这样可以在不改变供料速度的情况下，使管内的流量增加，以改善换热效果。再如对某一些反应，转化率不宜过高，否则副反应太多，主要产品的收率便会下降，但另一方面，又希望充分利用原料，以得到更多所需的产品。要解决这个问题，可以采用循环反应器。重油的热裂解就是一个例子，重油在 700K 左右裂解生成裂化气、汽油、柴油，部分重油缩合为焦状物。在反应器中若重油的裂化转化率(也称为单程转化率)很高，不但生成的裂化气很多，汽油收率下降，而且焦状物也迅速增加，附在管壁上，很快便要停车清理。若采用了循环操作，虽然降低了单程转化率，但按新鲜重油计算，总的转化率仍是高的，汽油的收率也较高。用增大反应器负荷的方法换取高的汽油产率和重油的转化率，在经济上是合算的。

循环反应器的一个重要参数是循环比 β，定义为：

$$\beta = \frac{\text{循环物料的体积流量}}{\text{离开反应器物料的体积流量}} = \frac{v_3}{v_2}$$

当 $\beta = 0$ 时无循环，即为 PFR 情况。当 $\beta = \infty$ 时，全部循环，即相当于 CSTR 的情况。

如图 3-3-3，反应器入口处反应物的浓度为

$$C_{A1} = \frac{F_{A1}}{v_1} = \frac{F_{A0} + F_{A3}}{v_0 + v_3} = \frac{F_{A0} + \beta F_{A2}}{v_0 + \beta v_2} = \frac{F_{A0}[1 + \beta(1 - x_{A2})]}{v_0[1 + \beta(1 + \delta_A y_{A0} x_{A2})]}$$

$$= \frac{C_{A0}[1 + \beta(1 - x_{A2})]}{[1 + \beta(1 + \delta_A y_{A0} x_{A2})]}$$

37

而
$$C_{A1} = \frac{n_{A1}}{V} = \frac{n_{A0}\,(1 - x_{A1})}{V_0\,(1 + \delta_A y_{A0} x_{A1})}$$

比较上两式可得

$$x_{A1} = \frac{\beta}{1 + \beta} x_{A2} \qquad\qquad (3 - 3 - 8)$$

对于 PFR，有如下基本关系式

$$\frac{V}{F_{A0}'} = \int_{x_{A1}}^{x_{A2}} \frac{\mathrm{d}x_A}{(-r_A)} \qquad\qquad (3 - 3 - 9)$$

式中　F_{A0}'——虚拟进料速度。

不难得到

$$F_{A0}' = F_{A0}(1 + \beta) \qquad\qquad (3 - 3 - 10)$$

将式(3-3-8)、式(3-3-10)代入式(3-3-9)得

$$\frac{V}{F_{A0}} = (1 + \beta) \int_{\frac{\beta}{1+\beta}x_{A2}}^{x_{A2}} \frac{\mathrm{d}x_A}{(-r_A)} \qquad\qquad (3 - 3 - 11)$$

式(3-3-11)为循环反应器的基本设计式，恒容或变容反应均适用。

图3-3-4为式(3-3-11)的图解，它适用于任意膨胀程度和任一级反应。

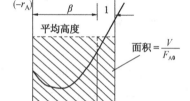

图 3-3-4　循环反应器图解

3.3.3　半连续操作的反应器

半连续式或半间歇操作的反应器是将两种或多种反应物料中的一些事先放在反应器中，然后将另一些组分的物料连续加入或缓慢滴加；或者是在反应过程中将某种产物连续地从反应器中取出。前一种方法可使加入组分的浓度在反应区中保持在较低范围，使反应不致太快，温度易于控制，或者能抑制某一副反应；而连续取出产物的操作可使该反应产物的浓度始终维持在低水平上，从而有利于可逆反应向生成产物的方向进行，以提高转化率。

显然，半间歇操作是非定常态过程，其基本设计式一般均需用数值法求解。

设一反应：　　　　　　　　　A+B ——→P

操作过程如下：

① 搅拌釜内预先加入 A、B 的量为 n_{A0}(少量)和 n_{B0}，此时体积为 V_0；

② 连续流入浓度为 C_{A0}、C_{B0}，体积流量 v 的料液；

③ 液面不断上升，体积由 V_0 上升至 V，加料一定时间 t 后，釜内的 A、B 量各为 n_A、n_B；

④ 釜内全混且等温。

在此定义转化率 x_A：

$$x_A = \frac{0 \sim t\ \text{时间内反应掉 A 的物质的量}}{0 \sim t\ \text{时间内加入 A 的物质的量}}$$

$$= \frac{(n_{A0} + vtC_{A0}) - n_A}{n_{A0} + vtC_{A0}} = 1 - \frac{n_A}{n_{A0} + vtC_{A0}} \qquad\qquad (3 - 3 - 12)$$

或

$$n_A = (n_{A0} + vtC_{A0})\,(1 - x_A) \qquad\qquad (3 - 3 - 13)$$

在 dt 内对全釜作 A 的物料恒算，得：

$$\text{输入量} = \text{输出量} + \text{反应量} + \text{累积量}$$

$$C_{A0}vdt \quad 0 \quad (-r_A)Vdt \quad dn_A$$

得

$$C_{A0}vdt - (-r_A)Vdt = dn_A \tag{3-3-14}$$

对式(3-3-13)全微分

$$dn_A = \frac{\partial n_A}{\partial t}dt + \frac{\partial n_A}{\partial x_A}dx_A = vC_{A0}(1-x_A)dt - (n_{A0}+vtC_{A0})dx_A$$

代入式(3-3-14)并整理得：

$$\frac{dx_A}{dt} - \frac{(-r_A)V - vC_{A0}x_A}{n_{A0} + C_{A0}vt} = 0 \tag{3-3-15}$$

式中

$$V = V_0 + vt = f_1(t) \tag{3-3-16}$$

$$(-r_A) = kC_A C_B$$

$$= k\left[\frac{1}{V}(n_{A0}+vC_{A0}t)(1-x_A)\right]\left\{\frac{1}{V}\left[(n_{B0}+vC_{B0}t) - \frac{b}{a}x_A(n_{A0}+vC_{A0}t)\right]\right\} = f_2(t, x_A) \tag{3-3-17}$$

将式(3-3-16)和式(3-3-17)代入式(3-3-15)得：

$$\frac{dx_A}{dt} = \frac{f_2(t, x_A) \cdot f_1(t) - vC_{A0}x_A}{n_{A0} + C_{A0}vt} = f(x_A, t) \tag{3-3-18}$$

则

$$\frac{dx_A}{dt} - f(x_A, t) = 0 \tag{3-3-19}$$

式(3-3-19)为一阶非线性方程，可用数值法求得。

将式(3-3-19)改成差分形式

$$\Delta x_A = f(x_A, t)_{avg} \cdot \Delta t$$

改进欧拉法的差分格式为：

$$(x_A)_{n+1} = (x_A)_n + \frac{f(t_n, x_{An}) + f\{t_{n+1}, [x_{An} + f(t_n, x_{An})\Delta t]\}}{2}\Delta t \tag{3-3-20}$$

【例题 3-3-2】 在等温条件下进行二级反应 A+B→P，已知：$k = 1m^3/(kmol \cdot h)$，今在反应器中加入 $1m^3$ 的反应物料 A，其量为 $n_{A0} = 2kmol$，反应开始时，将浓度为 $C_{B0} = 2kmol/m^3$ 的物料 B 以恒速 $v = 1m^3/h$ 连续加入 1h，若物料的密度在反应过程中恒定不变，试计算其转化率和时间的关系。

解：由式(3-3-15)得：

$$C_{A0} = 0, \ n_{A0} = 2kmol$$

$$\frac{dx_A}{dt} - \frac{(-r_A)V}{2} = 0 \tag{I}$$

其中：

$$V = V_0 + vt = 1 + t \tag{II}$$

$$(-r_A) = kC_A C_B = \frac{k}{V^2}\left[(n_{A0}+vC_{A0}t)(1-x_A)\right]\left[(n_{B0}+vC_{B0}t) - \frac{b}{a}x_A(n_{A0}+vC_{A0}t)\right]$$

$$= \frac{1}{(1+t)^2}\left[2(1-x_A)\right]\left[2(t-x_A)\right] = \frac{4}{(1+t)^2}(1-x_A)(t-x_A) \tag{III}$$

39

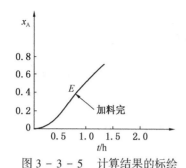

图 3-3-5　计算结果的标绘

$$\frac{\mathrm{d}x_A}{\mathrm{d}t} - \frac{2}{(1+t)}(1-x_A)(t-x_A) = 0 \qquad (\text{IV})$$

令　　$f(t, x_A) = \frac{2}{(1+t)}(1-x_A)(t-x_A) \qquad (\text{V})$

式（Ⅰ）~（Ⅴ）联立，可以用改进欧拉法求出相应各时间 t 时的 x_A，程序框图见图 3-3-6，计算结果如图 3-3-5 所示。

图上 E 点为加料结束时的状态。$t=1\text{h}$ 以后，物料 B 不再加入，所以在加料结束后为间歇操作，E 点之后，x_A-t 关系遵循间歇操作的情况。

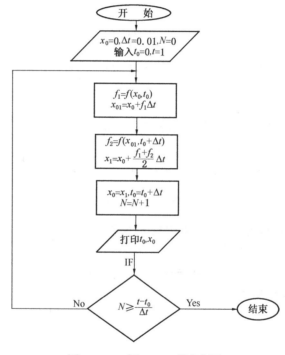

图 3-3-6　例 3-3-2 程度框图

3.4　反应器选型与操作方式

化学反应工程研究的目的是实现工业化学反应过程的优化。所谓优化，就是在一定范围内，选择一组优惠的决策变量，使过程系统对于确定的目标达到最优状态。但由于可供选择的系统很广泛以及选择时有许多因素必须考虑，因此，没有简单的公式能提供一种最优方案，经验、对各种反应器性能特征的充分了解，在选择合理的设计时都是必须具备的。当然，最后的选择将取决于所有过程的经济性，而过程的经济性主要受两个因素所影响，一是反应器的大小，另一是产物分布(选择性、收率等)。对于单一反应来说，其产物是确定的，没有产物分布问题，因此，在反应器设计中比较重要的因素是反应器的大小；而对于复合反应，首先要考虑产物分布。我们根据这两大类不同的反应，分别予以讨论。

3.4.1 单一反应：反应器形式的比较

单一反应是只有一个方向的反应过程，所以不存在选择性问题，优化目标只需要考虑反应速率。前面几节讨论了三种基本反应器类型：间歇反应器、平推流反应器和全混流反应器，在这三种不同类型反应器中进行同一个反应时表现出的结果是不同的。尽管工业反应器的结构千差万别，但都可以根据这三种基本反应器的返混特征进行分析。首先可以看到，不同返混程度的反应器，在工程上总设法使其返混状态接近于返混极大或返混极小两种极端状态。间歇反应器与平推流反应器，在操作方式上虽然明显不同，一个是间歇操作，另一个是连续操作，但它们都不存在返混。对于确定的反应过程，在这类反应器中的反应结果唯一地由反应动力学所确定。全混流反应器的返混为最大，反应器中的物料浓度与反应器出口相同，即整个反应过程始终处于出口状态的浓度（或转化率）条件下操作。所以对同一（$n>0$ 级）简单反应，在相同的操作条件下，为达到相同转化率，平推流反应器所需反应器体积为最小，而全混流反应器所需体积为最大。换句话说，若反应器体积相同，则平推流反应器所达到的转化率比全混流反应器要高。

为比较平推流反应器与全混流反应器中进行简单反应结果，以 n 级简单反应 $A \rightarrow P$ 为例，其反应速率方程式为：

$$(-r_A) = kC_A^n$$

若初始进料浓度和反应温度相同，则达到相同转化率时平推流反应器所需停留时间 τ_p 与全混流反应器所需停留时间 τ_m 的关系为：

$$\tau_P = C_{A0} \int_0^{x_A} \frac{dx_A}{(-r_A)} = \frac{1}{kC_{A0}^{n-1}} \int_0^{x_A} \left(\frac{1+\varepsilon_A x_A}{1-x_A}\right)^n dx_A \qquad (3-4-1)$$

$$\tau_m = \frac{C_{A0} x_A}{(-r_A)} = \frac{1}{kC_{A0}^{n-1}} \frac{x_A (1+\varepsilon_A x_A)^n}{(1-x_A)^n} \qquad (3-4-2)$$

图 3-4-1 表示达到一定转化率时所需的平推流反应器和全混流反应器体积比。

由图 3-4-1 可以看到，平推流反应器与全混流反应器性能的差别与反应级数及反应过程转化率有关。当转化率较低时，反应物浓度变化较小，因此，反应结果受返混影响也较

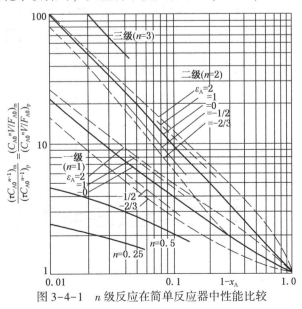

图 3-4-1　n 级反应在简单反应器中性能比较

小，达到同样转化率的两类反应器体积差别也不大。随反应过程转化率增加，返混影响也增大，两种反应器体积比相应增大，如图3-4-2所示。因此，对高转化率反应过程，应选用返混小的反应器。

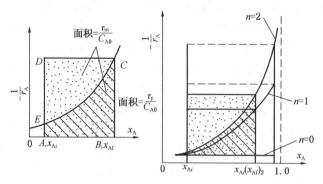

图 3-4-2 对任意反应的两种反应器性能比较

图3-4-1和图3-4-2还表明，随反应级数提高，达到相同转化率，全混流反应器与平推流反应器所需体积的比值也增大。对于零级反应，反应速率只取决于反应温度，而与浓度无关，因此两类反应器反应结果相同。对于非零级，反应级数愈高，表明反应物浓度变化对反应速率影响越敏感，为达到同样转化率，两类反应器所需体积差别越大。以转化率 $x_A = 0.9$ 为例，一级反应的两类反应器体积差4倍，而二级反应则差10倍。

实际工业生产采用返混极小或返混极大的反应器，受到各种限制。即使对简单反应，为了确定反应器形式，不仅要考虑反应的级数，而且要考虑合适的转化率。对反应级数越高，要求转化率也高的反应过程，主要采用平推流反应器。可是若反应要求比较长的停留时间，采用很长的管式反应器，会造成结构上或操作上的困难。这种情况通常可采用多釜串联的组合式反应器，既降低返混的影响，又保证了足够停留时间。

图3-4-3和图3-4-4表示了一级和二级简单反应通过多釜串联反应器的比较，当串联釜数趋近于无穷多个时，其反应器性能接近于平推流反应器。下面考虑一个不可逆一级反应，若其 $k\tau = 2$，则在单个全混釜反应器中转化率为 0.667；在平推流反应器中转化率为

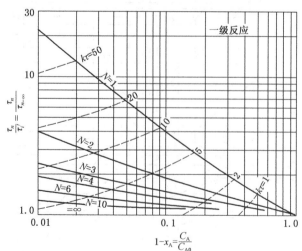

图 3-4-3 N 个相同大小全混流釜与一个平推流反应器进行一级反应 A→产物时的性能比较
（对相同进料、相同处理量直接给出反应器体积大小比率 V_N/V_p）

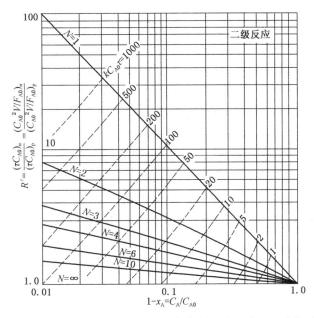

图 3-4-4 N 个相同大小全混釜与一个平推流反应器进行二级反应 2A→产物时的性能比较

(对相同进料、相同处理量直接给出反应器体积大小比率 V_N/V_p)

0.865。如果要求转化率为 0.865，则在全混釜反应器中进行时，其 $k\tau$ 应为 6.5，即在反应温度不变时，也即 k 值不变，全混釜反应器体积为平推流反应器体积的 3.25 倍。若根据限制返混的分割措施，使反应器总体积不变，把反应器分成 N 个全混釜反应器串联，在 $k\tau=2$ 时，其一级反应的釜数与转化率的关系如表 3-4-1 所示。

表 3-4-1   串联釜数 N 和转化率 x_A 的关系 ($k\tau=2$)

串联釜数 N	转化率 x_A	串联釜数 N	转化率 x_A
1	0.67(CSTR)	5	0.81
2	0.75	∞	0.87(PFR)
3	0.78		

在采用多釜串联时，可以用较小的多个釜串联，其串联釜数的确定取决于经济指标。达到指定转化率所要求的反应器总体积 $\sum V_R$ 随釜数 N 增加而减少。然而由于单个反应器的费用与 $V_R^{0.6}$ 成正比，所以和 $NV_R^{0.6}$ 成正比的总费用在图3-4-5上呈现一个最小值，最小值约在 $N=4$ 处。同时釜数 N 增加，在生产操作上的难度也随之增加。因此串联釜数的最优选择一般不超过 4。

【例题 3-4-1】 同[例题 3-2-1]条件，若达到转化率 $x_A=0.8$，试计算单个 CSTR、2-CSTR、4-CSTR、PFR 的体积，并比较体积大小。

(1) 单个 CSTR 的体积

该反应为二级反应，查图 3-4-4，$1-x_A=0.2$ 线与 $N=1$ 相交于 $k\tau C_{A0}\approx 20$，

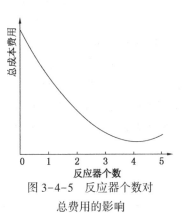

图 3-4-5 反应器个数对
总费用的影响

$$V_R = \frac{20 \times v_0}{k \cdot C_{A0}} = \frac{20 \times 171.25 \times 10^{-3}}{118.2 \times 0.004} = 7.24 (\text{m}^3)$$

（2）2-CSTR（表示两个等体积的 CSTR 串联）

查图 3-4-4，$1-x_A = 0.2$ 线与 $N=2$ 相交，得 $k\tau C_{A0} = 9$

$$V_{R\text{总}} = \frac{9 \times 171.25 \times 10^{-3}}{118.2 \times 0.004} = 3.26 (\text{m}^3)$$

（3）4-CSTR 串联的总体积及各釜的出口转化率 x_{A1}，x_{A2}，x_{A3}

查图 3-4-4，$1-x_A = 0.2$ 线与 $N=4$ 相交，得 $k\tau C_{A0} = 6$

$$V_{R\text{总}} = \frac{6 \times 171.25 \times 10^{-3}}{118.2 \times 0.004} = 2.17 (\text{m}^3)$$

同理，查图 3-4-4，$k\tau_1 C_{A0} = 6/4 = 1.5$ 线与 $N=1$ 相交，得

$$1-x_{A1} = 0.55，x_{A1} = 0.45$$

$k\tau_2 C_{A0} = 3$ 线与 $N=2$ 相交，得

$$1-x_{A2} = 0.35，x_{A2} = 0.65$$

$k\tau_3 C_{A0} = 4.5$ 线与 $N=3$ 相交，得

$$1-x_{A3} = 0.25，x_{A2} = 0.75$$

（4）PFR 的体积

查图 3-4-4，$1-x_A = 0.2$ 线与 $N=\infty$（PFR）相交，得

$$k\tau C_{A0} = 4$$

$$V_R = \frac{4 \times 171.25 \times 10^{-3}}{118.2 \times 0.004} = 1.45 (\text{m}^3)$$

（5）计算结果比较

从以上计算得出如下结论：

为完成同一生产任务，

$$V_{R,CSTR} > V_{R,2-CSTR} > V_{R,4-CSTR} > V_{R,PFR}$$

在恒容条件下，虽然 BR 与 PFR 有同样的反应效能，但由于 BR 需要非生产辅助时间，所以它的体积也大于 PFR（参见［例题 3-2-1］计算结果）。

3.4.2 复合反应：操作方式评选

前面，我们讨论了单一反应，证明了反应器的性能受流动状况所影响；而对于复合反应，则流动状况不但影响其所需的反应器大小，而且还影响反应产物的分布。这里以平行反应和连串反应为例加以讨论。

1. 平行反应

由于反应器形式不同，将有不同的产物分布，因此在讨论反应器的选型前，必须了解流动状况如何影响其产物分布。对平推流反应器，其产物分布同间歇反应器中的情况一样，瞬时收率与总收率的关系如式（2-4-1）和式（2-4-2）所示，而对全混流釜式反应器，由于釜内浓度是均匀的，且等于出口浓度，故瞬时收率等于总收率，$\varphi = \Phi_m$，或对于 CSTR：

$$C_P = \varphi (C_{A0} - C_{Af}) \tag{3-4-3}$$

$$\Phi_m = \frac{C_P}{C_{A0} - C_{Af}} = \varphi$$

对任一形式反应器，P 的出口浓度直接从下式得：

$$C_{Pf} = \varPhi(C_{A0} - C_{Af}) \qquad\qquad (3-4-4)$$

这样，利用式(3-4-4)，可以用图 3-4-6 所示的图解方法求得不同形式反应器的 C_p。

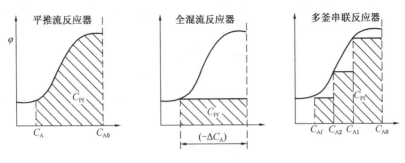

图 3-4-6　求 C_{Pf} 的图解法

φ 对 C_A 标绘的曲线形状决定了能得到最优产物分布的流动模型，如图 3-4-7 所示的三种不同的中 φ-C_A 曲线，为获得最大的 C_P，应分别采用平推流反应器、全混流釜式反应器以及全混釜和平推流反应器串联等三种反应器形式。

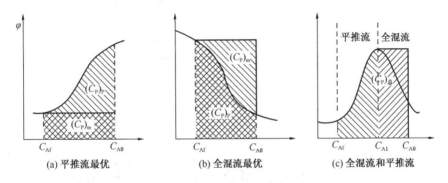

图 3-4-7　产品 P 为最大(阴影面积最大)的反应器形式

根据总收率的定义和流动状况对产物分布的影响，反应器形式和操作方法的评选大致遵循如下原则：

(1)对反应

$$A \rightarrow \begin{cases} P(主反应) & r_P = k_1 C_A^{a_1} \\ S(副反应) & r_S = k_2 C_A^{a_2} \end{cases}$$

反应物浓度是控制平行反应的收率的重要手段。一般说来，高的反应物浓度有利于反应级数高的反应；低的反应物浓度有利于反应级数低的反应；而对主副反应级数相同的平行反应，浓度的高低不影响产物分布。因此，在反应器选型的判断中，若 $a_1 > a_2$，显然对 PFR 或 BR 是有利的。然而由于各种因素影响必须采用 CSTR 时，除了增加串联个数以提高选择性外，在串联全混釜个数一定时，可以采用各釜的体积从第一个起逐渐增大的措施。若 $a_1 < a_2$，则要求反应物的浓度尽可能低，采用单个 CSTR 为宜。

(2)若反应为

$$A + B \rightarrow \begin{cases} P(主反应) & r_P = k_1 C_A^{a_1} C_B^{b_1} \\ S(副反应) & r_S = k_2 C_A^{a_2} C_B^{b_2} \end{cases}$$

选择性

$$S_P = \frac{r_P}{r_S} = \frac{k_1}{k_2} C_A^{a_1-a_2} C_B^{b_1-b_2}$$

为了得到最多的 P，应使 r_P/r_S 比值为最大，对各种所希望的反应物浓度的高、低或高－低的结合，完全取决于竞争反应的动力学。这些浓度的控制，可以通过物料进料方式和合适的反应器流动模型加以调整。表 3-4-2 及表 3-4-3 表示了存在两个反应物的平行反应在连续和间歇操作时保持组分浓度使之适应竞争反应动力学要求的情况。

表 3-4-2　间歇操作时不同竞争反应动力学的接触模型及其浓度分布

动力学特点	$a_1>a_2$, $b_1>b_2$,	$a_1<a_2$, $b_1<b_2$,	$a_1>a_2$, $b_1<b_2$,
控制浓度要求	应使 C_A、C_B 都高	应使 C_A、C_B 都低	应使 C_A 高、C_B 低
操作示意图			
加料方法	瞬间加入所有的A和B	缓慢加入A和B	先把全部A加入，然后缓慢加B

表 3-4-3　连续操作时不同竞争反应动力学的接触模型及其浓度分布

动力学特点	$a_1>a_2$, $b_1>b_2$,	$a_1<a_2$, $b_1<b_2$,	$a_1>a_2$, $b_1<b_2$,
控制浓度要求	应使 C_A、C_B 都高	应使 C_A、C_B 都低	应使 C_A 高、C_B 低
操作示意图			
浓度分布图			

【例题 3-4-2】　已知平行反应

$$A \rightarrow \begin{cases} \rightarrow P & r_P = k_1 C_A, \ k_1 = 2\,\mathrm{min}^{-1} \\ \rightarrow S & r_S = k_2, \ k_2 = 1\,\mathrm{mol/(L \cdot min)} \\ \rightarrow T & r_T = k_3 C_A^2, \ k_3 = 1\,\mathrm{L/(mol \cdot min)} \end{cases}$$

$C_{A0} = 2\,\mathrm{mol/L}$，P 为目的产物，求：

（1）在 CSTR 中所能得到产物 P 的最大得率。

（2）在 PFR 中所能得到产物 P 的最大得率

（3）假如反应物加以回收，采用何种反应器形式较为合理？

解：（1）反应收率为

$$\varphi = \frac{r_P}{(-r_A)} = \frac{2C_A}{(1+C_A)^2}$$

在 CSTR 中

得率

$$X_P = \frac{C_P}{C_{A0}} = \varphi \cdot \frac{C_{A0} - C_A}{C_{A0}} = \frac{2C_A}{(1+C_A)^2} \cdot \frac{2-C_A}{2}$$

由 $\dfrac{\mathrm{d}X_P}{\mathrm{d}C_A} = 0$ 得 $C_A = 0.5(\mathrm{mol/L})$ 时，$\varphi = 4/9$

则

$$X_{P,max} = \frac{4}{9} \times \frac{2-0.5}{2} = \frac{1}{3}$$

（2）在 PFR 中

$$X_{P,max} = \frac{C_P}{C_{A0}} = \frac{1}{C_{A0}} \int_{C_{A0}}^{C_A} - \varphi \mathrm{d}C_A$$

$$= \frac{1}{C_{A0}} \int_2^0 \frac{-2C_A}{(1+C_A)^2} \mathrm{d}C_A$$

$$= \left[\ln(C_A + 1) + \frac{1}{C_A + 1} \right]_0^2 = 0.432$$

（3）可设计一流程，将未反应的 A 从产物中分离，再循环返回反应器，并保持 $C_{A0} = 2\mathrm{mol/L}$，此时可选择一个 CSTR，在 $C_A = 1\mathrm{mol/L}$ 时操作。

因为 $C_A = 1\mathrm{mol/L}$ 时，φ 有最大值。此时

$$\varphi_{max} = \Phi_{max} = \frac{1}{2}$$

2. 连串反应

（1）连串反应的收率

以一级不可逆连串反应为例：

$$A \xrightarrow{k_1} P \xrightarrow{k_2} S$$

其收率为：

$$\varphi = \frac{r_P}{(-r_A)} = 1 - \frac{k_2 C_P}{k_1 C_A} \qquad (3-4-5)$$

连串反应的浓度效应与平行反应不同。式（3-4-5）可以看出其收率与产物及反应物的浓度比值 C_P/C_A 有关。此比值愈大，收率愈小；反之，C_P/C_A 愈小，收率愈高。总之，连串反应中间产物的收率随反应过程的进行不断下降，即凡是使 C_P/C_A 值增大的因素对收率总是不利的。显然对连串反应过程而言，返混对收率总是不利的。

为定量分析连串反应的收率，将平推流反应器与全混流反应器中进行一级不可逆连串反应的浓度计算关系归纳如下：

对 PFR：

$$C_A = C_{A0} \mathrm{e}^{-k_1\tau} \qquad (3-4-6)$$

$$C_P = \left(\frac{k_1}{k_2 - k_1} \right) C_{A0} (\mathrm{e}^{-k_1\tau} - \mathrm{e}^{-k_2\tau}) \qquad (3-4-7)$$

对 CSTR：

$$C_A = \frac{C_{A0}}{1 + k_1\tau} \qquad (3-4-8)$$

$$C_P = \frac{C_{A0} k_1 \tau}{(1 + k_1 \tau)(1 + k_2 \tau)} \qquad (3-4-9)$$

平均收率按下式计算：

$$\Phi = \frac{C_P}{C_{A0} - C_A} \qquad (3-4-10)$$

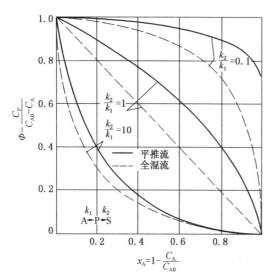

图 3-4-8　对反应 A→P→S 两种简单
反应器中 P 的收率比较

现将几种不同 k_2/k_1 值代入式(3-4-6)~式(3-4-10)，可以求得不同条件下的平均收率，将其结果标绘于图 3-4-8。图中实线为间歇反应器或平推流反应器中的平均收率与转化率关系，虚线为全混流反应器中的平均收率与转化率的关系。从图 3-4-8 可以看到：①平推流反应器的平均收率高于全混流反应器；②连串反应的平均收率随反应转化率增大而下降；③收率还与主、副反应速率常数 k_2/k_1 的比值密切有关，比值 k_2/k_1 越大，其平均收率随转化率的增加而下降的趋势越严重。根据上述分析可以知道，连串反应操作转化率控制十分重要，不能盲目追求反应的高转化率，在工业生产上经常使反应在低转化率下操作，以获得较高平均收率。把未反应原料经分离后返回反应器循环使用。此时应以反应-分离系统的优化经济目标来确定最适宜的反应转化率。

（2）连串反应的得率

由于连串反应的平均收率随转化率增加而降低，因此可以采用低转化率操作，并将未反应原料回收循环使用，以提高原料利用率，降低单耗。但是在某些工艺过程中，反应物和产物之间的分离可能存在技术上的困难和经济上的不合理。此时，必须以反应过程得率高低来评价这一过程的优劣。根据连串反应动力学分析，连串反应的得率存在极值。PFR 和 CSTR 中进行连串反应具有不同的最大得率。根据求极值的原理，分别对式(3-4-7)和式(3-4-9)求导，令 $\dfrac{dC_P}{d\tau}=0$，可以分别求得 PFR 和 CSTR 的最大得率 $X_{P,max}$ 及相应的最适宜平均停留时间 τ_{opt}。

对 PFR：

$$X_{P,\,max} = \frac{C_{P,\,max}}{C_{A0}} = \left(\frac{k_1}{k_2}\right)^{\frac{k_2}{k_2-k_1}} \qquad (3-4-11)$$

$$\tau_{opt} = \frac{\ln\left(\dfrac{k_1}{k_2}\right)}{k_1 - k_2} \qquad (3-4-12)$$

对 CSTR：

$$X_{P,\,max} = \frac{C_{P,\,max}}{C_{A0}} = \frac{1}{[(k_2/k_1)^{1/2} + 1]^2} \qquad (3-4-13)$$

$$\tau_{opt} = \frac{1}{\sqrt{k_1 \cdot k_2}} \qquad\qquad (3-4-14)$$

由式(3-4-11)~式(3-4-14)可以看到，一级不可逆连串反应的最大得率及相应的最适宜停留时间都与反应物初浓度无关，而唯一地由该反应速率常数比值 k_2/k_1 所决定。

（3）反应器选型与操作方式

由式(3-4-5)可知，任何使反应器内反应物 C_A 减小和产物 C_P 增大的措施都不利于连串反应过程收率的提高。由此得出结论：返混对于连串反应过程的收率是不利因素，因而平推流反应器或多级串联全混釜的收率总是优于全混流反应器。尤其是 k_2/k_1 值较大的反应，应特别注意限制返混。不难理解，在反应器的加料方式上，分段加料或分批加料将使反应器中原料浓度 C_A 降低，也不利于收率的提高。

上述讨论了单组分物料的连串反应，实际工业生产中大量是双组分反应物的连串反应，例如甲醇氧化生成甲醛的反应过程中，甲醛又进一步氧化生成二氧化碳就是双组分反应物连串反应。还有如氯化、加成、硝化等反应。对于双组分连串反应的基本特征与单组分连串反应规律相同，但也有它的特殊性。以双组分连串反应为例：

$$A \xrightarrow{+B} P \xrightarrow{+B} S$$

在这个反应过程中，反应物 B 对收率的影响与平行反应相同，取决于主、副反应对反应物 B 的级数相对大小。对于反应物 A 而言，如果主反应对物料 A 的反应级数比副反应对 A 的级数高，当然希望提高物料 A 的浓度来增加反应的瞬时收率。但是作为连串反应，随着反应转化率的提高瞬时收率总是下降的，特别当转化率很高时，反应物 A 的浓度相当小，此时收率很低。在双组分连串反应中可以充分利用组分过量浓度的特征来改善反应过程的收率。如上述双组分连串反应为例，若反应均为一级，则其瞬时收率可表示为：

$$\varphi = 1 - \frac{k_2}{k_1} \cdot \frac{C_P \cdot C_B}{C_A \cdot C_B} \qquad\qquad (3-4-15)$$

若使反应物 A 和 B 的配比大大超过化学计量关系的需要，即让物料 A 大大过量，随着转化率的提高，物料 A 的浓度不会继续下降，而是趋于一个定值，这样就大大提高反应过程后期的瞬时收率，也就提高了反应的平均收率。如丁二烯氯化生成二氯丁烯、二氯丁烯又进一步氯化生成副产物多氯化合物，为提高二氯丁烯的收率，反应过程中采用丁二烯过量的措施可以明显提高该反应的收率，抑制多氯化物的生成。

【例题 3-4-3】 物料 A 初浓度 $C_{A0} = 1mol/L$，在全混流反应器中进行反应，生成 P 和 S，所得实验数据如下：$C_{P0} = C_{S0} = 0$，浓度单位 mol/L。

序号	C_A	C_P	C_S
1	1/2	1/6	1/3
2	1/3	2/15	8/15

试问：

（1）该反应的动力学特征？

（2）应该选用什么反应器？

（3）在所选用反应器中，产物 P 的最大浓度是多少？此时物料 A 的转化率又为多大？

解：（1）根据实验数据分析，当物料 A 的转化率提高时，产物 P 浓度反而下降了，即 2/15<1/6，所以该反应为连串反应。先假设各反应为一级，按全混流反应器计算：

$$\frac{C_A}{C_{A0}} = \frac{1}{1 + k_1\tau}$$

$$\frac{C_P}{C_{A0}} = \frac{k_1\tau}{(1 + k_1\tau)(1 + k_2\tau)}$$

将第一组数据代入得：

$$k_1\tau = 1, \quad k_2\tau = 2$$

$$\frac{k_1}{k_2} = \frac{1}{2}$$

由第二组数据得：

$$k_1\tau = 2, \quad k_2\tau = 4$$

$$\frac{k_1}{k_2} = \frac{1}{2}$$

所设一级反应正确，且 $\dfrac{k_1}{k_2} = \dfrac{1}{2}$

（2）因为是连串反应，应选用平推流反应器。

（3）按式(3-4-11)计算 $C_{P,max}$：

$$C_{P,\,max} = C_{A0} \cdot \left(\frac{k_1}{k_2}\right)^{\frac{k_2}{k_2 - k_1}} = 0.25(\text{mol/L})$$

按式(3-4-12)计算 τ_{opt}

$$\tau_{opt} = \frac{\ln(k_2/k_1)}{k_2 - k_1} = \frac{\ln 2}{k_1}$$

$$k_1\tau_{opt} = 0.693$$

按式(3-4-6)计算 C_A：

$$C_A = C_{A0}e^{-k_1\tau} = 0.5(\text{mol/L})$$

相应于 $C_{P,max}$ 是 A 的转化率 x_A 为：

$$x_A = 1 - 0.5 = 0.5$$

3.4.3 某些简单情况的最优化分析

在这里不准备介绍最优化的理论和方法，只作一些定性分析或对单变量问题做一些定量分析，以加深读者对反应器计算的理解，掌握着手分析问题的方法。

1. BR 的最大生产速度和最低生产经费控制

BR 的基础设计式告诉我们达到一定的转化率 x_A 所需的反应时间。从经济角度考虑，并非 x_A 越大越好，有时应当从最大生产速度和最低生产经费角度来考虑控制反应时间。

（1）获得最大生产速度的条件

对于 A→R 的简单反应，反应时间为 t，辅助时间为 τ'，反应器容积为 V_R，R 的平均生产速度 Φ_R 表示为：

$$\Phi_R = \frac{C_R}{t + \tau'} \cdot V_R \qquad\qquad (3-4-16)$$

式中 C_R 为 t 的函数(速率式的积分形式),相对于最大生产速率 $\Phi_{R,max}$ 的条件为 $d\Phi_R/dt = 0$,得

$$\frac{dC_R}{dt} = \frac{C_R}{t + \tau'} \qquad (3-4-17)$$

所以,相对于最大生产速度的反应时间 t 可由图解法求得。方法和步骤为:先作 C_R-t 曲线,然后过 $(-\tau', 0)$ 点对 C_R-t 曲线作切线,切点的横轴位置即为最合适的反应时间 t_{opt}。

(2)最低生产经费的条件

如目标函数为生产经费,即单位生产量的总消耗 T_C。令单位反应时间消耗金额为 a,单位辅助时间消耗金额为 a_0,操作一次原料费用、设备损耗等为 a_F,生产经费可以表示为

$$T_C = \frac{at + a_0\tau' + a_F}{V \cdot C_R} \qquad (3-4-18)$$

相对于最低生产经费的条件 $d(T_C)/dt = 0$,即

$$\frac{dC_R}{dt} = \frac{C_R}{t + (a_0\tau' + a_F)/a} \qquad (3-4-19)$$

同样,根据 C_R-t 曲线,过 $[-(a_0\tau' + a_F)/a, 0]$ 点对它作切线,所得切点的横轴位置即为相应于最低生产经费的合适反应时间 t_{opt}。

【例3-4-4】 用间歇反应器生产乙酸乙酯(R),日生产能力为50t:

$$C_2H_5OH(A) + CH_3COOH(B) \xrightarrow{k} CH_3COOC_2H_5(R) + H_2O(S)$$

原料以质量分数计,乙酸(B)23%,乙醇(A)46%,其余为水(S)。反应液的密度为 $1020kg/m^3$,乙酸的最终转化率 x_B 为35%,每天生产按24h计算,每批操作的辅助时间为1h,求必要的反应器体积。反应在恒温下进行,反应速率式为

$$(-r_B) = k(C_A C_B - C_R C_S/K), \quad k = 2.20 \times 10^{-9}, \quad K = 2.93$$

各组分的浓度单位:$kmol/m^3$,$(-r_B)$:$kmol/(m^3 \cdot h)$

解: 各组分的浓度列表如下:(以 x_B 计算)

组　　分	相对分子质量(分子量)	初浓度(C_{i0})	浓度(C_i)
乙醇(A)	$M_A = 46$	$C_{A0} = 10.20$	$C_A = 10.20 - 3.91x_B$
乙酸(B)	$M_B = 60$	$C_{B0} = 3.91$	$C_B = 3.91(1-x_B)$
乙酸乙酯(R)	$M_R = 88$	$C_{R0} = 0$	$C_R = 3.91x_B$
水(S)	$M_S = 18$	$C_{S0} = 17.56$	$C_S = 17.56 + 3.91x_B$

由式(3-2-3)$t = C_{B0} \int_0^{0.35} \frac{dx_B}{(-r_B)}$

用步长 $\Delta x_B = 0.05$,数值积分求得:$t = 1.97(h)$

每天操作批数:$24/(1.97+1) = 8$(批)

乙酸乙酯单位生产量 $= C_R \times M_R \times$ 操作批数 $= 3.91 \times (0.35) \times 88 \times 8 = 963[kg/(m^3 \cdot day)]$

反应器容积 $V_R = 50000/963 = 52(m^3)$

【例3-4-5】 同上例,求以下情况的最合适的反应时间。

(1)最大平均生产速率时的反应时间。

（2）最低生产经费时的反应时间。

已知：反应经费 $a = 27.6 \times 10^3$ 元/h，辅助时经费 $a_0 = 8.4 \times 10^3$ 元/h，固定费 $a_F = 104.0 \times 10^3$ 元。

解： 反应时间 t 与乙酸转化率 x_B 关系，可以用数值微分法求出，如图 3-4-9 所示

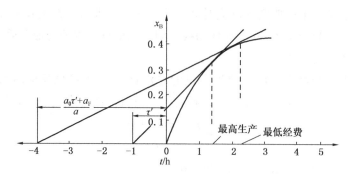

图 3-4-9　间歇操作最适合条件的图解法

（1）求最大反应速度　辅助时间 $\tau' = 1\text{h}$，过 (-1, 0) 点对 x_B-t 曲线作切线，切点坐标为 (1.3, 0.31)，即

$$t_{opt} = 1.3\text{h}, \quad x_B = 0.31$$

最大平均生产速度

$$\Phi_{R, \max} = \frac{3.91 \times 0.31}{1 + 1.3} \times 52 = 27.4 (\text{kmol/h})$$

（2）求最低生产经费

$$(a_0 \tau' + a_F)/a = (8.4 \times 1 + 104)/27.6 = 4.1 (\text{h})$$

过 (-4.1, 0) 点对 x_B-t 曲线作切线，得切点

$$t_{opt} = 2.2\text{h}, \quad x_B = 0.42$$

最低生产经费

$$(T_C)_{\min} = \frac{at + a_0 \tau' + a_F}{VC_R} = \frac{(27.6 \times 2.2 + 8.4 \times 1 + 104) \times 10^3}{52 \times 3.91 \times 0.42} = 2.03 \times 10^3 (\text{元/kmol})$$

2. 单个 CSTR 的最佳设计

在 CSTR 中进行 A→R 反应，在一定供料速度 F_{A0} 下，设计可有如下选择：

① V_R 取大，则 x_A 就高，产品 R 就多，但是设备投资和操作费用大；

② V_R 取小，则 R 的收获少，但设备投资和操作费用小。

所以应取适当的反应器体积 $V_{R,opt}$，此时可有最佳的经济效果。

取目标函数：产品 R 的成本 F，元/mol。

则目标函数：

$$F = \frac{V_R \cdot M_m}{F_R} + \frac{F_{A0} \cdot M_A}{F_R} \qquad (3-4-20)$$

式中　M_m——设备投资、折旧、管理、操作费用，元/($\text{h} \times \text{m}^3$)；

　　　M_A——原料 A 的单价，元/mol。

由于在 CSTR 中：

$$\frac{V_R}{F_{A0}} = \frac{x_A}{(-r_A)}, \quad F_{A0} x_A = F_R$$

52

如果进行一级反应

$$V_R = F_R / (-r_A) = F_R / [kC_{A0}(1 - x_A)]$$

因此

$$F = \frac{M_m}{kC_{A0}(1 - x_A)} + \frac{M_A}{x_A} \qquad (3-4-21)$$

取 $dF/dx_A = 0$，有 $x_{A,opt}$，得

$$x_{A,\,opt} = \frac{\sqrt{\dfrac{kC_{A0}M_A}{M_m}}}{1 + \sqrt{\dfrac{kC_{A0}M_A}{M_m}}} \qquad (3-4-22)$$

【例题 3-4-6】 一级反应 A→R，$k = 0.2h^{-1}$，$C_{A0} = 0.1mol/L$，$M_A = 0.5$ 元/mol，$M_m = 0.01$ 元/$(h \cdot L)$，$F_R = 100mol/h$，求最合适的 CSTR 体积 $V_{R,opt}$，最低生产成本 F_{min}。

解：由式(3-4-22)

$$\sqrt{\frac{kC_{A0}M_A}{M_m}} = \sqrt{\frac{0.2 \times 0.1 \times 0.5}{0.01}} = 1$$

$$x_{A,opt} = 0.5$$

$$V_{R,opt} = \frac{F_R}{kC_{A0}(1 - x_A)} = \frac{100}{0.2 \times 0.1 \times (1 - 0.5)} = 10^4(L) = 10(m^3)$$

最小产品成本：

$$F_m = \frac{V_R \cdot M_m}{F_R} + \frac{F_{A0}M_A}{F_R} = \frac{10^4 \times 0.01}{100} + \frac{\dfrac{100}{0.5} \times 0.5}{100} = 2(元/mol)$$

3. 循环反应器用于自催化反应的最佳循环化

由图 3-4-10，不难得出如下结论：

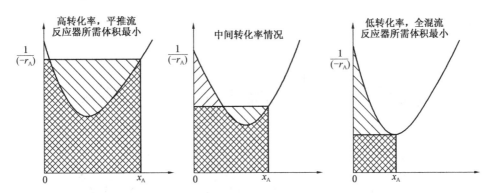

图 3-4-10 两种简单反应器用于不同转化率的自催化反应时的性能比较

① 对低转化率的自催化反应，全混釜优于平推流反应器。

② 在足够高转化率的自催化反应中，用平推流是较适宜的。

但是，根据自催化反应的动力学特性，在反应的初始阶段有一个速率由低到高的"启动"过程，产物的存在有利于这个"启动"过程，因此，适当的返混是有利的。在工程上可以采用循环反应器，以达到指定的转化率，必有一个最适宜的循环化，使反应器体积为最小。

最适宜循环比 β_{opt} 可由循环反应器计算关系，求取反应器体积对循环比 β 极值方法，即 $\dfrac{\mathrm{d}V_R}{\mathrm{d}\beta}=0$ 求得。

由循环反应器的基础设计式

$$\frac{V}{F_{A0}}=(1+\beta)\int_{\frac{\beta}{1+\beta}x_{Af}}^{x_{Af}}\frac{\mathrm{d}x_A}{(-r_A)}$$

令
$$\frac{\mathrm{d}\left(\dfrac{V}{F_{A0}}\right)}{\mathrm{d}\beta}=0 \qquad\qquad (3-4-23)$$

根据微积分原理，若对函数

$$F(\beta)=\int_{a(\beta)}^{b(\beta)}f(x,\beta)\mathrm{d}x$$

进行微分则有

$$\frac{\mathrm{d}F}{\mathrm{d}\beta}=\int_{a(\beta)}^{b(\beta)}\frac{\partial f(x,\beta)}{\partial\beta}\mathrm{d}x+f(b,\beta)\frac{\partial b}{\partial\beta}-f(a,\beta)\frac{\partial a}{\partial\beta}$$

因此式(3-4-23)的微分为：

$$\frac{\mathrm{d}(V/F_{A0})}{\mathrm{d}\beta}=0=\int_{x_{A1}}^{x_{Af}}\frac{\mathrm{d}x_A}{(-r_A)}+0-\frac{\beta+1}{(-r_A)}\bigg|_{x_{A1}}\cdot\frac{\mathrm{d}x_{A1}}{\mathrm{d}\beta}$$

此处
$$\frac{\mathrm{d}x_{A1}}{\mathrm{d}\beta}=\frac{x_{Af}}{(1+\beta)^2}$$

合并整理之得：
$$\frac{1}{(-r_A)}\bigg|_{x_{A1}}=\frac{\int_{x_{A1}}^{x_{Af}}\dfrac{\mathrm{d}x_A}{(-r_A)}}{(x_{Af}-x_{A1})} \qquad\qquad (3-4-24)$$

式(3-4-24)表明最适宜的循环比应是进料时的 $\left[\dfrac{1}{(-r_A)}\right]_{x_{A1}}$ 值正好等于整个反应器的平均 $\dfrac{1}{(-r_A)}$ 值。如图 3-4-11 所示。

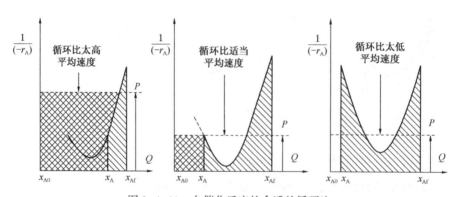

图 3-4-11　自催化反应的合适的循环比

【例 3-4-7】　自催化反应 $A+P\rightarrow P+P$ 是一个等密度反应过程，反应速率为 $(-r_A)=kC_AC_p$。$k=10^{-3}\mathrm{m}^3/(\mathrm{kmol}\cdot\mathrm{s})$，进料流量为 $v=0.002\mathrm{m}^3/\mathrm{s}$，$C_{A0}=2\mathrm{kmol/m}^3$，$C_{P0}=0$，若要求转化率 $x_A=0.98$，试计算下列反应器的体积。

（1）CSTR；

（2）PFR；

（3）循环比 $\beta = 1$ 的循环反应器；

（4）具有最小体积的循环反应器。

解：

$$C_A = C_{A0}(1 - x_A)$$

$$(-r_A) = kC_{A0}^2(1 - x_A) \cdot x_A$$

（1）CSTR

$$V_R = \frac{v(C_{A0} - C_{Af})}{kC_{Af}C_{Pf}}$$

$$\frac{v}{kC_{A0}(1 - x_{Af})} = \frac{0.002}{10^{-3} \times 2 \times (1 - 0.98)} = 50 \, (\mathrm{m}^3)$$

（2）PFR

因为进口处 $C_{P0} = 0$，即 $(-r_A) = 0$，无法引起反应，所以反应器体积为无穷大。

（3）$\beta = 1$ 的循环反应器

根据循环反应器计算公式：

$$V_R = \frac{v(1 + \beta)}{kC_{A0}} \int_{\frac{\beta}{1+\beta}x_A}^{x_A} \frac{\mathrm{d}x_A}{x_A(1 - x_A)}$$

$$= \frac{v(1 + \beta)}{kC_{A0}} \ln\left[\frac{1 + \beta(1 - x_A)}{\beta(1 - x_A)}\right]$$

$$= \frac{0.002(1 + 1)}{10^{-3} \times 2} \ln\left[\frac{1 + (1 - 0.98)}{1 - 0.98}\right] = 7.86 (\mathrm{m}^3)$$

（4）具有最小体积的循环反应器

由循环反应器计算公式，求 $\qquad \mathrm{d}V_R / \mathrm{d}\beta = 0$

即代入式(3-4-23)得

$$\ln\left[\frac{1 + \beta(1 - x_A)}{\beta(1 - x_A)}\right] = \frac{\beta + 1}{\beta[1 + \beta(1 - x_A)]}$$

用试差法求得，当 $x_A = 0.98$ 时，$\beta_{opt} = 0.226$，代入循环反应器设计式计算求得

$$V_R = 6.62 (\mathrm{m}^3)$$

计算结果列表如下：

反应器类型	反应体积/m³	反应器类型	反应体积/m³
CSTR	50	$\beta = 1$ 的循环反应器	7.86
PFR	∞	$\beta = 0.226$ 的循环反应器	6.62

参 考 文 献

1　Levenspiel O. Chemical Reaction Engineering, 2nd edition. New York：John wiley, 1972

2　Smith J M. Chemical Engineering kinitics, 2nd edition. New York：Mc Graw-hill, 1970

3　陈甘棠. 化学反应工程. 北京：化学工业出版社，2007

4　袁乃驹，丁富新编著. 化学反应工程基础. 北京：清华大学出版社，1998

习　题

1. 液相一级等温反应在间歇釜中达到70%转化率需要12min，若此反应移到同温度下平推流反应器和全混流反应器中进行时，所需要的空时和空速各为多少？

2. 在555K及0.3MPa下，在平推流管式反应器中进行气相反应A→P，已知进料气体中含30%(摩尔分数)A，其余为惰性物料，进料总流量为6.3mol/s，动力学方程式为$(-r_A)=0.27C_A$mol/(m^3·s)，为了达到95%的转化率，试求：

(1) 所需空速为多少？

(2) 反应器容积大小？

3. 液相反应在一间歇反应器中进行，反应速率如下表所示：

C_A/(mol/L)	0.1	0.2	0.3	0.4	0.5	0.6	0.7	0.8	1.0	1.3	2.0
$(-r_A)$/[mol/(L·min)]	0.1	0.3	0.5	0.6	0.5	0.25	0.10	0.06	0.05	0.045	0.042

(1) 若$C_{A0}=1.3$mol/L，$C_{Af}=0.3$mol/L则反应时间为多少？

(2) 若反应移至平推流反应器中进行，$C_{A0}=1.5$mol/L，$F_{A0}=1000$mol/h，求$x_{Af}=0.30$时所需反应器的大小。

(3) 当$C_{A0}=1.2$mol/L，$F_{A0}=1000$mol/h，$x_A=0.75$时，求所需全混流釜式反应器大小。

4. 均相气相反应A→3P，服从二级反应动力学。在0.5MPa和350℃和$v_0=4$m^3/h下，采用一个2.5cm内径，2m长的实验反应器，能获得60%转化率。当处理量为320m^3/h，进料量中含50%A，50%惰性物料时，在2.5MPa和350℃下反应，为了获得80%转化率，求：

(1) 需用2.5cm内径，2m长的管子多少根？

(2) 这些管子应以平行还是串联连接？

假设流动状况为平推流，忽略压降，反应气体符合理想气体行为。

5. 丙烷裂解为乙烯的反应可表示为

$$C_3H_8 \longrightarrow C_2H_4+CH_4(忽略副反应)$$

在772℃等温反应时，动力学方程为$-\dfrac{dp_A}{dt}=kp_A$，其中$k=0.4$h^{-1}。若系统保持恒压$p=0.1$MPa，$v_0=0.8$m^3/h(772℃，0.1MPa)，求当$x_A=0.5$时，所需平推流反应器的体积大小。

6. 下述基元反应$A \to \begin{cases} \overset{1}{\to}R \\ \overset{2}{\to}S \end{cases}$，原料中$C_{A0}=1$mol/L，$C_{R0}=C_{S0}=0$，加到两只串联的CSTR中，$\tau_1=2.5$min，$\tau_2=5$min，已知第一只CSTR出口$C_{A1}=0.4$mol/L，$C_{R1}=0.4$mol/L，$C_{S1}=0.2$mol/L，求第二只CSTR出料组成。

7. 串联的平推流和全混流反应器中有气相反应2A$\longrightarrow$2P+S，动力学方程为$(-r_A)=kC_A^{1.5}$，已知进料为纯A，总压恒定，$C_{A0}=0.1$mol/L，进口流量为$v_0=10$L/min，反应温度下的$k=0.5$L$^{0.5}$/(mol$^{0.5}$min)，要求平推流出口转化率为0.4，全混流出口转化率为0.65，求反应器的总体积。

56

8. 某二级反应在 $0.5 m^3$ 的平推流反应器中进行时转化率可达到 0.9,若改用同样温度下的单只全混流反应器达到相同的转化率,则需要多大的体积? 用两只相同体积的全混釜串联操作需要多大的总体积? 用单只 $0.5 m^3$ 的全混釜可达到多大的转化率?

9. 等温等容的二级反应 A→P, $(-r_A) = 0.1 C_A^2 [mol/(L \cdot min)]$,已知 $C_{A0} = 1 mol/L$,在一平推流与全混流并联反应流程中进行,总进料流量 $v_0 = 10 L/min$,$v_p = 6 L/min$,$v_m = 4 L/min$,平推流全混流的反应器体积均为 20 L,求最终的出口转化率 $\overline{x_{Af}}$。

10. 在恒容间歇反应器中进行某反应的实验,获得如下数据:

反应时间 t/h	0	1	2	3	4	5	6
转化率 $x_A/\%$	0	27	50	68	82	90	95

(1) 如将此反应在相同温度的单个全混釜中进行,空时为 6h,则转化率为多少?

(2) 如上条件,在三个串联的全混釜中进行,各釜空时 $\tau_i = 2h$,则转化率为多少?

[提示:用 $(-r_A) = C_{A0} \dfrac{dx_A}{dt}$ 而不必先求得动力学方程。]

11. 物料 A 以 $C_{A0} = 1 mol/L$ 的浓度进入全混釜反应器,生成物为 P、S,实验数据如下:

序号	$C_A/(mol/L)$	$C_P/(mol/L)$	$C_S/(mol/L)$
1	1/2	1/6	1/3
2	1/3	2/15	8/15

(1) 试分析反应的动力学特征;

(2) 生成物 P 浓度最大时 A 的转化率为多少? 此时 A 的浓度为多少?

12. 一级平行反应 A→$\begin{cases} \xrightarrow{k_1} R \\ \xrightarrow{k_2} S \end{cases}$ 在串联的两只全混釜中进行,原料中 $C_{A0} = 1 mol/L$,$C_{R0} = C_{S0} = 0$,第一只全混釜的空时 $\tau_1 = 2.5 min$,出口处 $C_{A1} = 0.4 mol/L$,$C_{R1} = 0.4 mol/L$,第二只全混釜的空时 $\tau_2 = 5 min$,求最终流出液的组成。

13. 某一级连串反应 $A \xrightarrow{k_1} P \xrightarrow{k_2} S$,$k_1 = k_2 = 1 (min)^{-1}$,进料流量 $v_0 = 1 L/min$,$C_{A0} = 1 mol/L$,$C_{P0} = C_{S0} = 0$,求下列情况下的 C_{Af}、C_{Pf}、C_{Sf}。

(1) 1 个体积为 1L 的 CSTR;

(2) 1 个体积为 1L 的 PFR;

(3) 2 个体积为 0.5L 的 CSTR 串联;

(4) 10 个体积为 0.1L 的 CSTR 串联.

14. 苯的氯化是一级连串反应 $C_6H_6 + Cl_2 \xrightarrow{k_1} C_6H_5Cl \xrightarrow{k_2} C_6H_4Cl_2$
$$A \longrightarrow P \longrightarrow S$$
已知 $k_1 = 1 h^{-1}$,$k_2 = 0.5 h^{-1}$,$C_{A0} = 1 mol/L$,$C_{P0} = C_{S0} = 0$,求下列三种情况下最终产物中的 P 和 S 的物质的量比各为多少?

(1) 在单个平推流反应器中 $\tau_P = 1 h$;

(2) 在单个全混流反应器中 $\tau_m = 1 h$;

（3）在两个串联的全混流反应器中，$\tau_1 = \tau_2 = 0.5h$。

15. 某一分解反应

$$A \rightarrow \begin{cases} \rightarrow P & r_P = 2C_A \\ \rightarrow S_1 & r_{S_1} = 1 \\ \rightarrow S_2 & r_{S_2} = C_A^2 \end{cases}$$

已知 $C_{A0} = 1mol/L$，且 S_1 为目的产品，分别求全混釜、平推流反应器、你所设想的最合适的反应器或流程所能获得的最高 S_1 浓度 C_{S1} 为多少？

第4章 变温过程均相反应器

在前一章中有关理想反应器的讨论，都是针对等温过程而言的。但在实际过程中，考虑到反应热的释放或吸收，反应过程往往是非等温历程。反应器周围经介质热交换后，也可以人为地改变反应温度，以取得最大的速率或选择性。通常反应体系的温度变化是由于过程中产生的反应热来不及被周围的传热介质移去或补充所致。与外界无热量交换的操作称为绝热操作。对于大工业反应装置，大都可近似看作是绝热操作，只有像异构化等过程，本身的反应热很小而可视为等温操作。非等温反应器的设计通常须求解联立的能量守恒和质量守恒方程。能量守恒通式在4.1节中讨论，4.4节和4.5节讨论间歇和平推流反应器的设计程序。所涉及的所有反应器内流动仍按第三章所述的理想流动假设。4.6节讨论全混流下的热稳定性，即反应放热和传热达到平衡时，该系统抗御热干扰的能力，这对工业反应器的控制极为重要。4.3节讨论反应器中的最佳温度问题，重点是可逆放热反应的最佳温度分析，它对平推流反应器的设计、操作、优化有指导意义。

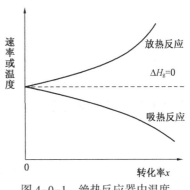

图 4-0-1　绝热反应器中温度与转化率关系

我们可以先由一个绝热流动反应器的定性分析来进一步理解系统温度变化而引起的各种效应。如前所述，变温反应器是要联立能量、质量守恒方程来求解，得到温度分布 $T(l)$ 与转化率分布 $x(l)$；而对于绝热式的流动反应器，可单独由能量方程求解得到 $T-x$ 关系，如图4-0-1所示那样，放热反应随着出口转化率的增加出口料液温度上升(热量积累型)，而吸热反应则相反(热量消耗型)，这样再由 $T-x$ 关系，转而解出 $T-l$，$x-l$，及 $(-r_A)-l$ 的关系。这就是变温操作反应器计算的基本思路。

例如有某单一不可逆反应在理想绝热 PFR 中进行，当沿着管长转化率愈高，相应的温度亦高(放热反应)，而反应速率是与转化率、温度双因素相关，初始段速率增大是温度起了主导作用，后阶段速率趋降是转化率起了主导作用。只要管长足够，出口转化率可趋于100%。从图4-0-2(a)也可看出，一个不可逆放热反应如反应器外壳绝热保温要比等温维持供料温度或管外冷却好。

对于绝热 PFR 中可逆放热反应得到的结果如图4-0-2(b)，它的曲线形状和图4-0-2(a)相似，但有二个不同点应予注意：一是反应转化率最终应趋于平衡转化率，而不是100%；二是平衡转化率随温度升高而下降。因此反应后期温度的升高反而促使速率更快地趋于零。在图示中反映出后部体积中速率曲线所以下降很快趋于零就是温度的这个反作用。在石油化工中，许多可逆放热反应就需要权衡高收率(需低温)和高速率(需高温)，取一最佳的操作温度，这涉及反应器优化控制问题，第6章讨论固定床反应器时将涉及此类问题。

对于在绝热平推流反应器中进行的吸热反应，由于反应物的消失和温度的降低，反应速率随着反应器长度的增加而急剧下降。如图4-0-3所示。绝热反应器达到的转化率会明显小于等温操作。如果沿着反应器长度添加能量会减小温降幅度，从而增加转化率。如果

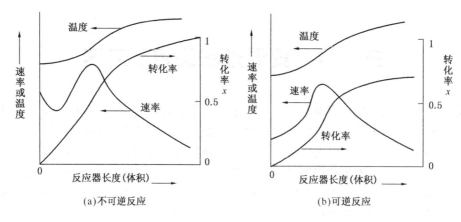

图 4-0-2 绝热反应器中，放热反应的 $r\text{-}T\text{-}x_A$ 曲线

反应是可逆的，添加能量可以提高平衡转化率。例如丁烯脱氢生成了丁二烯，升高温度使得平衡转化率足够高，使过程成为经济可行。添加能量的方法有多种，可以在进料中添加高温稀释剂(流体)以提供反应热；可通过环绕反应器的夹套循环热流体，或在反应区之间设置加热器以及时提供反应热。

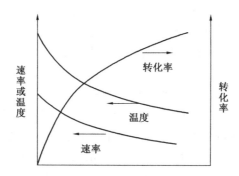

图 4-0-3 绝热平推流反应器中进行吸热反应的速率，温度和转化率曲线

4.1 热量衡算方程

在变温操作中，仅仅用物料衡算式已不能决定反应的状态，这时还必须使用热量衡算式。另一方面，即便是等温反应器，其反应温度也要由热量衡算式来确定。所以，对于反应器的设计和分析，热量衡算式是必不可少的。以下为热量衡算通式：

$$\begin{Bmatrix} \Delta t \text{ 进入 } \Delta V \text{ 的物料} \\ \text{所带进的热量} \end{Bmatrix} = \begin{Bmatrix} \Delta t \text{ 内离开 } \Delta V \text{ 的物} \\ \text{料所带走的热量} \end{Bmatrix} \pm \begin{Bmatrix} \Delta t \text{、} \Delta V \text{ 内由于反应而} \\ \text{吸收或放出的热量} \end{Bmatrix} +$$

$$\underset{\text{I 项}}{} \qquad \underset{\text{II 项}}{} \qquad \underset{\text{III 项}}{}$$

$$\begin{Bmatrix} \Delta t \text{、} \Delta V \text{ 传递至环境} \\ \text{或热载体的热量} \end{Bmatrix} + \begin{Bmatrix} \Delta t \text{、} \Delta V \text{ 内热} \\ \text{量的积累} \end{Bmatrix} \qquad (4-1-1)$$

$$\underset{\text{IV 项}}{} \qquad \underset{\text{V 项}}{}$$

式中 Δt——单元时间；

        ΔV——单元体积。

说明：

①计算热量时同一热量衡算式内各项热量应取同一基准温度。

②Ⅰ、Ⅱ项代表 Δt 内，进入或离开 ΔV 的总物料带入或带出的热量。

③Ⅲ项是由化学反应吸收或放出的热量，为：$(-r_A) \cdot \Delta V \cdot \Delta t \cdot (-\Delta H_A)$。

ΔH_A 是以反应物 A 计算的反应热。下面将对不同类型的反应器，推导出相应的热量衡算式。

4.2 通用图解法设计

众所周知，对于任意的单一均相反应，与反应速率唯一有关的是温度、组成，它们之间的关系可以用三种图示方法来表达，如图 4-2-1 所示。用其中第一个图来计算反应器体积是最方便的，与此图相仿的还有图 4-2-2，它们是不同反应类型的转化率–温度图。

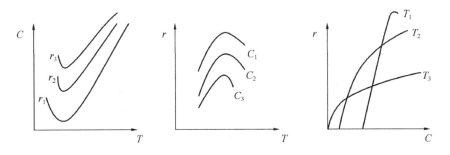

图 4-2-1　单一均相反应 r–T–C 图

有了图 4-2-2 那样的反应速率线图，则对一给定生产任务和温度序列，其所需的反应器体积可以通过以下步骤计算，计算颇为方便。

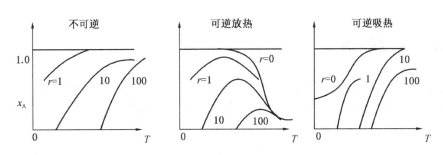

图 4-2-2　不同反应类型的 r–T–x 曲线

① 在 x_A 对 T 图上标绘，在该图上绘出反应操作线；

② 沿着这反应操作线找出对应于各 x_A 值时的速率 $(-r_A)$；

③ 对该线路找出的一组 $(-r_A)$ 对 x_A 数据，标绘 $1/(-r_A)$ 对 x_A 图；

④ 求曲线以下的面积，即为 V/F_{A0}。

在图 4-2-3 上代表了三种不同流动状况与温度序列的图解结果：曲线 DEF 是在平推流反应器中任意温度序列的情况，线路 BC 代表只有 50% 循环的管式反应器情况，A 点为全混流反应器的操作点，注意在全混流中只有操作点，而无操作线。

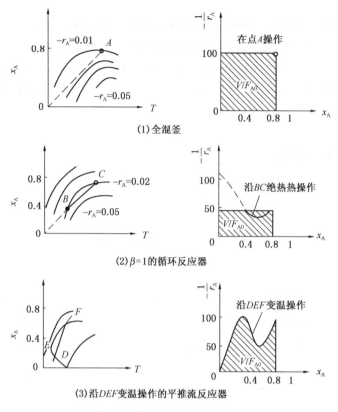

(1)全混釜

(2)β=1的循环反应器

(3)沿DEF变温操作的平推流反应器

图 4-2-3 求不同类型反应器的体积(进料温度 T_1)

这个图解计算程序是相当通用的，它适用于任意动力学、任意温度序列、任意反应器形式和任意反应器串联。所以，一旦知道操作线，就能由以上概括的计算程序求出反应器大小。

4.3 最佳温度控制

如图 4-3-1 可以看出，对不可逆反应，无论系统的组成怎样，反应速度总是随温度的上升而加大。因此，最大反应速度取决于系统可允许的最高操作温度，它往往受工艺条件所限制，比如过高温度可能导致显著的副作用或是破坏了系统物料的性质等。对可逆吸热反应，升高温度，平衡转化率和反应速度两者皆增加，因此，它和不可逆反应的情况相同。对可逆放热反应，若把各种情况下出现最大反应速度的点连接起来，如图 4-3-1(3)，所得的曲线称最大反应速度轨迹。

由于可逆放热反应存在着最佳温度，如果整个反应过程能按最佳温度曲线进行，则反应速率最大。换句话说，完成一定生产任务，此操作所需反应器体积最小，此曲线就称为最优温度分布线。可以看出最优温度序列应该是变温操作，随着转化率增加，须逐渐降低系统的温度。

非等温过程计算的基本方法，就是把热量衡算、物料衡算和反应动力学方程式联立求解。

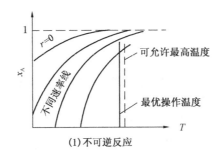

(1)不可逆反应

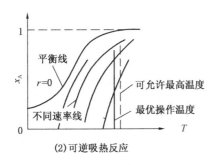

(2)可逆吸热反应

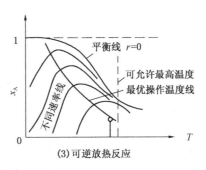

(3)可逆放热反应

图 4-3-1 不同反应的 x_A-T 关系图

4.4 间歇釜式反应器的计算

对恒容操作的间歇釜式反应器,其热量衡算可依式(4-1-1)写出:

对 BR,取单元时间 $\Delta t = dt$,单元体积 $\Delta V = V_R$,式(4-1-1)中的 Ⅰ项 = Ⅱ项 = 0。

BR 的热量衡算式为:

$$C_V \rho \frac{dT}{dt} = (-\Delta H_A)(-r_A) + UA(T_m - T) \qquad (4-4-1)$$

式中 C_V——比定容热容,kJ/(kg·K);

   ρ——反应混合物密度,kg/m³;

   U——总传热系数,kJ/(m²·h·K);

   A——与单位物料容积相当的传热面积,m²/m³;

   T_m——传热介质温度,K。

若系绝热操作,则 $UA(T - T_m) = 0$

$$C_V \rho \frac{dT}{dt} = (-r_A)(-\Delta H_A) \qquad (4-4-2)$$

BR 的物料衡算式为

$$t = \int_{C_{A0}}^{C_A} \frac{-dC_A}{(-r_A)} \qquad (4-4-3)$$

即 $dt(-r_A) = -dC_A$ 代入式(4-4-2),得

$$C_V \rho dT = (-\Delta H_A)(-dC_A) \qquad (4-4-4)$$

如果 ΔH_A = 常数,

   当 $t = 0$,$x_A = 0$,$C_A = C_{A0}$,$T = T_0$ 时,则式(4-4-4)的积分结果为

63

$$C_V \rho (T - T_0) = (-\Delta H_A) \cdot (C_{A0} - C_A) = C_{A0} x_A (-\Delta H_A)$$

$$T - T_0 = \frac{C_{A0} x_A (-\Delta H_A)}{C_V \rho} \qquad (4 - 4 - 5)$$

这就是绝热式间歇反应器中的温度-转化率关系,可见随着 x_A 的增加,温升值呈线性增加,由于 T 是随着 x_A 而变,故式(4-4-3)中的 k 不是常数,不能移到积分符号外面来,而必须借用数值法或者图解法,联立式(4-4-3)、式(4-4-5)求解。若非绝热操作,则应用式(4-4-3)与式(4-4-1)联立求解。可应用龙格-库塔(Runge-Kutta)的四阶计算公式求该微分方程组的数值解。

4.5 平推流反应器

平推流反应器能量方程的推导,与间歇反应器相似。对于定常流动的 PFR 系统,是对微元反应体积作热量衡算,而不是对微元反应时间。

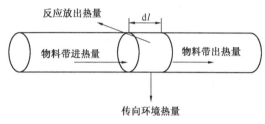

图 4-5-1 平推流反应器热量衡算示意

如图 4-5-1 所示的平推流反应器的微元管段 dl,在此管段内由于反应,转化率的变化为 dx_A,温度的变化为 dT,对能量衡算式[式(4-1-1)]的说明为

Ⅰ 项 = 物料进入微元段 dl 带进的热量 = $\sum F_i C_{pi} T \approx F_t \overline{C}_{pt} T$

Ⅱ 项 = 物料离开微元段 dl 带出的热量 = $\sum F_i C_{pi}(T + dT) \approx F_t \overline{C}_{pt}(T + dT)$

Ⅲ 项 = 微元段 dl 内由于反应而放出的热量 = $(-r_A)(-\Delta H_A)_{T_0} S \cdot dl = F_{A0} dx_A (-\Delta H_A)_{T_0}$

Ⅳ 项 = 从微元段 dl 传向周围环境的热量 = $UA(T - T_m) dl$

汇总上述四项可得热量衡算式

$$F_t \overline{C}_{pt} dT = F_{A0} dx_A (-\Delta H_A)_{T_0} - UA(T - T_m) dl \qquad (4 - 5 - 1)$$

式中,$A = \pi D$,D 为管径,S 为管截面积。

由平推流反应器的物料衡算式

$$F_{A0} dx_A = S \cdot dl(-r_A) \qquad (4 - 5 - 2)$$

把式(4-5-2)代入式(4-5-1)整理可得:

$$\frac{dT}{dx_A} = F_{A0}\left[(-\Delta H_A)_{T_0} - \frac{U(T - T_m)\pi D}{S(-r_A)}\right] / (F_t \overline{C}_{pt}) \qquad (4 - 5 - 3)$$

或

$$\frac{dT}{dl} = \frac{[S(-r_A)(-\Delta H_A)_{T_0} - \pi D U(T - T_m)]}{F_t \overline{C}_{pt}} \qquad (4 - 5 - 4)$$

这就是变温操作时平推流反应器内温度随管长或转化率变化的关系式。

若反应系绝热操作,$UA(T - T_m) = 0$,

$$dT = \frac{F_{A0}(-\Delta H_A)_{T_0}}{F_t \overline{C}_{pt}} dx_A \qquad (4 - 5 - 5)$$

如果 $\overline{C}_{pt}$ 可用 T_0 及 T 的算术平均值来计算,其值为 $\overline{C}_p$,若气体反应为恒摩尔流,$F_t = F_{t0}$,若 $(-\Delta H_A)_{T_0} =$ 常数,积分式(4-5-5)得

$$T - T_0 = \frac{y_{A0}(-\Delta H_A)_{T_0}}{\overline{C}_p}(x_A - x_{A0}) \qquad (4-5-6)$$

令

$$\lambda = \frac{y_{A0}(-\Delta H_A)_{T_0}}{\overline{C}_p} \qquad (4-5-7)$$

式中 λ 叫作绝热温升，它的物理意义是当系统总进料的摩尔流量为 1 时，反应物 A 全部转化后所能导致反应混合物温度升高的度数，称为绝热温升。若为吸热反应，则为降低的度数，称为绝热温降。λ 是物系温度可能上升或下降的极限，故具参考价值。

对于非绝热操作，为了进行反应器的设计计算，应将式(4-5-1)和式(4-5-2)联立求解。

4.6 全混流反应器的热稳定性分析

大容量的全混流反应器通常很容易实现等温操作，在反应热效应不太大的场合，反应可以不设置换热面；如果反应的热效应很大则可能需要设置必要的换热面。是否要设置换热面需要通过热衡算来确定。另一方面，根据全混流反应器的热衡算式还可以考察反应器操作的热稳定性，寻求实现稳定的定常态操作点的条件。

4.6.1 全混流反应器的热衡算方程

如忽略反应流体的密度和比定压热容 C_p 随温度的变化，反应器在定常态下操作对反应器作热量衡算有

$$\begin{bmatrix} 单位时间内 \\ 反应的放热量 \end{bmatrix} + \begin{bmatrix} 单位时间内反应 \\ 流体带入的热量 \end{bmatrix} - \begin{bmatrix} 单位时间内流 \\ 体带出的热量 \end{bmatrix} - \begin{bmatrix} 单位时间内通过换 \\ 热面传出的热量 \end{bmatrix} = 0$$

$$V(-r_A)(-\Delta H_A) + v_0\rho C_p T_0 - v\rho C_p T - UA(T - T_m) = 0$$

$$V(-r_A)(-\Delta H_A) = v_0\rho C_p(T - T_0) + UA(T - T_m) \qquad (4-6-1)$$

若为绝热 $UA(T-T_m)=0$

$$V(-\Delta H_A)(-r_A) = v_0\rho C_p(T - T_0) \qquad (4-6-2)$$

将式(4-6-1)或式(4-6-2)与式(3-2-8)即全混流反应器的设计方程式联立求解，从而确定反应器容积、流体入口温度、传热面积或有关反应温度等操作参数。

4.6.2 全混流反应器的热稳定性

由式(4-6-1)，令

$$等式左边 = Q_g = V(-\Delta H_A)(-r_A) \qquad (4-6-3)$$

$$等式右边 = Q_r = v_0\rho C_p(T - T_0) + AU(T - T_m)$$

$$= (v_0\rho C_p + AU)T - (v_0\rho C_p T_0 + AUT_m) \qquad (4-6-4)$$

式中，Q_g 为放热速率，Q_r 为移热速率。

在反应器内所要移走的热量是反应的放热量，反应放热速率与温度的关系由阿累尼乌斯公式决定；而反应器内的移热速率与反应温度的关系，则呈线性(它受传热的温差控制)。因此，在反应器内的放热速率线和移热线可能出现不只一个交点，即出现多个定常操作态，通常称此现象为反应器的多重定常态。而这些定常态中有些具有抗外界干扰的能力。即外界干扰使其偏离了原来状态，而系统本身具有抑制这种使其发生偏离干扰的能力，并在干

扰因素消失后它又能自动回复到原来的状态操作点,这类定常态称之为稳定的定常态。那些不具有抗干扰能力的定常态则称为是不稳定的。下面对 $n=1$ 级的场合进行讨论,以便看出反应器内传热过程的这一特点。

$$n = 1 , \qquad 1 - x_A = \frac{1}{1 + k\tau}$$

$$Q_g = \frac{V(-\Delta H_A) \cdot F_{A0}}{v_0}\left(\frac{k}{1 + k\tau}\right)$$

$$= \frac{V(-\Delta H_A) \cdot F_{A0}k_0\exp\left(-\dfrac{E}{RT}\right)}{v_0 + Vk_0\exp\left(\dfrac{-E}{RT}\right)} \qquad (4-6-5)$$

应用上式将 Q_g 对 T 作图可得如图 4-6-1 所示的 S 形曲线,其渐近线为 $Q_g = (-\Delta H_A) \cdot F_{A0}$[因为当 T 很大时式(4-6-5)分母中的第一项可以忽略]。如果在 CSTR 中进行的是可逆放热反应,则其 Q_g-T 线将如图 4-6-2 所示,升高温度,虽可加速反应的速率,但却使平衡转化率降低,因而曲线有一最高点,经历最高点后,温度再升高,放热速率线随温度升高而降低。

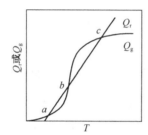

图 4-6-1 放热反应的 Q_g 和 Q_r 线

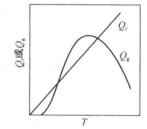

图 4-6-2 可逆反应的 Q_g 和 Q_r 线

而由式(4-6-4)可知,以 Q_r 对 T 作图得到的是一根直线,其斜率为 $(v_0\rho C_p + AU)$;截距为 $(v_0\rho C_p T_0 + AUT_m)$。所以,若提高料液的起始温度 T_0 和冷却介质温度 T_m 都会使 Q_r-T 线向 T 增大的方向平移(如图 4-6-3 所示)。增大反应器内的换热面积或提高传热系数均会增大移热速率线的斜率,并使它的位置向低温方向移动。

在定常态下应满足反应器的放热速率等于其移热速率,即 $Q_g = Q_r$,但满足 $Q_g = Q_r$ 条件的定常态可能不止一个,如图 4-6-3,移热线 C 与放热线 Q_g 就有三个交点(点 3,5,7),表明有可能存在三个定常态。但是,只有其中的 3、7 两点能经受温度的微小波动,故称为真稳定操作点,而 5 点处于不稳定状态,称为假稳定操作点,这是因为在 5 点处,只要温度稍有波动,就将导致反应系统转移到另一稳定状态。如温度比 5 点略高一些,此时 $Q_g > Q_r$,系统将被加热,一直到温度升高到稳定点 7 为止,温度超过 7 点时由于 $Q_r > Q_g$,故能使系统温度稳定在 7 点。而若温度比 5 点略低一些,系统将被冷却,温度将下降至下一个稳定点 3 为止。

如图 4-6-3,如果其他系数保持恒定而逐渐改变进料温度 T_0(或冷却介质温度 T_m),Q_g 线保持不变,Q_r 线将发生平行位移。图中相互平行的诸 Q_r 线表示 5 个不同的进料温度,当进料温度逐渐提高而使 Q_r 线移至 D 时,它与 Q_g 线相交于 4、8 两点,此时,只要再反应所要求的温度是点 8 处的温度，我们可以使反应器的开车操作沿 D 线迅速达到反应所要求的温度，故在 D 线时的进料温度一般称为着火温度或起燃温度，相应地称点 4 为着火点或起燃点。

相反，在反应器停车操作时，可逐渐降低 T_0，Q_r 线将沿 D、C、B、A 平行位移，如果没有较大的温度扰动，反应器内的定态操作点将沿 9、8、7、6 变化着。和上述的 D 线情况相似，在降温过程的 B 线，也存在着从点 6 骤降至点 2 的现象，一般称 B 线的温度为熄火温度，点 6 称熄火点。在点 4 和点 6，反应器内出现一种非连续性的温度突变，故在点 4 和点 6 之间，不可能获得定态操作点。

以上是对放热反应而言。吸热反应情况较简单，如图 4-6-4 所示。因为加热介质温度比釜内温度高，所以反应吸收热量的速率曲线和传入热量的速率线只有一个交点，故没有热稳定性问题。

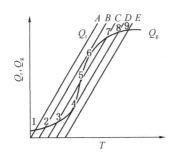

图 4-6-3　改变进口温度得到不同的操作状态

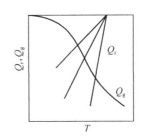

图 4-6-4　搅拌釜内吸热反应的热效应

工业生产上进行的放热反应，对反应系统一般要求保持在较高的温度，达到的转化率也较高，故定态操作点通常选择在相应于图 4-6-1 上的 c 点，为此需要较大的传热面积和较高的传热系数。

对可逆放热反应，由于反应放热曲线出现一最高点，故在选择操作方案时，最好安排在最高点附近的定常态处操作，如图 4-6-5。

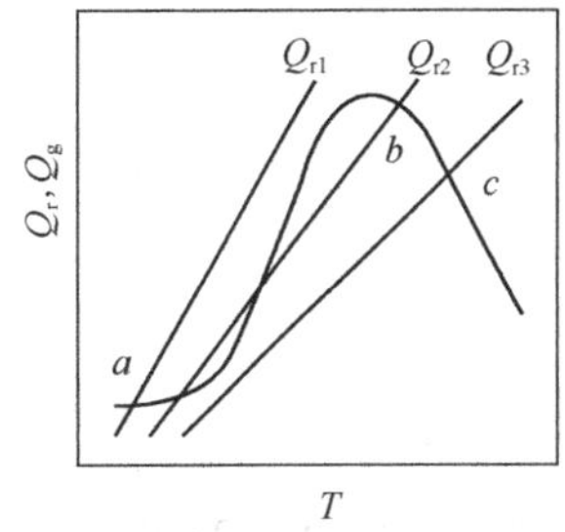

4.6.3　定常态热稳定性的判据

所谓定态稳定，即是上面讨论的如图 4-6-3 上的 3、7 两点，它是在外部扰动后，系统温度能够回复到 3、7 点。比如在 3 点，当扰动使系统的温度升高，即 $dT>0$，而此时 $(dQ_r-dQ_g)>0$，故有

$$\frac{dQ_r-dQ_g}{dT}>0$$

或者

$$\frac{dQ_r}{dT}>\frac{dQ_g}{dT}$$

这样，又将使系统温度回到 3 点。同样，若扰动使系统的温度下降，此时，$dT<0$，$(dQ_r-dQ_g)<0$，亦有

$$\frac{dQ_r}{dT}>\frac{dQ_g}{dT}$$

图 4-6-5　可逆放热反应
的最宜操作点

系统温度回复到 3 点。故定态稳定操作点应具有如下两个条件：

$$Q_r = Q_g \qquad (4-6-6)$$

$$\frac{dQ_r}{dT} > \frac{dQ_g}{dT} \qquad (4-6-7)$$

式(4-6-6)和式(4-6-7)仅是定态稳定性的必要条件而不是充分条件，这是因为 Q_r 线和 Q_g 线的交点操作状态，是从动态方程按定常态条件处理，所以沿 Q_g 线只能有特定的扰动而不能有任意的扰动。反之 $\dfrac{dQ_r}{dT} < \dfrac{dQ_g}{dT}$，则为不稳定的充分条件，因为任何离开定常态的倾向，本身就是不稳定的。

【例 4-6-1】 一级反应 A→P 在一容积为 $10m^3$ 的全混流式反应器中进行。进料反应物浓度 $C_{A0} = 5kmol/m^3$，进料流量 $v_0 = 10^{-2}m^3/s$，反应热 $\Delta H_A = -2 \times 10^7 J/kmol$，反应速率常数 $k = 10^{13} e^{-12000/T} \left(\dfrac{1}{s}\right)$，溶液的密度 $\rho = 850kg/m^3$，溶液的比热容 $C_p = 2200J/(kg \cdot K)$（假定 ρ 与 C_p 在整个过程中可视为恒定不变），试计算在绝热情况下当系统处于定常态操作时，不同的进料温度(290K、300K、310K)时所能达到的反应温度和转化率。

解： 由式(4-6-5)：

$$Q_g = \frac{(-\Delta H_A) \cdot F_{A0} Vk}{v_0 + Vk}$$

由式(4-6-4)：

$$Q_r = v\rho C_p(T - T_0)$$

$$F_{A0} = F_{t0} = C_{A0} v_0 = 5 \times 10^{-2}(kmol/s)$$

$$Q_g = \frac{2 \times 10^7 \times 5 \times 10^{-2} \times 1 \times 10 \times 10^{13} e^{-12000/T}}{10^{-2} + 10^{14} e^{-12000/T}}$$

$$Q_r = 10^{-2} \times 850 \times 2200(T - T_0) = 18700(T - T_0)$$

当进料温度为 290K 时，

$$Q_r = 18700(T - 290) = 18700T - 542300$$

依上两式作 $Q_g(Q_r)$-T 图，其中 Q_r'、Q_r''、Q_r''' 分别为进料温度 290K、300K、310K 时的散热线。由图可见，当 $T_0 = 290K$ 时，定态操作只有一点，此时，反应温度 $T = 290.5K$。

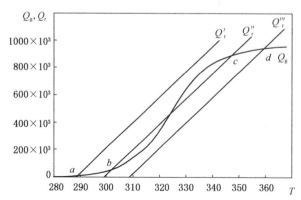

$$x_A = \frac{k\tau}{1 + k\tau} = \frac{10^{13}\mathrm{e}^{-12000/290.5}\left(\dfrac{10}{10^{-2}}\right)}{1 + 10^{13}\mathrm{e}^{-12000/290.5}\left(\dfrac{10}{10^{-2}}\right)} = 1.1\%$$

当 $T_0 = 300\mathrm{K}$ 时，定态操作点为 b，c，相应的反应温度为 304K 及 350K，同样可求得相应的转化率为 6.7% 与 92.7%。

当 $T_0 = 310\mathrm{K}$ 时，定态操作点 d，相应的反应温度为 362K，转化率 97.5%。

参 考 文 献

1 Levenspiel O. Chemical Reaction Engineering, 2nd edition. New York：John Wiley, 1972
2 袁乃驹, 丁富新编著. 化学反应工程基础. 北京：清华大学出版社, 1988
3 陈甘棠. 化学反应工程. 北京：化学工业出版社, 2007

习　题

1. 理想气体分解反应 A→P+S，在初始温度为 348K、压力为 0.5MPa、反应器容积为 0.25m³ 下进行，反应的热效应在 348K 时为 -5815J/mol，假定各物料的比热容在反应过程中恒定不变，且分别为 $C_{PA} = 126\mathrm{J/(mol \cdot K)}$，$C_{PP} = C_{PS} = 105\mathrm{J/(mol \cdot K)}$；反应速度常数如下表所示：

T/K	345	350	355	360	365
k/h^{-1}	2.33	3.28	4.61	7.20	9.41

试计算在绝热情况下达到 90% 转化率所需的时间。

2. 在 CSTR 中进行某放热反应，反应温度为 673K，活化能为 146.545kJ/mol，为了保持热稳定操作，试求冷却介质温度。

3. 证明在例 4-6-1 中，如果进料流量增加一倍，当 $T_0 = 300\mathrm{K}$ 时，就不可能得到高转化率；而 $T_0 = 310\mathrm{K}$ 时，可以得到高转化率。

4. 一级反应 A→P 活化能 $E = 84\mathrm{kJ/mol}$，在体积为 V_p 的平推流反应器中进行。进料温度为 150℃，若要用体积相同的单个全混釜进行同一反应达到相同的转化率 $x_A = 0.6$，则全混釜的操作温度应该为多少？如果同样达到转化率为 $x_A = 0.9$，则全混釜的反应温度又该为多少？

5. 理想气体分解反应 A→P+S，在容积为 0.25m³ 的间歇绝热反应器中进行，反应速率式是 $(-r_A) = kC_{A0}(1-x_A)$，初始反应温度为 348K，反应热效应 $(\Delta H_A) = 5815\mathrm{J/mol}$，物料的平均热容为 $\overline{C}_p = 115\mathrm{J/(mol \cdot K)}$，反应的频率因子和活化能分别是 $k_0 = 4.644 \times 10^{11}\mathrm{h}^{-1}$，$E/R = 8974\mathrm{K}$，试计算达到 $x_A = 0.9$ 所需的反应时间。

第 5 章　非理想流动

5.1　概述

平推流反应器和全混流反应器是定常态操作的连续流动反应器，代表了流体质点返混的两种极端情况。平推流反应器中，所有流体质点在反应器内的停留时间都相等，严格按照先进先出的规律循序而进，相邻两截面之间没有混合。而全混流反应器中刚进入的新鲜物料立即和釜内原有物料充分混合均匀，此种返混达到极大。这两种理想反应器因为返混程度不同而有不同的反应结果。实际连续流动反应器的流动状况介于两者之间，其反应的结果也介于两者之间。凡是偏离平推流和全混流的所有流动状态均称为非理想流动。

流经反应器的流体可看成是无数质点所构成，这些质点以不同的路径和停留时间流经反应器。在反应器中停留时间长的质点转化率就比较高，停留时间短的质点，转化率就较低。出口处反应物的最终转化率正是无数质点转化率的加权平均值。因此了解流动物系中质点的停留时间分布，给予定量的描述，就可以较精确地预测非理想流动反应器的转化率，为准确设计大型化工装置提供依据。

所谓返混就是停留时间不同的流体质点之间的混合。在反应器出口处，流体质点已离开反应器，其在反应器中停留过的时间，称为寿命；在反应器中，流体质点尚未离开反应器，在其中停留时间称为年龄。流体质点的寿命分布和年龄分布都属于停留时间分布。

造成非理想流动的因素，包括反应器中存在死区、短路、沟流等，其中流体质点的停留时间显然与主流体有所不同。

5.2　停留时间分布函数

在稳定的流动体系中，个别质点在其中的运动路径和停留时间是一个 $0 \to \infty$ 之间的随机变量，但是大量质点的集体运动则表现为一稳定的统计平均值。就好比某一特定的旅客何时从 A 城出发到 B 城去是随机的，而从 A 城到 B 城的所有旅客则表现为一相对稳定的统计平均值。又如个别顾客在商场中的消费额是随机的，但大量顾客的消费总和则表现为一定的统计平均值，描述停留时间分布的函数有寿命分布密度函数、寿命分布积累函数、年龄分布密度函数和年龄分布积累函数。

5.2.1　寿命分布密度函数 $E(t)$

如图 5-2-1 所示，$t=0$ 时瞬间进入的 N 个流体质点中，寿命介于 $t \to t+dt$ 之间的质点数 dN 所占总质点数 N 的分率 $\dfrac{dN}{N} = E(t)dt$，$E(t)dt$ 为一微分的分率，$E(t) = \dfrac{dN}{Ndt}$，其量纲为 $[时间]^{-1}$，称为寿命分布密度函数。

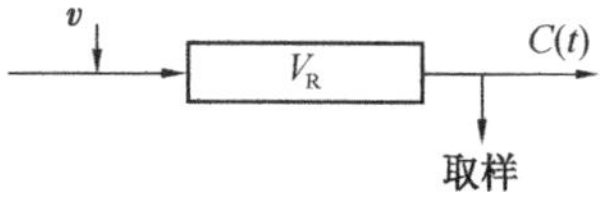

图 5-2-1　寿命分布测量流程

也可以这么说：在一流动达到定常态的容器的出口处收集的 N 个流体质点中，寿命介于 t 到 $t+dt$ 之间的质点数为

$\mathrm{d}N$ 个，所占的分率 $\dfrac{\mathrm{d}N}{N} = E(t)\,\mathrm{d}t$，$E(t) = \dfrac{\mathrm{d}N}{N\mathrm{d}t}$。

因为同时进入稳定流动容器的 N 个质点最终都会离开此容器，各个寿命段所占分率在其定义域的总和必为 1，故可知

$$\int_0^\infty E(t)\,\mathrm{d}t = 1 \qquad\qquad (5-2-1)$$

亦即 $E(t)$ 函数有归一化性质，$0 \leqslant E(t) \leqslant \infty$，如图 5-2-2 所示。

5.2.2　寿命分布积累函数 $F(t)$

在一稳定流动的容器入口处，$t=0$ 时同时进入的 N 个流体质点中，寿命介于 $0 \to t$ 之间（或者寿命小于 t）的质点数 ΔN 所占的分率 $\dfrac{\Delta N}{N} = F(t)$，$F(t)$ 称为寿命分布积累函数，$F(t)$ 函数显然是 $0 \to t$ 这段时间中各寿命段的分率总和，即：

$$F(t) = \int_0^t E(t)\,\mathrm{d}t \qquad\qquad (5-2-2)$$

$F(t)$ 函数的另一表达法是：定常态流动的容器出口处收集到的 N 个流体质点中，寿命小于 t（或寿命介于 $0 \to t$ 之间）的质点数 ΔN 所占分率 $\dfrac{\Delta N}{N} = F(t)$。

由 $F(t)$ 函数的物理意义，可知 $0 \leqslant F(t) \leqslant 1$，且 $F(t)$ 为一单调不减函数，如图 5-2-3 所示。

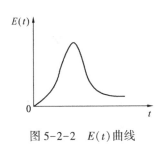

图 5-2-2　$E(t)$ 曲线　　　　　图 5-2-3　$F(t)$ 曲线

5.2.3　年龄分布密度函数 $I(t)$

在整个反应器中的 N 个流体质点中，年龄介于 $t \to t+\mathrm{d}t$ 之间质点数 $\mathrm{d}N$ 所占分率为 $\dfrac{\mathrm{d}N}{N} = I(t)\,\mathrm{d}t$。$I(t) = \dfrac{\mathrm{d}N}{N\mathrm{d}t}$ 称为年龄分布密度函数，反应器内所有年龄段的粒子所占分率的总和应为 1，故类似于 $E(t)$ 函数，$\displaystyle\int_0^\infty I(t)\,\mathrm{d}t = 1$，具有归一性，且 $0 \leqslant I(t) \leqslant \infty$。

5.2.4　年龄分布积累函数 $Y(t)$

在整个反应器中的 N 个流体质点中，年龄小于 t（或介于 $0 \to t$ 之间）的质点数 ΔN 所占的分率 $\dfrac{\Delta N}{N} = Y(t)$，称为年龄分布积累函数，年龄分布积累函数与寿命分布积累函数有类似的性质，$0 \leqslant Y(t) \leqslant 1$，$Y(t) = \displaystyle\int_0^t I(t)\,\mathrm{d}t$，为单调不减函数。

5.3 停留时间分布的实验测定

常用的停留时间分布实验测定方法有脉冲示踪法和阶跃示踪法。所选用的示踪剂应该不影响流动状态，流经容器前后质量守恒，且容易检测准确。

5.3.1 脉冲示踪法

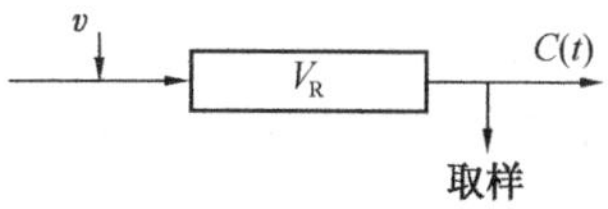

图 5-3-1 脉冲示踪示意图

如图 5-3-1 所示，容器流动达定常态后，$t=0$ 时刻，瞬间向进口处注入 $Q(g)$ 示踪剂，并立即在出口处检测流出的示踪剂浓度，记录不同时间 t 时所对应的 $C(t)$ 值，直到足够长时间后，$C(t)$ 降为 0 为止。

在流动时作示踪剂的物料衡算，有：

$$E(t) = \frac{v}{Q}C(t) \propto C(t) \qquad (5-3-1)$$

可见脉冲示踪法的出口示踪剂浓度 $C(t)$ 与 $E(t)$ 函数成正比，而示踪剂总量可按下式计算得到：

$$Q = \int_0^\infty QE(t)\mathrm{d}t = \int_0^\infty vC(t)\mathrm{d}t = v\int_0^\infty C(t)\mathrm{d}t \qquad (5-3-2)$$

于是：

$$E(t) = \frac{v}{v\int_0^\infty C(t)\mathrm{d}t} \cdot C(t) = \frac{C(t)}{\int_0^\infty C(t)\mathrm{d}t} \qquad (5-3-3)$$

式中 $\int_0^\infty C(t)\mathrm{d}t$ 用于表示 $C(t)-t$ 连续型数据，可用图解积分法求得。若实验结果为离散型数据，如下所示：

t	0	1	2	3	5	7	10	15	20	30
$C(t)$	0	1	3	6	10	8	6	4	2	0

则应把积分式变为加和式：

$$\int_0^\infty C(t)\mathrm{d}t \Rightarrow \sum_{i=0}^\infty C(t)_i \Delta t_i \qquad (5-3-4)$$

$$\int_0^t C(t)\mathrm{d}t \Rightarrow \sum_{i=0}^t C(t)\Delta t_i \qquad (5-3-5)$$

相应地， $\qquad E(t) = \dfrac{C(t)}{\sum\limits_0^\infty C(t)\Delta t_i} \qquad F(t) = \dfrac{\sum\limits_0^t C(t)\Delta t_i}{\sum\limits_0^\infty C(t)\Delta t_i} \qquad (5-3-6)$

【例 5-3-1】 用脉冲示踪法测得一连续流动体系出口示踪剂浓度-时间对应值如下：

t/min	0	1	2	3	4	5	6	7	8
$C(t)/(\mathrm{g/L})$	0	2	4	8	12	8	2	0	0

求停留时间分布的 $E(t)$、$F(t)$ 函数。

解：已知的 $C(t)$-t 对应数据是等时间间隔的值，Δt_i 相等，可以移到加和号的外面。

$$E(t) = \frac{C(t)}{\displaystyle\sum_0^\infty C(t)\Delta t_i} = \frac{C(t)}{\Delta t \displaystyle\sum_0^\infty C(t)} = \frac{C(t)}{1 \times (0 + 2 + 4 + 8 + 12 + 8 + 2 + 0 + 0)} = \frac{C(t)}{36}$$

$$F(t) = \frac{\displaystyle\sum_0^t C(t)\Delta t_i}{\displaystyle\sum_0^\infty C(t)\Delta t_i} = \frac{\Delta t \displaystyle\sum_0^t C(t)}{\Delta t \displaystyle\sum_0^\infty C(t)} = \frac{\displaystyle\sum_0^t (t)}{36}$$

计算结果列表如下：

t/min	0	1	2	3	4	5	6	7	8
$E(t)$/min^{-1}	0	2/36	4/36	8/36	12/36	8/36	2/36	0	0
$F(t)$	0	2/36	6/36	14/36	26/36	34/36	1	1	1

5.3.2 阶跃示踪法

在图 5-3-2 中，容器的入口流体有 A、B 两种。A 为非示踪流体，B 为示踪流体。两种流体具有相同的流动性能，浓度相同，两者任意比例的混合流体总浓度与单一流体相同，即 $C_{A0} = C_{B0} = C_A + C_B = C_0$。

当系统中非示踪流体 A 流动达定常态后，$t = 0$ 时刻瞬间切换为示踪流体 B，并且立即在出口处检测流出物中示踪流体所占分率 C_B/C_0。测得不同时间 t 的 C_B/C_0 对应值，直到 $C_B(t)/C_0 = 1$，即流出物全为示踪流体为止。在阶跃示踪试验中，出口处开始检测到示踪流体后，非示踪流体还会继续流出一段时间。

t 时刻在出口处收集到的流体质点中，寿命大于 t 全部为 A，而寿命小于 t 的全部为 B，根据寿命分布积累函数 $F(t)$ 的定义可得：

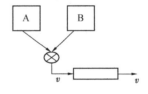

$$F(t) = \frac{C_B}{C_0} = \frac{C_B}{C_A + C_B} \propto C_B \qquad (5-3-7)$$

可见在阶跃示踪试验中，出口物料中示踪流体所占分率即为寿命分布积累函数 $F(t)$。

根据 $E(t)$ 函数和 $F(t)$ 函数互为微分和积分的关系，可以由 $E(t)$ 曲线得到 $F(t)$ 曲线，也可以由 $F(t)$ 曲线得到 $E(t)$ 曲线，图解见图 5-3-3 和图 5-3-4。

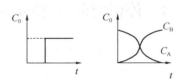

图 5-3-2　阶跃示踪示意图

相同的流动状态，不论用何种示踪测定方法，所得到的 $E(t)$，$F(t)$ 曲线应是相同的。

5.3.3 由 $F(t)$ 函数推算 $I(t)$ 函数

对于流动达到定常态的体系作阶跃示踪实验，以整个容器为体系作示踪流体的物料衡算：

$0 \rightarrow t$ 时间内流入的示踪流体量：$\displaystyle\int_0^t vC_0\mathrm{d}t = vC_0t$

$0 \rightarrow t$ 时间内流出的示踪流体量：$\displaystyle\int_0^t vC(t)\mathrm{d}t$

容器中示踪流体的积累量：$V_R C_0 \int_0^t I(t)\,dt$

物料衡算式为：$v C_0 t = \int_0^t v C(t)\,dt + V_R C_0 \int_0^t I(t)\,dt$

各项除以 $v C_0$，得：$\int_0^t 1\,dt = \int_0^t \dfrac{C(t)}{C_0}\,dt + \int_0^t \tau I(t)\,dt$

比较可得：$1 - F(t) = \tau I(t)$，$I(t) = \dfrac{1}{\tau}\left[1 - F(t)\right]$

由 $F(t)$ 推算得到 $I(t)$ 后，则可用 $Y(t) = \int_0^t I(t)\,dt$ 求得年龄分布积累函数 $Y(t)$。

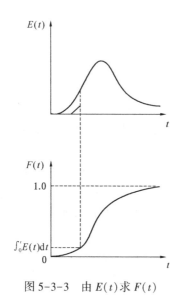

图 5-3-3　由 $E(t)$ 求 $F(t)$　　　　　图 5-3-4　由 $F(t)$ 求 $E(t)$

5.4　停留时间分布的特征

用示踪实验方法测得的停留时间分布函数曲线比较形象和直观，但只有数字才能对流动状态和返混程度作定量描述。流体质点的停留时间是一个随机变量，大量质点的停留时间则有一个确定的分布，符合概率统计的规律，一般可用平均停留时间和方差描述。

5.4.1　平均停留时间(平均寿命)

由不同的停留时间求取其平均值的方法类似于求取学生考试成绩的平均值。例如某一次的考试成绩分布如下：

M_i(成绩)	60	70	80	90
X_i(学生比例)	5%	15%	65%	15%

则平均成绩 $\overline{M} = \sum_0^4 M_i X_i = 60 \times 5\% + 70 \times 15\% + 80 \times 65\% + 90 \times 15\% = 79$

类似地，流体质点的平均寿命可用下式求得：

$$\bar{t} = \sum_{0}^{\infty} tE(t)\Delta t_i \qquad\qquad (5-4-1)$$

其中 $E(t)\Delta t_i$ 是寿命为 $t \rightarrow t+\Delta t$ 的流体质点所占分率。

如为连续分布数据，则为

$$\bar{t} = \int_{0}^{\infty} tE(t)\mathrm{d}t \qquad\qquad (5-4-2)$$

为消除离散型数据处理过程的误差，可以除以 $\sum_{0}^{\infty} E(t)\Delta t_i$，于是

$$\bar{t} = \frac{\sum_{0}^{\infty} tE(t)\Delta t_i}{\sum_{0}^{\infty} E(t)\Delta t_i} \underline{\underline{\Delta t_i \text{ 相同}}} \frac{\sum_{0}^{\infty} tE(t)}{\sum_{0}^{\infty} E(t)} \underline{\underline{\text{脉冲示踪法}}} \frac{\sum_{0}^{\infty} tC(t)}{\sum_{0}^{\infty} C(t)} \qquad (5-4-3)$$

平均停留时间 $\bar{t}$ 是 $E(t)-t$ 曲线围成的面积的重心在横坐标上的投影长度，如图 5-4-1 所示。

如果在容器的进口和出口处，都没有与主流体流动方向相反的流动，即容器为闭式，则有：

$$\bar{t} = \int_{0}^{\infty} tE(t)\mathrm{d}t = \int_{0}^{1} t\mathrm{d}F(t) = \text{阴影面积}(\text{图 } 5-4-2)$$

$$= \int_{0}^{\infty} [1-F(t)]\mathrm{d}t = \int_{0}^{\infty} \tau I(t)\mathrm{d}t = \tau = \frac{V_{\mathrm{R}}}{v} \qquad (5-4-4)$$

这说明没有反应的等容流动系统若为闭式，则其质点的平均停留时间与空时相同，由此可以估算容器内的有效体积。

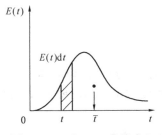

图 5-4-1　由 $E(t)$ 曲线求 $\bar{t}$

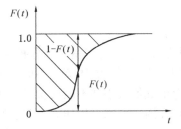

图 5-4-2　由 $F(t)$ 曲线求 $\bar{t}$

5.4.2　方差(散度)

停留时间分布的方差表示随机变量 t 与其平均值 $\bar{t}$ 之间偏差的平均大小，即偏差平方的平均值，其定义式为：

$$\sigma_{\mathrm{t}}^2 = \int_{0}^{\infty} (t-\bar{t})^2 E(t)\mathrm{d}t, \qquad \text{量纲为}[\text{时间}]^2 \qquad (5-4-5)$$

展开可得：

$$\sigma_{\mathrm{t}}^2 = \int_{0}^{\infty} t^2 E(t)\mathrm{d}t - 2\bar{t}\int_{0}^{\infty} tE(t)\mathrm{d}t + \bar{t}^2 \int_{0}^{\infty} E(t)\mathrm{d}t$$

$$= \int_{0}^{\infty} t^2 E(t)\mathrm{d}t - \bar{t}^2 \qquad\qquad (5-4-6)$$

如果是离散型数据，则有：

$$\sigma_t^2 = \frac{\sum\limits_0^\infty t^2 E(t)\Delta t_i}{\sum\limits_0^\infty E(t)\Delta t_i} - \bar{t}^2 \underset{\underline{\Delta t_i \text{ 相等}}}{=\!=\!=} \frac{\sum\limits_0^\infty t^2 E(t)}{\sum\limits_0^\infty E(t)} - \bar{t}^2 \underset{\underline{\text{脉冲示踪法}}}{=\!=\!=} \frac{\sum\limits_0^\infty t^2 C(t)}{\sum\limits_0^\infty C(t)} - \bar{t}^2$$

$$(5-4-7)$$

脉冲示踪法得到连续型 $C(t)\text{-}t$ 数据时，可按下式计算：

$$\sigma_t^2 = \frac{\int_0^\infty t^2 C(t)\,\mathrm{d}t}{\int_0^\infty C(t)\,\mathrm{d}t} - \left[\frac{\int_0^\infty t C(t)\,\mathrm{d}t}{\int_0^\infty C(t)\,\mathrm{d}t}\right]^2 \qquad (5-4-8)$$

【例 5-4-1】 按例 5-3-1 中数据计算此流动系统的平均寿命和方差：

$t/\min$	0	1	2	3	4	5	6	7	8
$C(t)/(\mathrm{g/L})$	0	2	4	8	12	8	2	0	0

解： 脉冲示踪法得到等时间间隔数据

$$\bar{t} = \frac{\sum\limits_0^\infty t C(t)}{\sum\limits_0^\infty C(t)} = \frac{0\times0 + 1\times2 + 2\times4 + 3\times8 + 4\times12 + 5\times8 + 6\times2 + 7\times0 + 8\times0}{0+2+4+8+12+8+2+0+0}$$

$$= 3.722(\min)$$

$$\sigma_t^2 = \frac{\sum\limits_0^\infty t^2 C(t)}{\sum\limits_0^\infty C(t)} - \bar{t}^2 = \frac{1^2\times2 + 2^2\times4 + 3^2\times8 + 4^2\times12 + 5^2\times8 + 6^2\times2}{2+4+8+12+8+2} - 3.722^2$$

$$= 1.534(\min^2)$$

5.4.3 用对比时间表示的停留时间分布函数

容器体积大小不同，流体流量不同，都会影响流体质点的停留时间。由于停留时间的平均值和方差的数值大小并不能反映出流体的返混程度大小，因此要引入对比时间的概念。对比时间又称无因次时间，记作 θ，其定义式为：

$$\theta = \frac{t}{\tau} = \frac{\text{流体质点的停留时间}}{\text{容器的表观空时}} \qquad (5-4-9)$$

用对比时间 θ 表示的流体质点寿命分布积累函数 $F(\theta)$ 可叙述如下：在 $\theta = 0$ 时，进入流动达定常态的容器中的 N 个流体质点中，寿命小于 θ 的质点数 $\Delta N_{0\to\theta}$ 所占的分率为：

$$F(\theta) = \frac{\Delta N_{0\to\theta}}{N} \qquad (5-4-10)$$

用 $F(\theta)$ 和 $F(t)$ 来表示停留时间分布积累函数，其比例是一样的。这正如两种固体混合物，不论用公制、市制或英制单位来衡量，某一种固体的质量分率都是相同的。

类似的 $E(\theta)\mathrm{d}\theta$ 也表示寿命为 $\theta \to \theta + \mathrm{d}\theta$ 的质点数 $\mathrm{d}N$ 占同时进入容器总质点数 N 的分率，$E(\theta)\mathrm{d}\theta = \dfrac{\mathrm{d}N}{N}$，或 $E(\theta) = \dfrac{\mathrm{d}N}{N\mathrm{d}\theta}$，且 $\int_0^\infty E(\theta)\mathrm{d}\theta = 1$。

由 $F(\theta) = F(t)$ 可推导得到 $\mathrm{d}F(\theta) = \mathrm{d}F(t)$，$E(\theta)\mathrm{d}\theta = E(t)\mathrm{d}t$；又 $\theta = \dfrac{t}{\tau}$，故 $\mathrm{d}\theta = \dfrac{1}{\tau}\mathrm{d}t$，

可知 $E(\theta) = \tau E(t)$。

用无因次时间表示的寿命分布平均值为：

$$\hat{\theta} = \int_0^\infty \theta E(\theta) \mathrm{d}\theta = \int_0^\infty \frac{t}{\tau} E(t) \mathrm{d}t = \frac{\bar{t}}{\tau} = 1(闭式容器) \qquad (5-4-11)$$

用无因次时间表示的寿命分布的方差为：

$$\sigma^2 = \int_0^\infty (\theta - \hat{\theta})^2 E(\theta) \mathrm{d}\theta = \int_0^\infty \left(\frac{t}{\tau} - \frac{\bar{t}}{\tau} \right)^2 E(t) \mathrm{d}t$$

$$= \frac{1}{\tau^2} \cdot \int_0^\infty (t - \bar{t})^2 E(t) \mathrm{d}t = \frac{\sigma_t^2}{\tau^2}(无因次) \qquad (5-4-12)$$

在平推流中所有流体质点的寿命 t 均等于 τ_p，故 $\sigma_t^2 = 0$，$\sigma^2 = 0$；在全混流中，返混达到极大，其方差 $\sigma_t^2 = \tau^2$（待后证明），故 $\sigma^2 = \dfrac{\sigma_t^2}{\tau^2} = 1$。非理想流动的返混程度介于平推流和全混流之间，故有 $0 < \sigma^2 < 1$，σ^2 值的大小就表示了流动的返混程度。

5.5 流动模型

根据前面的分析，对于一定的流动状态，就有确定的停留时间分布及相应的平均停留时间和方差。但是同一种停留时间分布，却可能有不止一种流动状态。如图 5-5-1 所示的两种流动状态，其 $E(t)$ 曲线相同，一种为晚混，另一种为早混。

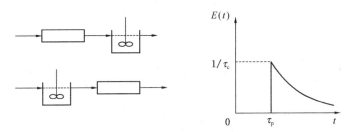

图 5-5-1 停留时间分布与流动状态的对应关系

建立流动模型的基本思想就是根据实测的停留时间分布，假设一种流动状态，令这种流动状态下的停留时间分布与实测结果一致，并根据假设的流动状态的模型参数，结合在其中进行反应的特征参数，计算或预测非理想流动状态下反应实际可达到的转化率。

其设计思路见图 5-5-2。

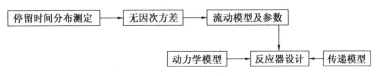

图 5-5-2 连续流动反应器设计流程

5.5.1 平推流模型

当管式反应器的管径较小，物料在其中的流速较快时，返混程度很小。此时可近似按平推流进行分析与设计。

平推流的寿命分布密度函数 $E(t)$ 与寿命分布积累函数 $F(t)$ 分别为：

$$E(t) = \begin{cases} 0 & t \neq \tau_p \\ \infty & t = \tau_p \end{cases} \qquad F(t) = \begin{cases} 0 & t < \tau_p \\ 1 & t \geqslant \tau_p \end{cases} \qquad (5-5-1)$$

其曲线见图 5-5-3。

平推流中所有质点的寿命均为 τ_p，故 $\bar{t} = \tau_p$，且无因次方差 $\sigma^2 = \dfrac{\sigma_t^2}{\tau^2} = 0$；无因次平均停

留时间 $\hat{\theta} = \dfrac{\bar{t}}{\tau_p} = 1$。

5.5.2 全混流模型

如连续流动体系搅拌充分，在容器内达到完全均匀的混合，容器内的参数就等于出口处的参数，可作为全混流处理，如图 5-5-4 所示。

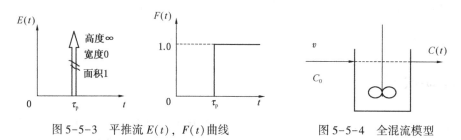

图 5-5-3 平推流 $E(t)$，$F(t)$ 曲线   图 5-5-4 全混流模型

设全混釜的有效体积为 V_C，入口流量为 v，在 $t=0$ 时将非示踪流体切换为示踪流体，其浓度为 C_0，在出口处测示踪流体的浓度 $C(t)$。若作全釜 $\mathrm{d}t$ 时间示踪流体的物料衡算，则有：

$$vC_0 \mathrm{d}t = vC(t)\mathrm{d}t + V_C \mathrm{d}C(t) \qquad (5-5-2)$$

变换得 $\qquad \dfrac{\mathrm{d}C(t)}{\mathrm{d}t} = \dfrac{v}{V_C}[C_0 - C(t)]$，或 $\displaystyle\int_0^{C(t)} \dfrac{\mathrm{d}C(t)}{C_0 - C(t)} = \int_0^t \dfrac{1}{\tau}\mathrm{d}t \qquad (5-5-3)$

积分得： $\qquad \ln\dfrac{C_0 - C(t)}{C_0 - 0} = -\dfrac{t}{\tau}$，即 $1 - \dfrac{C(t)}{C_0} = \mathrm{e}^{-\frac{t}{\tau}} \qquad (5-5-4)$

阶跃示踪时，寿命分布积累函数：

$$F(t) = \dfrac{C(t)}{C_0} = 1 - \mathrm{e}^{-\frac{t}{\tau}} \qquad (5-5-5)$$

由此可得全混流时

$$E(t) = \dfrac{\mathrm{d}F(t)}{\mathrm{d}t} = \dfrac{1}{\tau}\mathrm{e}^{-\frac{t}{\tau}} \qquad (5-5-6)$$

全混釜内流体质点年龄分布函数

$$I(t) = \dfrac{1}{\tau}[1 - F(t)] = \dfrac{1}{\tau}[1 - (1 - \mathrm{e}^{-\frac{t}{\tau}})] = \dfrac{1}{\tau}\mathrm{e}^{-\frac{t}{\tau}} = E(t) \qquad (5-5-7)$$

$$Y(t) = \int_0^t I(t)\mathrm{d}t = \int_0^t \dfrac{1}{\tau}\mathrm{e}^{-\frac{t}{\tau}}\mathrm{d}t = 1 - \mathrm{e}^{-\frac{t}{\tau}} = F(t) \qquad (5-5-8)$$

如图 5-5-5 所示。

全混流的寿命分布函数与年龄分布函数相同，说明了容器内与出口处的组成是相同的，这是全混流特有的性质。全混流用无因次时间表示的停留时间分布函数为：

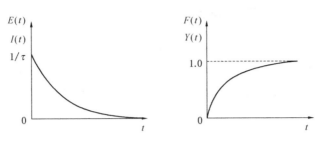

图 5-5-5　全混流的 $E(t)$、$F(t)$、$I(t)$、$Y(t)$ 曲线

$$E(\theta) = I(\theta) = \tau E(t) = \tau \cdot \frac{1}{\tau} \mathrm{e}^{-\frac{t}{\tau}} = \mathrm{e}^{-\theta} \qquad (5-5-9)$$

$$F(\theta) = Y(\theta) = 1 - \mathrm{e}^{-\frac{t}{\tau}} = 1 - \mathrm{e}^{-\theta} \qquad (5-5-10)$$

上述两表达式中已不包含 τ，故与全混流容器的大小及流量无关，其分布曲线见图 5-5-6。

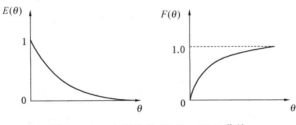

图 5-5-6　全混流的 $E(\theta)$、$F(\theta)$ 曲线

全混流的平均停留时间

$$\bar{t} = \int_0^\infty t E(t) \mathrm{d}t = \int_0^\infty t \cdot \frac{1}{\tau} \mathrm{e}^{-\frac{t}{\tau}} \mathrm{d}t = \tau \cdot \int_0^\infty \frac{t}{\tau} \cdot \mathrm{e}^{-\frac{t}{\tau}} \mathrm{d}\left(\frac{t}{\tau}\right) = \tau \qquad (5-5-11)$$

全混流的方差：

$$\sigma_t^2 = \int_0^\infty t^2 E(t) \mathrm{d}t - \hat{t}^2 = \int_0^\infty t^2 \cdot \frac{1}{\tau} \mathrm{e}^{-\frac{t}{\tau}} \mathrm{d}t - \tau^2$$

$$= \frac{1}{\tau} \cdot \frac{2!}{\left(\frac{1}{\tau}\right)^{2+1}} - \tau^2 = \tau^2 \qquad (5-5-12)$$

上述计算过程中均用到了 Γ 函数的计算方法，其一般式为：

$$\Gamma(n) = \int_0^\infty x^n \mathrm{e}^{-ax} \mathrm{d}x = \frac{n!}{a^{n+1}} \qquad (5-5-13)$$

故全混釜的无因次寿命平均值

$$\bar{\theta} = \frac{\bar{t}}{\tau} = 1 \qquad (5-5-14)$$

而它的无因次方差为：

$$\sigma^2 = \frac{\sigma_t^2}{\tau^2} = 1 \qquad (5-5-15)$$

比较平推流的无因次方差，可见 σ^2 的数值范围为 0~1，σ^2 的大小表征了连续流动系统的返混程度。

79

5.5.3 串联全混釜模型(*N*-CSTR 模型)

第 3 章中讨论过的全混流串联反应器系统，当串联釜的数目 *N* 趋于无穷大时，串联釜的性能就相当于平推流反应器。调节釜数 *N* 就可以在全混釜与平推流反应器之间确定某一种性能状态，非理想连续流动的返混程度介于两种流动之间，因此可以把实际非理想流动反应器的停留时间分布等价为釜数为 *N* 的串联全混釜的停留时间分布，如图 5-5-7 所示。

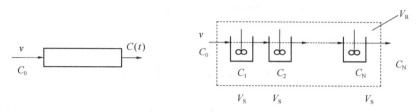

图 5-5-7　*N*-CSTR 模型示意图

N-CSTR 模型的基本假设为：把实际非理想流动反应器的总体积均匀地分为 *N* 个体积相同的全混釜反应器，釜内全混，此串联釜的停留时间分布与实际反应器相同。

每一小全混釜的体积

$$V_S = \frac{V_R}{N} \qquad (5-5-16)$$

每一全混釜的空时

$$\tau_S = \frac{V_R/N}{v} = \frac{\tau}{N}, \text{ 而 } \theta_s = \frac{t}{\tau_S} = \frac{t}{\tau/N} = N\theta \qquad (5-5-17)$$

设对此串联全混釜系统作阶跃示踪试验，并设 $C_0 = 1$ 浓度单位，对第一小釜作物料衡算得：

$$F_1(t) = \frac{C_1(t)}{C_0} = C_1(t) = 1 - e^{-\frac{t}{\tau_s}} \qquad (5-5-18)$$

对第二小釜作示踪流体的物料衡算，有：

流入量 = 流出量 + 积累量

$$v dt C_1(t) = v dt C_2(t) + V_S dC_2(t) \qquad (5-5-19)$$

因 $V_S/v = \tau_S$，整理可得：

$$\frac{dC_2(t)}{dt} + \frac{1}{\tau_S} C_2(t) = \frac{1}{\tau_S} C_1(t) = \frac{1}{\tau_S}(1 - e^{-\frac{t}{\tau_s}}) \qquad (5-5-20)$$

此一阶常微分方程可用积分因子法求解，通解为：

$$C_2(t) e^{\frac{t}{\tau_s}} = \int \frac{1}{\tau_S}(1 - e^{-\frac{t}{\tau_s}}) e^{\frac{t}{\tau_s}} dt + C = e^{\frac{t}{\tau_s}} - \frac{t}{\tau_S} + C \qquad (5-5-21)$$

其中 *C* 为待定常数。由初始条件 $t = 0$ 时，$C_2(t) = 0$，得 $C = -1$ 故特解为：

$$C_2(t) = e^{-\frac{t}{\tau_s}}(e^{\frac{t}{\tau_s}} - \frac{t}{\tau_S} - 1) = 1 - \left(1 + \frac{t}{\tau_S}\right) e^{-\frac{t}{\tau_s}} \qquad (5-5-22)$$

而第二釜出口处的 $F(t)$ 函数：

$$F_2(t) = \frac{C_2(t)}{C_0} = 1 - e^{-\frac{t}{\tau_s}}\left(1 + \frac{t}{\tau_s}\right) \qquad (5-5-23)$$

同理，再对第三釜作物料衡算，可得：

$$v dt C_2(t) = v dt C_3(t) + V_S dC_3(t) \qquad (5-5-24)$$

$$\frac{dC_3(t)}{dt} + \frac{1}{\tau_3} C_3(t) = \frac{1}{\tau_S}\left[1 - \left(1 + \frac{t}{\tau_S}\right) e^{-\frac{t}{\tau_s}}\right] \qquad (5-5-25)$$

用积分因子法解得：

$$C_3(t) = 1 - e^{-\frac{t}{\tau_S}}\left[1 + \frac{t}{\tau_S} + \frac{1}{2!}\left(\frac{t}{\tau_S}\right)^2\right] \qquad (5-5-26)$$

而第三釜出口处的 $F(t)$ 函数

$$F_3(t) = C_3(t)/C_0 = 1 - e^{-\frac{t}{\tau_S}}\left[1 + \frac{t}{\tau_S} + \frac{1}{2!}\left(\frac{t}{\tau_S}\right)^2\right] \qquad (5-5-27)$$

依次类推，最后一釜出口处的 $F(t)$ 函数为

$$F_N(t) = C_N(t) = 1 - e^{-\frac{t}{\tau_S}}\left[1 + \frac{t}{\tau_S} + \frac{1}{2!}\left(\frac{t}{\tau_S}\right)^2 + \frac{1}{3!}\left(\frac{t}{\tau_S}\right)^3 + \cdots\cdots + \frac{1}{(N-1)!}\left(\frac{t}{\tau_S}\right)^{N-1}\right]$$

$$(5-5-28)$$

出口处的 $E(t)$ 函数 $\quad E_N(t) = \dfrac{\mathrm{d}F_N(t)}{\mathrm{d}t} = \dfrac{1}{\tau_S}e^{-\frac{t}{\tau_S}} \cdot \dfrac{1}{(N-1)!}\left(\dfrac{t}{\tau_S}\right)^{N-1} \qquad (5-5-29)$

用无因次时间 θ 表示的 $E(\theta)$ 函数为：

$$E_N(\theta) = \tau E_N(t) = N\tau_S \cdot \frac{1}{\tau_S}e^{-\frac{t}{\tau_S}} \cdot \frac{1}{(N-1)!}\left(\frac{t}{\tau_S}\right)^{N-1} = \frac{N^N}{(N-1)!}\theta^{N-1}e^{-N\theta}$$

$$(5-5-30)$$

无因次平均停留时间

$$\bar{\theta} = \int_0^\infty \theta E(\theta)\mathrm{d}\theta = \frac{N^N}{(N-1)!}\int_0^\infty \theta^N e^{-N\theta}\mathrm{d}\theta$$

$$= \frac{N^N}{(N-1)!} \cdot \frac{N!}{N^{N+1}} = 1 \qquad (5-5-31)$$

无因次方差：

$$\sigma^2 = \int_0^\infty \theta^2 E(\theta)\mathrm{d}\theta - \hat{\theta}^2 = \int_0^\infty \frac{N^N}{(N-1)!}\theta^2\theta^{N-1}e^{-N\theta}\mathrm{d}\theta - 1^2$$

$$= \frac{1}{N^2(N-1)!}\int_0^\infty (N\theta)^{N+1}e^{-N\theta}\mathrm{d}(N\theta) - 1$$

$$= \frac{1}{N^2(N-1)!} \cdot (N+1)! - 1 = \frac{1}{N} \qquad (5-5-32)$$

故模型参数： $\quad N = \dfrac{1}{\sigma^2} \qquad\qquad\qquad\qquad\qquad\qquad\qquad (5-5-33)$

式(5-5-33)表示，如果非理想流动反应器的返混特征数为 σ^2，就可以将其等价为 $N = 1/\sigma^2$ 个体积均为 V_R/N 的全混流反应器串联而成，此串联全混釜系统在相同流动状态下的反应转化率 x_{Af} 就可以作为实际反应器出口转化率的预期值。N 作为一个虚拟值，不一定是个整数。用 N-CSTR 模型求算一级不可逆反应的转化率，可直接引用公式：

$$x_{Af} = 1 - \frac{1}{\left(1 + k\dfrac{\tau}{N}\right)^N} \qquad (5-5-34)$$

或查图 3-4-3，由一级不可逆反应的 $k\tau$ 值和串联釜釜数 N，读取其交点横坐标值为未转化率 $1-x_A$。

若用相当于 N-CSTR 串联釜的非理想流动反应器进行二级不可逆反应，则可从第一个小釜开始，逐釜计算其出口反应物浓度 C_{Ai}：

$$C_{Ai} = \frac{-1 + \sqrt{1 + 4k\tau_S C_{Ai-1}}}{2k\tau_S}, \quad i = 1 \sim N \qquad (5-5-35)$$

或查图 3-4-4，由 $k\tau C_{A0}$ 和 N 两线的交点读取未转化率 $1-x_A$。

5.5.4 轴向分散模型

对于返混程度不很大的管式、塔式或连续流动反应设备，轴向分散模型是较为常用的非理想流动模型。该模型在平推流的基础上叠加一项反向涡流扩散，涡流扩散的通量为 $N_A = -E_z \dfrac{\mathrm{d}C_A}{\mathrm{d}l}$。本模型的基本假定为：

① 流体流动为定常态，且沿流动方向参数是管长的连续函数；

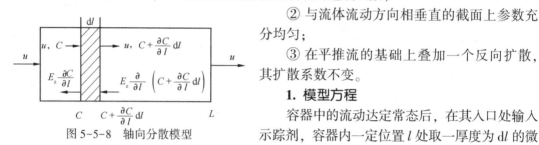

图 5-5-8 轴向分散模型

② 与流体流动方向相垂直的截面上参数充分均匀；

③ 在平推流的基础上叠加一个反向扩散，其扩散系数不变。

1. 模型方程

容器中的流动达定常态后，在其入口处输入示踪剂，容器内一定位置 l 处取一厚度为 $\mathrm{d}l$ 的微层，其两侧的示踪剂浓度分别为 C 和 $C + \dfrac{\partial C}{\partial l}\mathrm{d}l$，$C$ 是管长 l 和时间 t 的二元函数，作示踪剂的物料衡算(参见图 5-5-8)：

$$流入量 = \frac{\pi}{4}D^2\left[uC + E_z\frac{\partial}{\partial l}\left(C + \frac{\partial C}{\partial l}\mathrm{d}l\right)\right]$$

$$流出量 = \frac{\pi}{4}D^2\left[u\left(C + \frac{\partial C}{\partial l}\mathrm{d}l\right) + E_z\frac{\partial C}{\partial l}\right]$$

$$积累量 = \frac{\pi}{4}D^2\mathrm{d}l \cdot \frac{\partial C}{\partial t}$$

$$反应量 = 0$$

物料衡算式化简后得到：

$$E_z\frac{\partial^2 C}{\partial l^2} - u\frac{\partial C}{\partial l} - \frac{\partial C}{\partial t} = 0 \qquad (5-5-36)$$

其中 E_z、u 为常数，故上式为二阶常系数偏微分方程。这一方程的解与所用的示踪方法、返混程度大小、进出口处为开、闭式等条件有关，一般不易求得通解，只在某些条件下有其特解。

2. 模型参数与无因次方差的关系

在轴向分散模型中，扩散系数 E_z 的大小与返混程度有关，一般用无因次准数 $\dfrac{E_z}{uL}$ 作为模型参数，它是毕克莱准数 Pe 的倒数，其中 u 为流体的线速度，L 为容器的管长。

当 $Pe < 100$ 时，认为返混较大。

① $Pe \geqslant 100$ 时，即对于返混程度

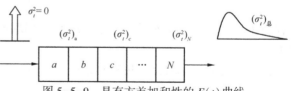

图 5-5-9 具有方差加和性的 $E(t)$ 曲线

较小的情况，无论系统是开式还是闭式，其停留时间分布的方差均具有加和性，如图5-5-9所示，有：

$$(\sigma_t^2)_{\text{总}} = (\sigma_t^2)_a + (\sigma_t^2)_b + (\sigma_t^2)_c + \cdots\cdots + (\sigma_t^2)_N \qquad (5-5-37)$$

在此返混较小的情况下，一连续流动系统任意两个位置上的方差之差，为两个位置之间所增加的方差，即有：

$$\Delta\sigma_t^2 = (\sigma_t^2)_{\text{出}} - (\sigma_t^2)_{\text{入}} \qquad (5-5-38)$$

模型参数 Pe 和无因次方差 σ^2 之间的关系为：

$$\sigma^2 = \frac{2}{Pe}, \quad \bar{\theta} = 1 \qquad (5-5-39)$$

② 对于返混较大的情况，$Pe<100$，即 $\dfrac{E_z}{uL}>0.01$，流体质点停留时间分布与反应器的开闭式有关，如图5-5-10所示。

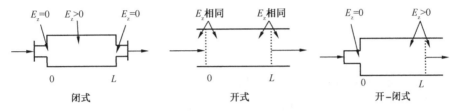

图 5-5-10 反应器的闭式与开式

在闭式反应器中，进出口的大小比反应器本身小得多，即在反应器内有返混而在进出口边界之外无返混。

开式反应器中，进出口的尺寸与反应器本身相当，因而进出口两侧返混程度相同或相近，已离开反应器的质点还可能返回反应器，引起平均停留时间延长。

如反应器进出口一端为开式，一端为闭式，则称为开闭式。

当脉冲示踪法测定容器中流体停留时间分布且返混较大时，不同类型容器的 Pe-σ^2 有不同的关系式：

在闭式容器中：

$$\bar{t} = \tau = \frac{V_R}{v}, \quad \bar{\theta} = 1 \qquad (5-5-40)$$

$$\sigma^2 = \left(\frac{2}{Pe}\right) - 2\left(\frac{1}{Pe}\right)^2(1 - e^{-Pe}) \qquad (5-5-41)$$

在开式容器中：

$$\bar{t} = \tau\left(1 + \frac{2}{Pe}\right), \quad \bar{\theta} = 1 + \frac{2}{Pe} \qquad (5-5-42)$$

$$\sigma^2 = \left(\frac{2}{Pe}\right) + 8\left(\frac{1}{Pe}\right)^2 \qquad (5-5-43)$$

在开-闭式容器中：

$$\bar{t} = \tau\left(1 + \frac{1}{Pe}\right), \quad \bar{\theta} = 1 + \frac{1}{Pe} \qquad (5-5-44)$$

$$\sigma^2 = \frac{2}{Pe} + 3\left(\frac{1}{Pe}\right)^2 \qquad (5-5-45)$$

由上面不同的 $Pe-\sigma^2$ 关系式可知，以前讨论的反应器，包括平推流和全混流反应器在内，其平均停留时间 $\bar{t}=\tau$，即 $\bar{\theta}=1$，实际上是作为闭式容器处理的。

③ 用轴向分散模型计算反应器的转化率：

求得轴向分散模型的模型参数 Pe 后，就可结合反应器内进行反应的动力学特征，建立物料衡算式，得到相应的微分方程。当非理想流动反应器处于定常态操作时，反应器内任一空间位置的物料组成不随时间而变化，即浓度是空间位置的单值函数。

当反应器内进行一级不可逆反应时，作微元管段中着眼组分 A 的物料衡算，有：

$$流入量 = \frac{\pi}{4}D^2\left[uC_A + E_z\frac{d}{dl}\left(C_A + \frac{dC_A}{dl}dl\right)\right]dt$$

$$流出量 = \frac{\pi}{4}D^2\left[u\left(C_A + \frac{dC_A}{dl}dl\right) + E_z\frac{dC_A}{dl}\right]dt$$

$$积累量 = 0$$

$$反应量 = \frac{\pi}{4}D^2dl(-r_A)dt = \frac{\pi}{4}D^2dlkC_Adt$$

流入量=流出量+积累量+反应量，整理得：

$$uC_A + E_z\frac{dC_A}{dl} + E_z\frac{d^2C_A}{dl^2}dl = uC_A + u\frac{dC_A}{dl}dl + E_z\frac{dC_A}{dl} + kC_Adl \quad (5-5-46)$$

化简得：

$$E_z\frac{d^2C_A}{dl^2} - u\frac{dC_A}{dl} - kC_A = 0 \quad (5-5-47)$$

这是一个二阶常系数微分方程，可用辅助方程法求解：

辅助方程：

$$E_zm^2 - um - k = 0 \quad (5-5-48)$$

$$m_{1,2} = \frac{u \pm \sqrt{u^2 + 4kE_z}}{2E_z} \quad (5-5-49)$$

原微分方程得通解为：

$$C_A = A\exp(m_1l) + B\exp(m_2l) \quad (5-5-50)$$

其中 A，B 为待定常数。如令

$$\alpha = \sqrt{1 + \frac{4kE_z}{u^2}} = \sqrt{1 + 4k\tau\frac{E_z}{u(u\tau)}} = \sqrt{1 + 4k\tau\frac{E_z}{uL}} = \sqrt{1 + \frac{4k\tau}{Pe}} \quad (5-5-51)$$

则

$$m_{1,2} = \frac{u(1 \pm \alpha)}{2E_z}$$

边界条件是：

$$uC_{A0}^+ = uC_{A0} + E_z\left(\frac{dC_A}{dl}\right)_{0+} \quad (5-5-52)$$

在此边界条件下（图 5-5-11 所示）解得反应器出口处反应物 A 的剩余浓度符合式(5-5-53)：

$$\frac{C_{Af}}{C_{A0}} = \frac{4\alpha \exp\left(\dfrac{Pe}{2}\right)}{(1+\alpha)^2 \exp\left(\dfrac{\alpha}{2}Pe\right) - (\alpha-1)^2 \exp\left(-\dfrac{\alpha}{2}Pe\right)} = f(k\tau,\ Pe) \quad (5-5-53)$$

其中

$$\alpha = \sqrt{1 + \frac{4k\tau}{Pe}}$$

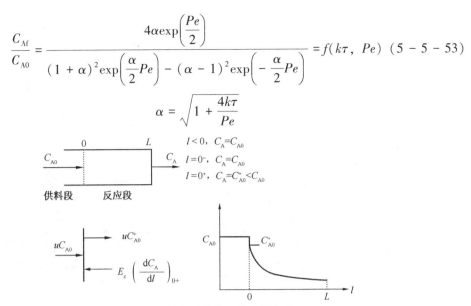

图 5-5-11　轴向分散模型的边界条件

上式表示在轴向分散模型中，一级反应的未转化率是 $k\tau$ 和 Pe 的函数。如果用曲线表示，可见图5-5-12，其中 $Pe=0$，即为全混流；$Pe=$无穷大，即为平推流。

用轴向分散模型描述的非理想流动反应器与平推流反应器进行一级不可逆反应时，达到相同转化率所要求的体积比 $\dfrac{V_R}{V_P}$ 也可表示为 $\dfrac{E_z}{uL}$ 及 $k\tau$ 的函数，所描绘的曲线见图 5-5-13，其中 $\dfrac{E_z}{uL}=0$ 为平推流，$\dfrac{E_z}{uL}=\infty$ 为全混流。

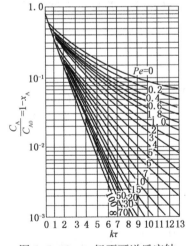

图 5-5-12　一级不可逆反应轴
向分散模型的未转化率

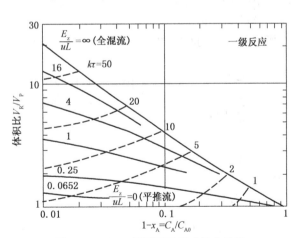

图 5-5-13　一级不可逆反应轴向分散
模型与平推流的比较

若在用轴向分散模型描述的非理想流动反应器中进行二级不可逆反应，则由物料衡算得到的微分方程为：

$$E_z \frac{\mathrm{d}^2 C_A}{\mathrm{d}l^2} - u\frac{\mathrm{d}C_A}{\mathrm{d}l} - kC_A^2 = 0 \quad\quad\quad (5-5-54)$$

85

此微分方程没有解析解。可以化成差分式求得其近似解。数值解的结果，标绘成图5-5-14和图 5-5-15。由图可见，二级反应未转化率是 $k\tau C_{A0}$ 和 Pe 的函数。

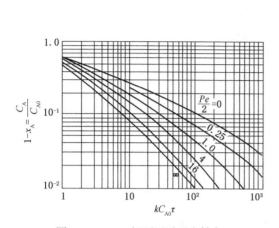

图 5-5-14　二级不可逆反应轴向
分散模型未转化率

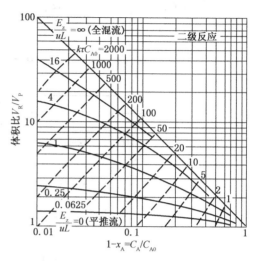

图 5-5-15　二级不可逆反应扩散模型
与平推流的比较

【**例 5-5-1**】脉冲示踪法测得无反应时的连续流动反应器出口示踪剂浓度与时间对应值为：

t/min	0	5	10	15	20	25	30	35
$C(t)/(\mathrm{g/L})$	0	3	5	5	4	2	1	0

在同样流动状态下于反应器中进行一级和二级不可逆反应，一级反应 $k\tau = 5$，二级反应 $k\tau C_{A0} = 10$，用轴向分散模型和多釜串联模型计算反应器出口转化率，并且与平推流及全混流反应器的结果相比较。

解：由等时间间隔的脉冲示踪 $C(t)$-t 数据，可求得：

$$\bar{t} = \frac{\sum\limits_0^\infty tC(t)}{\sum\limits_0^\infty C(t)} = \frac{5 \times 3 + 10 \times 5 + 15 \times 5 + 20 \times 4 + 25 \times 2 + 30 \times 1}{3 + 5 + 5 + 4 + 2 + 1} = 15(\mathrm{min})$$

$$\sigma_t^2 = \frac{\sum\limits_0^\infty t^2 C(t)}{\sum\limits_0^\infty C(t)} - \bar{t}^2$$

$$= \frac{5^2 \times 3 + 10^2 \times 5 + 15^2 \times 5 + 20^2 \times 4 + 25^2 \times 2 + 30^2 \times 1}{3 + 5 + 5 + 4 + 2 + 1} - 15^2 = 47.5(\mathrm{min}^2)$$

$$\sigma^2 = \frac{\sigma_t^2}{\bar{t}^2} = \frac{47.5}{15^2} = 0.211$$

（1）轴向分散模型，设为返混较大的闭式反应器，则有：

$$\frac{2}{Pe} - 2\left(\frac{1}{Pe}\right)^2 (1 - \mathrm{e}^{-Pe}) = \sigma^2 = 0.211$$

试差解得 $Pe = 8.65$，$\dfrac{1}{Pe} = 0.12$

一级反应时，查图 5-5-12，$k\tau = 5$ 的线与 $Pe = 8.65$ 的线相交于一点，所对应的纵坐标值为：$\dfrac{C_A}{C_{A0}} = 0.045$，故 $x_{Af} = 0.955$

二级反应时，查图 5-5-14，$k\tau C_{A0} = 10$ 线与 $\dfrac{Pe}{2} = 4.33$ 的线相交于一点 $\dfrac{C_A}{C_{A0}} = 0.15$，故 $x_A = 1 - 0.15 = 0.85$。

（2）多釜串联模型

$$N = \frac{1}{\sigma^2} = \frac{1}{0.211} = 4.74$$

一级反应：$\dfrac{C_A}{C_{A0}} = \dfrac{1}{\left(1 + k\dfrac{\tau}{N}\right)^N} = \dfrac{1}{\left(1 + \dfrac{5}{4.74}\right)^{4.74}} = 0.033$，故 $x_A = 1 - \dfrac{C_A}{C_{A0}} = 0.967$。

二级反应：查图 3-4-4，由 $N = 4.74$ 线与 $k\tau C_{A0} = 10$ 线的交点得对应的横坐标值为 $1 - x_A = 0.13$，故 $x_{Af} = 0.87$。

（3）平推流模型

一级反应时　$x_A = 1 - e^{-k\tau_p} = 1 - e^{-5} = 0.993$

二级反应时　$k C_{A0} \tau_p = \dfrac{x_A}{1 - x_A} = 10$，$x_A = \dfrac{10}{11} = 0.91$

（4）全混流模型

一级反应时　$x_A = \dfrac{k\tau_c}{1 + k\tau_c} = \dfrac{5}{1 + 5} = 0.833$

二级反应时　$k C_{A0} \tau_c = \dfrac{x_A}{(1 - x_A)^2} = 10$，$x_A = 0.73$

上述计算结果列表如下：

反应	轴向分散模型	多釜串联模型	平推流模型	全混流模型
一级反应 $k\tau = 5$	0.955	0.967	0.993	0.833
二级反应 $k\tau C_{A0} = 10$	0.85	0.87	0.91	0.73

可见轴向分散模型和多釜串联模型所得结果相近，且介于平推流与全混流之间。

5.5.5　层流模型

层流模型可用于直圆管中黏度较大的流体流动情况。层流流动时，流体质点的流速与质点距离管中心的位置 r 有关。

如图 5-5-16 所示，如令管中心处的最大流速为 u_0，则 r 处的质点流速

$$u(r) = u_0\left[1 - \left(\frac{r}{R}\right)^2\right] \qquad (5-5-55)$$

而截面上的平均流速 $\bar{u}$ 是最大流速的一半，即：

$$\bar{u} = \frac{1}{2}u_0 \qquad (5-5-56)$$

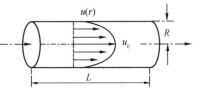

图 5-5-16　层流模型的管内流速分布

层流流动时距管中心等距离的每一层薄壳形流体与相邻壳层流体之间没有混合。不同

87

薄壳层中流体通过反应器的时间不同，故管出口处的流体质点的寿命有一从 $0 \to \infty$ 的分布，距管中心为 r 的流体质点流经管长的时间为 $t(r) = \dfrac{L}{u(r)}$，故与管中心处质点比较可得：

$$\frac{u(r)}{u_0} = \frac{t_0}{t(r)} = 1 - \left(\frac{r}{R}\right)^2 \qquad (5-5-57)$$

两边微分

$$-\frac{t_0 \mathrm{d}t}{t^2 \mathrm{d}r} = \frac{-2r}{R^2}$$

即

$$\frac{t_0}{t^2}\mathrm{d}t = \frac{2r\mathrm{d}r}{R^2} \qquad (5-5-58)$$

式中 t_0 为管中心处流体流完全程所需的时间，显然任一点 $t \geqslant t_0$。

在层流达定常态以后作阶跃示踪实验，则有：

$$t < t_0 \text{ 时}, \quad \frac{C(t)}{C_0} = F(t) = 0 \qquad (5-5-59)$$

$$t > t_0 \text{ 时}, \quad \frac{C(t)}{C_0} = F(t) > 0 \qquad (5-5-60)$$

同时进入层流管的流体质点，至少要等到 t_0 以后才会逐渐流出管出口，根据寿命分布函数的定义和性质，可得：

$$E(t)\mathrm{d}t = \mathrm{d}F(t) = \frac{\mathrm{d}N}{N} = \frac{\mathrm{d}r \text{ 圈内流出的示踪剂量}}{\text{整个截面上流出的示踪剂量}} = \frac{\mathrm{d}v}{v} = \frac{2\pi r \mathrm{d}r u}{\pi R^2 \left(\dfrac{u_0}{2}\right)}$$

$$= \frac{t_0}{t^2}\mathrm{d}t \, \frac{u}{\left(\dfrac{u_0}{2}\right)} = \frac{2t_0^2}{t^3}\mathrm{d}t \qquad (5-5-61)$$

流体的空时

$$\tau = \frac{L}{u} = \frac{L}{u_0/2} = 2t_0$$

$$E(t) = 2\frac{t_0^2}{t^3} = \frac{\tau^2}{2t^3} \quad (t \geqslant t_0) \qquad (5-5-62)$$

而

$$F(t) = \int_0^t E(t)\mathrm{d}t = \int_0^{t_0} E(t)\mathrm{d}t + \int_{t_0}^t E(t)\mathrm{d}t = 0 + \int_{t_0}^t \frac{\tau^2}{2t^3}\mathrm{d}t = \frac{\tau^2}{2} \cdot \frac{1}{(-2)t^2}\Big|_{t_0}^t$$

$$= \frac{\tau^2}{4}\left[\frac{1}{t_0^2} - \frac{1}{t^2}\right] = 1 - \left(\frac{\tau}{2t}\right)^2 \qquad (5-5-63)$$

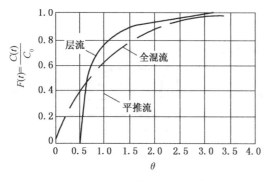

图 5-5-17 层流模型的 $F(t)$ 曲线

层流时 $F(t)$-t 曲线与平推流、全混流 $F(t)$-t 曲线的比较，见图 5-5-17。若在层流流动下进行一化学反应，出口处物料的平均转化率就是各薄壳内流体转化率的加权平均值。

$$\bar{x}_A = \int_{t_0}^t x_A(t) E(t) \mathrm{d}t \qquad (5-5-64)$$

若为一级等容反应，$x_A = 1 - e^{-kt}$，则相应的出口平均转化率

$$\bar{x}_A = \int_{t_0}^{t} (1 - e^{-kt}) \cdot \left(\frac{\tau^2}{2t^3}\right) dt \qquad (5-5-65)$$

可用数值方法或图解方法求解。

【例 5-5-2】 求圆管内层流条件下 0 级反应的出口转化率。已知：

$$(-r_A) = k, \begin{cases} x_A = \dfrac{kt}{C_{A0}} & \text{如 } t \leqslant \dfrac{C_{A0}}{k} \\[3mm] x_A = 1 & \text{如 } t > \dfrac{C_{A0}}{k} \end{cases}$$

由上面的分析可知：

$$E(t) = 0 \qquad \text{如 } t < t_0$$

$$E(t) = \frac{\tau^2}{2t^3} \qquad \text{如 } t_0 \leqslant t \leqslant \frac{C_{A0}}{k}$$

$$x_A = 1 \qquad \text{如 } t > \frac{C_{A0}}{k}$$

$$\bar{x}_A = \int_0^{\infty} x_A(t)E(t)dt = \int_0^{t_0} x_A(t)E(t)dt + \int_{t_0}^{\frac{C_{A0}}{k}} x_A(t)E(t)dt + \int_{\frac{C_{A0}}{k}}^{\infty} 1 \cdot E(t)dt$$

$$= \int_{t_0}^{\frac{C_{A0}}{k}} \frac{kt}{C_{A0}}\left(\frac{\tau^2}{2t^3}\right)dt + \int_{\frac{C_{A0}}{k}}^{\infty} \frac{\tau^2}{2t^3}dt = \frac{k\tau}{C_{A0}}\left(1 - \frac{k\tau}{4C_{A0}}\right)$$

其中 $t_0 = \dfrac{\tau}{2}$

5.5.6 宏观混合釜模型

以前所讨论的流体，除层流流动外一般都假定达到分子水平的均匀混合，故称为微观流体。与微观流体相对的称为宏观流体。宏观流体在宏观上是混合均匀的，但在微观上却是由许多互相独立的微团所组成，微团内混合均匀，但微团之间没有质量交换。在流动与反应过程中，每个微团相当于一个微团间歇釜，而宏观流体流经反应器所达到的转化率，正是这些停留时间各不相同的微型间歇釜实现的转化率的加权平均值。实际流体常常既有微观流体又有宏观流体部分，此时称为部分集流体。

在宏观流体下，

$$\bar{x}_A = \int_0^{\infty} x_A(t)E(t)dt, \quad \text{或} \frac{C_A}{C_{A0}} = \int_0^{\infty} \frac{C_A(t)}{C_{A0}}E(t) \qquad (5-5-66)$$

如有一全混流反应器内宏观流体进行一级不可逆反应，则每个微团的转化率是其停留时间 t 的函数，$\dfrac{C_A}{C_{A0}} = e^{-kt}$，而流动状态的 $E(t)$ 函数 $E(t) = \dfrac{1}{\tau}e^{-\frac{t}{\tau}}$。

故有

$$\frac{C_A}{C_{A0}} = \int_0^{\infty} e^{-kt} \frac{1}{\tau} e^{-\frac{t}{\tau}} dt = \frac{1}{\tau} \int_0^{\infty} e^{-\left(k+\frac{1}{\tau}\right)t} dt = \frac{1}{\tau} \cdot \frac{1}{-\left(k+\frac{1}{\tau}\right)} e^{-\left(k+\frac{1}{\tau}\right)t}\bigg|_0^{\infty} = \frac{1}{1+k\tau}$$

$$(5-5-67)$$

而如果在全混釜中进行一级反应的是微观流体，则 $C_A = \dfrac{C_{A0}}{1+k\tau}$，可见在此情况下宏观流体与微观流体之间没有差别，两者实现的转化率相同。

在二级反应时，全混釜中进行宏观流体反应所实现的转化率将是：

$$\bar{x}_A = \int_0^\infty \frac{ktC_{A0}}{(1+ktC_{A0})} \cdot \frac{1}{\tau} e^{-\frac{t}{\tau}} dt \qquad (5-5-68)$$

此式可用数值积分法求解。全混釜进行微观流体二级不可逆反应时，$\dfrac{\tau}{C_{A0}} = \dfrac{x_A}{kC_{A0}^2(1-x_A)^2}$

可得 $\qquad \bar{x}_A = \dfrac{2k\tau C_{A0} + 1 - \sqrt{4k\tau C_{A0} + 1}}{2k\tau C_{A0}} = 1 - \dfrac{-1 + \sqrt{4k\tau C_{A0} + 1}}{2k\tau C_{A0}} \qquad (5-5-69)$

显然在二级不可逆反应时，宏观流体与微观流体的转化率是不同的。

一般地说，大于一级的反应，宏观流体可得到比微观流体高的转化率，宜采取先分开反应再混合反应的办法；小于一级的反应，宏观流体得到的转化率低于同样条件下的微观流体，宜采用先混合再反应的办法；而一级反应时宏观流体与微观流体反应性能相同。

参 考 文 献

1 陈甘棠. 化学反应工程. 北京：化学工业出版社，2007
2 Smith J M. Chemical Engineering Kinetics. McGraw-Hill Inc.，1981
3 Advanced in Chemical Engineering. London：Academic Press，1963

习 题

1. 某容器在进口流量为 $\nu_0 = 5\text{L/min}$ 的稳定流动态时作脉冲示踪实验，测得出口处示踪剂浓度 $C(t)$ 的对应值如下：

t/min	0	1	2	3	4	5	6	7	8	9	10
$C(t)/(\text{g/L})$	0	0	3	5	6	6	4	3	2	1	0

求：(1)寿命分布密度函数与寿命分布积累函数；

(2)容器的有效体积；

(3)输入示踪剂的量。

2. 脉冲示踪测得反应器的出口处示踪剂浓度-时间对应值如下表所示：

t/min	0	1	2	3	4	5	6	8	10	15	20	30	41	52	67
$C(t)/(\text{g/L})$	0	9	57	81	90	90	86	77	67	47	32	15	7	3	1

用图解法求其平均停留时间和方差。

3. 用阶跃示踪法测定连续流动反应器的停留时间分布，获得如下数据：

θ	0	0.5	0.70	0.875	1.00	1.50	2.00	2.50	3.00
$F(\theta)$	0	0.10	0.22	0.40	0.57	0.84	0.94	0.98	0.99

用图解法求无因次平均寿命 $\bar{\theta}$ 和无因次方差 σ^2。

4. 全混釜中进行液-固一级反应，反应产物为固相，已知 $k = 0.02\text{min}^{-1}$，固体颗粒在釜内的平均停留时间为 10min。

求：(1)固体颗粒的平均转化率；

(2)转化率低于30%的颗粒所占百分率；

(3)若改用两个等体积全混釜串联，总体积不变，试估计转化率低于30%的颗粒的百分率。

5. 有一中试反应器测得寿命分布积累函数值如下：

$$F(t) = \begin{cases} 0 & t \leq 0.4\text{h} \\ 1 - \exp[-1.25(t - 0.4)] & t > 0.4\text{h} \end{cases}$$

计算：（1）平均停留时间；

（2）等温下进行固相加工反应 $A \xrightarrow{k} P$，$k = 0.8\text{h}^{-1}$，其转化率为多少？

（3）用平推流反应器串联全混釜，停留时间分别为 $\tau_p = 0.4\text{h}$，$\tau_c = 0.8\text{h}$，计算最终转化率。

6. 一闭式容器用脉冲示踪法测得如下数据，求其多釜串联模型参数和轴向扩散模型参数。

t/min	0	1	2	3	4	5	6	7
$C(t)$/(g/L)	0	0.375	0.376	0.288	0.212	0.150	0.108	0.076

t/min	8	9	10	11	12	13
$C(t)$/(g/L)	0.054	0.037	0.025	0.015	0.010	0.005

7. 一闭式非理想流动反应器停留时间分布测定结果，如果用轴向分散模型，则其准数值 $\dfrac{E_z}{uL} = 0.2$，如果用多釜串联模型描述此系统，则模型参数为多少？

8. 脉冲示踪法测得一反应器的出口示踪剂浓度为：

t/min	10	20	30	40	50	60	70	80
$C(t)$/(g/L)	0	3	5	5	4	2	1	0

同样流动条件下在其中进行一级不可逆反应，此反应在相同温度的全混釜中进行时得到的转化率为 0.82，则此非理想流动反应器中预期的转化率为多少？用多釜串联模型和轴向分散模型分别计算之。

9. 根据本章第 2 题的测定数据和计算结果，用轴向分散模型和多釜串联模型计算同样流动状态下二级不可逆反应的转化率，已知该反应在平推流反应器中可达 99% 转化率。

第6章　非均相流固催化反应器

6.1　概述

流固催化反应器是气相或/和液相反应物借助于固相催化剂进行反应的设备,包括气-固、气-液-固、液-固三类催化反应器。其中气-固相催化反应器在大型石油化工和有机化工生产中具有相当大的重要性,这方面的研究也较为广泛和透彻。气固相反应动力学研究和反应器设计的基本原理,同样也适用于液-固相催化反应过程。因此本章以气-固相催化反应器的分析与讨论为主。

气固相催化反应器可分两大类:固定床反应器和流化床反应器。在固定床反应器中,固体催化剂颗粒堆积起来静止不动,反应气体自上而下流过床层。而在流化床反应器中,固体催化剂颗粒被自下而上流动的气体反应物夹带而处于剧烈运动的状态。由于这两类反应器中固体催化剂颗粒运动状态不同,其反应性能也有显著差别。一般来说,固定床反应器具有下列优点:

① 催化剂颗粒在反应过程中磨损小,适合于贵金属催化剂;

② 反应器床层内气相流动状态接近平推流,有利于实现较高的转化率与选择性;

③ 反应器的操作弹性与容积生产能力较大。

但是相对于流化床反应器,固定床反应器也有以下缺点:

① 催化剂颗粒较大,有效系数较低;

② 催化剂床层传热系数较小,容易产生局部过热;

③ 催化剂的更换费事,不适于容易失活的催化剂。

气-液-固三相反应器中,如果固体催化剂固定不动,气液反应物从上向下流过催化剂床层,称为涓流床或滴流床反应器;如果固体催化剂颗粒悬浮在液体反应物中且因气泡运动而在反应器中剧烈运动,则称为浆态床反应器。在三相反应器中涉及到气-液相之间和液-固相之间的传质,情况比较复杂,但基本的传质机理和分析方法与流固相反应过程是相似的。

6.2　气固相催化反应动力学

气固相催化反应是气相反应物在固体催化剂存在下发生的化学反应。气相反应物消失的速率主要与固体催化剂的量有关,而与气相反应物体积大小无直接关系。为了研究问题的方便,在讨论非均相反应动力学时,需要定义以下四个不同基准的以反应物 A 为着眼组分的反应速率:

① 以催化剂质量为基准,即在单位时间内单位质量催化剂所能转化的着眼组分 A 的物质的量,如记 W 为催化剂质量,则 $(-r'_A) = -\dfrac{1}{W}\dfrac{dn_A}{dt}$。

② 以单位相界面积为基准,因为非均相反应发生于不同相之间的界面上,反应的速率

与相界面积大小成正比，即单位时间内，单位相界面积所能转化组分 A 的物质的量。如记相界面积为 S，则 $(-r''_A) = -\dfrac{1}{S}\dfrac{dn_A}{dt}$。

③ 以单位催化剂颗粒体积为基准，假定固体催化剂颗粒组成处处均匀，则颗粒体积应与催化反应速率成正比。即单位时间内，单位颗粒体积所能转化组分 A 的物质的量。如催化剂颗粒体积为 V_P，则 $(-r'''_A) = -\dfrac{1}{V_P}\dfrac{dn_A}{dt}$。

④ 以单位催化剂床层体积为基准，在模型法设计计算中，一般假定催化剂床层组成是均匀的，故气相反应物消失速率与床层体积成正比。即单位时间内，单位床层体积所能转化组分 A 的物质的量。如 V_R 为床层体积，则有：$(-r''''_A) = -\dfrac{1}{V_R}\dfrac{dn_A}{dt}$。此反应速率式用于反应器设计计算，可以直接求得反应器有效床层体积。

对于同一个气固相反应过程，选用不同基准的反应速率表达式，其数值大小与量纲是各不相同的。它们之间的相互换算关系为：

$$W(-r'_A) = S(-r''_A) = V_P(-r'''_A) = V_R(-r''''_A)$$

固体催化剂大多用导热性能不良的氧化物(如氧化铝、氧化硅等)、碳化硅等作为载体。无数的载体颗粒连结在一起构成一定几何形状的多孔颗粒，如球形、圆柱形、片形、拉西环形等。颗粒内部的气体扩散通道，称之为微孔。颗粒内微孔提供了相当大的内表面积。在载体颗粒的内外表面上涂布具有催化活性的组分，称为活性组分。

发生气固相催化反应时，气相反应物需经历以下各步过程后方能转变为产物，见图 6-2-1。

① 外扩散：气相反应物 A 从气相主体通过气膜扩散到达固体催化剂的外表面。

② 内扩散：反应物 A 沿着微孔向催化剂内部扩散，到达颗粒的内表面。

③ 吸附：反应物 A 在微孔表面被吸附，成为活化分子。

④ 表面反应：活化分子之间或活化分子与气相反应物之间发生化学反应，生成吸附态反应产物 P。这类反应必须借助于催化剂内外表面的催化活性点才能发生。

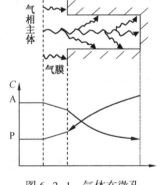

图 6-2-1　气体在微孔中的扩散

⑤ 脱附：反应生成的吸附态产物 P 从固体表面脱附而进入催化剂颗粒内的微孔。

⑥ 内扩散：反应产物 P 沿着颗粒内微孔通道从内部向颗粒外表面扩散。

⑦ 外扩散：到达颗粒外表面的反应产物 P 通过气膜扩散而进入气相主体。

其中外扩散、内扩散是物理过程，而吸附、脱附和表面反应则是化学过程，又称为动力学过程或表面过程。以上七个步骤是前后串联的。

外扩散→内扩散→吸附→表面反应→脱附→内扩散→外扩散
表面过程

因此在非均相反应中，反应物消失的速率不仅与化学反应本身有关，而且与反应物及产物的扩散速率有关。如果消除了传递过程阻力，此时的反应速率称为本征反应速率，是在一定的温度、浓度条件下反应速率所能达到的最大值。如果受到物质传递阻力的影响，非均相反应实际达到的反应速率称为宏观反应速率。显然，设计计算非均相反应器时应该用宏观反应速率。

在这七个步骤中，速率特别慢的一步称为控制步骤。这一步的速率就决定了实际反应所达到的速率。在非均相反应过程中的动力学研究和设计计算中，用控制步骤的速率代表宏观反应速率是常用的做法。

如果在串联的七个步骤中，控制步骤是一个扩散过程，则称为扩散控制，又称传质控制。如果控制步骤是吸附、表面反应或脱附，则称为动力学控制。动力学控制又可分为吸附控制、表面反应控制和脱附控制。

如果串联的七个步骤速率相当，同属一个数量级，则没有控制步骤。这时应综合考虑传递和反应对宏观速率的影响。但是在大多数情况下，用控制步骤的方法来分析解决非均相反应问题是适宜的。

在气固相催化反应中，本征反应速率的形式主要有双曲型和幂数型两类。双曲型方程的一般形式为 $(-r'_A) = \dfrac{K_i p_i^\alpha - K_j p_j^\beta}{(1 + K_i p_i)^n}$，其中 K_i 为有关组分的吸附平衡常数，p_i 为组分在气相中的分压，n 为发生反应的活性点的个数。双曲型方程可以在一定程度上反映气固相催化反应的机理，在气固相反应动力学研究中应用较多。

幂数型速率方程的形式与均相反应速率式相似，其一般形式为 $(-r'_A) = k' p_A^\alpha p_B^\beta \cdots$，便于进行数学处理和计算机运算。同一套动力学数据可以处理成不同的方程形式，其精确程度也差不多。用于固定床的催化剂通常为直径几毫米的圆柱形或球形颗粒。气体分子从颗粒外表面向微孔内部扩散过程中有阻力，使微孔内外存在浓度梯度。微孔内部反应物分压较低，表面吸附量减小，活化分子浓度降低，反应速率相应变小。因此在等温催化剂颗粒中，微孔内部的催化活性常得不到充分发挥和利用，使得以单位质量催化剂计算的宏观反应速率比本征反应速率低。这两种反应速率的比值称为有效系数，又称内表面利用系数，以 η 表示：

$$\eta = \frac{宏观反应速率}{本征反应速率}$$

因为本征速率代表了化学反应体系本身的固有特征，与反应器设备条件无关，所以在进行动力学实验时，一般希望采取措施排除传递阻力而得到本征速率方程，然后用有效系数 η 关联得到宏观速率方程，用于反应器设计计算中：

$$r'_{宏观} = \eta \cdot r'_{本征}$$

有效系数 η 的影响因素较多。当反应物浓度高，反应温度高，催化剂颗粒直径大时，催化剂颗粒微孔内外的浓度梯度也就较大，使有效系数降低。有效系数的大小，实质上反映了催化剂颗粒内部热、质传递综合结果对宏观反应速率的影响程度。计算有效系数 η 的过程比较复杂，其基本思路为：

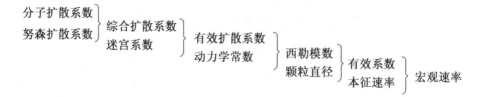

由以上分析可以看出，等温催化剂的有效系数总不会大于1。对于放热的气固相催化反应，颗粒内部温度高于外表面温度，其影响可能会超过由于扩散阻力造成的微孔内部浓度下降的影响，此时有效系数就可能会大于1。

催化剂颗粒的内扩散阻力影响微孔内部的反应速率，而且也会影响复杂反应的选择性。如果反应的目的产物会发生二次反应，则内扩散阻力总是降低反应的选择性。对于平行反应，反应选择性的变化决定于主副反应级数的高低。

如果有必要减少催化剂颗粒的内扩散阻力，则可以采用减小颗粒直径，扩大微孔直径等方法。也可以仅在载体颗粒外表面喷涂活性组分，制成薄壳型催化剂从而缩短内扩散途径。

6.3 固定床催化反应器

反应气体从上向下流经固定不动的催化剂颗粒床层而进行化学反应的装置，称为固定床反应器。这类反应器在石油化工和有机化工生产中得到十分广泛的使用，在大规模的无机化学工业中也有许多应用。例如用氧化铁催化剂催化 N_2 和 H_2 反应生成 NH_3 的合成氨工业，对解决世界粮食生产问题起着至关重要的作用。乙烯与氧气在银催化剂存在下发生部分氧化反应生成的环氧乙烷是现代化学工业的重要原料之一。类似的例子很多。可见固定床催化反应器在化学工业中占有重要地位，对于国计民生也有重大影响。

固定床催化反应器的形式多种多样，如果按床层与外界的传热方式分类，可有以下三类：

1. 绝热式反应器

反应器外壳包裹绝热保温层，使催化剂床层与外界没有热量交换。由于床层中不必有传热元件，其结构简单，催化剂装填量大。床层横截面温度均匀，故常优先考虑采用。但绝热式反应器只适用于热效应不大的反应。对于热效应稍大而又希望采用绝热式反应器的情况，常把催化剂床层分成几层，层与层之间用间接冷却或用原料气冷激，以控制反应温度在一定的范围内，见图6-3-1、图6-3-2。图6-3-1中(a)、(b)为间接换热式，(c)为冷激换热式。

2. 对外换热式反应器

当反应的热效应较大而不宜再采用绝热式反应器时，常用对外换热式固定床反应器。这类反应器大多类似于列管式换热器，故又称为列管式固定床反应器。催化剂装在列管中，而传热介质则在壳程中流动，将床层反应放出的热量移走，见图6-3-3。

传热介质的选用根据反应的温度范围决定，其温度与催化床的温差宜小，但又必须移走大量的热，常用的传热介质有：

① 沸腾水，温度范围100~300℃。由于水发生相变，故传热系数大。而且水蒸气的温度与压力成一一对应关系，可由压力表读数方便地了解反应温度的变化。用沸腾水作传热介质时需注意水质处理，脱除水中溶解的氧。

② 联苯醚、烷基萘等有机液态传热介质，其黏度低，无腐蚀，无相变，可适用于200~350℃温度范围内。

③ 反应温度在300℃以上时，常用熔盐作热载体。熔盐由 KNO_3、$NaNO_3$、$NaNO_2$ 按一定比例组成，在一定温度时呈熔融液体，挥发性很小。但高温下渗透性强，有较强的氧化性。

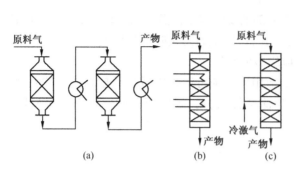

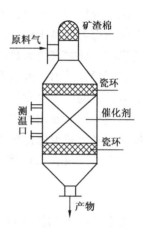

图 6-3-1　多段绝热式反应器　　　　　　　图 6-3-2　绝热式反应器

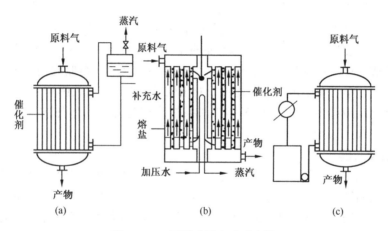

图 6-3-3　列管式固定床反应器

列管式固定床反应器具有良好的传热性能，单位床层体积具有较大的传热面积，可用于热效应中等或稍大的反应过程。反应器由成千上万根"单管"组成。一根单管的反应性能可以代表整个反应器的反应效果，因而放大设计较有把握，在实际生产中应用比较广泛。

3. 自热式反应器

这类反应器用反应放出的热量预热新鲜进料，达到热量自给和平衡，其设备紧凑，可用于高压反应体系。但其结构较复杂，操作弹性较小，启动反应时常用电加热。

对于某些有特别要求的气固相催化反应过程，也用径向反应器和移动床反应器。在径向反应器的轴心处有一径向气体分布器，气体从分布器流出，沿径向通过床层，使气体流动距离减小，压降变小，故可以用粒径较小的催化剂，有利于提高催化剂的有效系数，见图 6-3-4。在移动床反应器中，催化剂床层不断缓慢地移动，使失去活性的催化剂排出至反应器外面，同时添加新催化剂，这样就可以使用寿命不很长的催化剂了，见图 6-3-5。

气固相催化反应器是用数学模型法设计计算最成功的实例之一。常用的数学模型有拟均相一维和拟均相二维模型。也有用非均相一维或二维模型的。所谓拟均相就是把本来含有气相反应物和固相催化剂的非均相床层，看成是均匀连续的一相，而不计颗粒与流体之间的温度差、浓度差。在一维模型中，只考虑沿着气体流动方向（轴向）的温度与浓度变化，而与流动方向相垂直的截面上用一个平均值来代表。在二维模型中，则既考虑轴向也考虑径向的温度与浓度分布。用非均相模型时，需要考虑颗粒与流体之间的传热与传质，因此比较复杂。

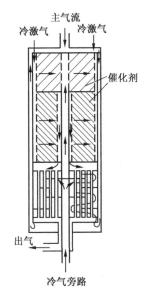

图 6-3-4　径向反应塔示意图

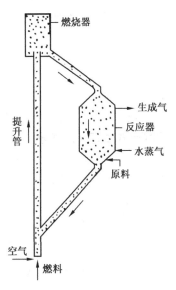

图 6-3-5　移动床示意图

当反应速度很快，必须计算流体与催化剂颗粒表面的传热传质阻力时，用拟均相模型就会有较大误差，故最好用非均相模型。但是这种例子比较少见，多数情况下可以用拟均相模型法处理。

6.3.1　等温与绝热式固定床反应器

如果气固相催化反应的热效应很小，且单位床层体积具有较大的传热面积，反应的转化率又不高，则可以近似作为等温反应器处理，而使计算过程大大简化。对于绝热式固定床反应器，床层与外界没有热量交换，在气体流动为平推流的假定之下，可知在同一截面上各点的温度浓度均相等。在这两类反应器中，都不涉及沿着径向的传热问题，加上这类反应的速率不快，颗粒与流体间温度与浓度差别较小，故都可适用较简单的拟均相一维模型法。

用模型法设计固定床反应器的主要任务是计算满足一定的产量和转化率要求的催化剂质量和催化剂床层体积；选定合理的反应器结构形式和操作参数；并考虑反应器的操作弹性和稳定性。

1. 等温固定床反应器

在等温式固定床反应器中，床层温度近似看作不变，因此气固相催化反应的速率常数不变，反应速度只与反应浓度或其转化率有关，其设计方法与等温平推流反应器相类似。

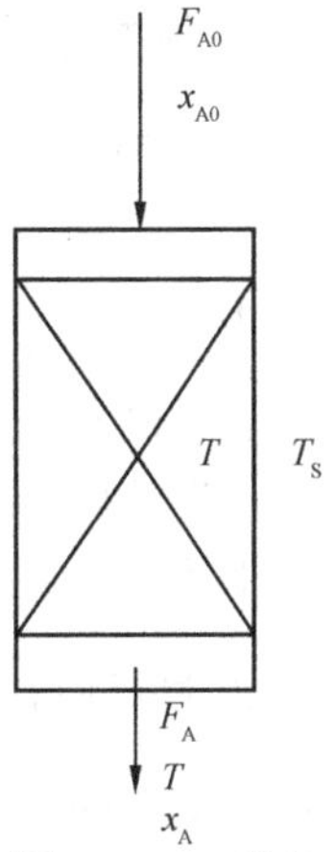

如图 6-3-6 所示，设等温固定床反应器床层温度 T 为一不变值，入口处气相着眼组分 A 的摩尔流量为 F_{A0}，起始转化率 $x_{A0}=0$，反应速度 $(-r'_A)$ 是转化率 x_A 的函数，由定义

图 6-3-6　积分
反应器示意图

$$(-r'_A) = -\frac{1}{W}\frac{dn_A}{dt} = \frac{n_{A0}}{W}\frac{dx_A}{dt} \qquad (6-3-1)$$

反应达定态后，作床层微段中催化剂的物料衡算，有：

$$(-r'_A)dW = (-r'_A)S \cdot dl \cdot \rho_B = F_{A0}dx_A \qquad (6-3-2)$$

式中，dW 为 dl 微段中催化剂的质量，S 为床层的截面积，ρ_B 为床层的堆密度。沿床层积分之，得：

$$\frac{W}{F_{A0}} = \int_0^W \frac{dW}{F_{A0}} = \int_0^{x_A} \frac{dx_A}{(-r'_A)} \qquad (6-3-3)$$

只要有了反应速度 $(-r'_A) = f(x_A)$ 的函数或者 $(-r'_A) \sim x_A$ 的对应数值，就可以用积分法求得所需的催化剂的质量，然后利用 $W = S \cdot L \cdot \rho_B$ 的关系，求得催化剂固定床层高度 L。

2. 单层绝热式固定床反应器

绝热式固定床反应器有单层与多层两种，先讨论简单的单层床设计。

绝热反应时，化学反应放出的热量，全部用来加热反应气体和床层本身。反应达到定常态以后床层的温度不再变化，反应放出的热量全部用于气体升温。所以当进料状态一定时，反应温度和转化率成一一对应的关系。

反应达到定常态以后，可列出固定床微层高度内物料衡算与热量衡算如下：

$$\begin{cases} F_{A0}dx_A = (-r'_A)dW = (-r'_A) \cdot \dfrac{\pi}{4}d_t^2 dl \cdot \rho_B & (6-3-4) \\[2mm] F_t \overline{C_P} dT = F_{A0}dx_A(-\Delta H_A) & (6-3-5) \end{cases}$$

式中 $F_t\overline{C_P}$ 近似为一常数。如不计热效应随温度转化率的变化，则由式(6-3-5)可得：

$$T - T_0 = \int_{T_0}^T dT = \frac{F_{A0}(-\Delta H_A)}{F_t \overline{C_P}} \int_0^{x_A} dx_A = \lambda \cdot \Delta x_A \qquad (6-3-6)$$

式中　$\lambda = \dfrac{F_{A0}(-\Delta H_A)}{F_t \overline{C_P}} = \dfrac{F_{A0}(-\Delta H_A)}{F_{t0} \overline{C_{P0}}} = \dfrac{y_{A0}(-\Delta H_A)}{\overline{C_{P0}}}$ 称为绝热温升。

求解单层绝热式固定床的步骤为：

① 已知进料状态参数 T_0、x_{A0}、F_{A0} 及物性参数 $\overline{C_P}$，反应热效应 $(-\Delta H_A)$，以及反应速率表达式 $(-r'_A) = f(T, x_A)$；

② 根据热量衡算式(6-3-5)，计算与 x_{Ai} 相应的温度 T_i 值；

③ 对应的 T_i，x_{Ai} 值代入反应速率式 $(-r'_A)_i = f(T_i, x_{Ai})$，得到 $\dfrac{1}{(-r'_A)_i} \sim x_{Ai}$ 的对应值；

④ 作出 $\dfrac{1}{(-r'_A)} \sim x_A$ 曲线，求出 $\displaystyle\int_0^{x_A} \frac{dx_A}{(-r'_A)} = \frac{W}{F_{A0}} = \frac{L \cdot S \cdot \rho_B}{F_{A0}}$。

如果没有 $(-r'_A) = f(T, x_A)$ 的表达式，而只有 $(-r'_A) \sim T$，x_A 的对应数值，则可以用图解法设计单层绝热床，如图6-3-7所示，以可逆放热反应为例，图解过程为：

① 作出 x_A-T 图中的一组等 r 线。

② 过反应初始状态点 (T_0, x_{A0})，以 $\dfrac{1}{\lambda}$ 为斜率作直线，与各等 r 线相交于一系列点，读取这些交点的 $(-r'_A) \sim x_A$ 对应值。

③ 将 $(-r'_A) \sim x_A$ 对应值变换成 $\dfrac{1}{(-r'_A)} \sim x_A$ 对应值，作出 $\dfrac{1}{(-r'_A)} \sim x_A$ 曲线。该曲线下介

98

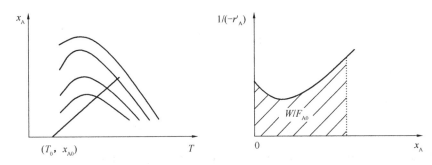

图 6-3-7　图解法设计固定床反应器

于 $0 \sim x_A$ 之间的面积大小即为 $\displaystyle\int_0^{x_A} \frac{\mathrm{d}x_A}{(-r'_A)} = \frac{W}{F_{A0}}$。

④ 由 $W = L \cdot S \cdot \rho_B$ 求得床层高度 L。

【例 6-3-1】 SO_2 的绝热床催化氧化反应

$$SO_2 + 1/2 O_2 \underset{k_2}{\overset{k_1}{\rightleftharpoons}} SO_3$$
$$(\text{A}) \quad (\text{B}) \qquad (\text{C})$$

宏观反应速度 　 $(-r'_A) = \dfrac{k_1 p_A p_B - k_2 p_C p_B^{1/2}}{p_A^{1/2}} [\,\mathrm{mol/(s \cdot g)}\,]$

$$k_1 = \exp\left(12.07 - \frac{129000}{RT}\right) [\,\mathrm{mol/(s \cdot g \cdot atm^{3/2})}\,]$$

$k_2 = \exp\left(22.75 - \dfrac{224000}{RT}\right) [\,\mathrm{mol/(s \cdot g \cdot atm)}\,]$，其中 $R = 8.314\,\mathrm{J/(mol \cdot K)}$

进料气体组成(摩尔分率)为 A 占 8%，B 占 13%，惰性组分 I 占 79%，总压 $p_t = 1\,\mathrm{atm}$ 保持不变，进料温度 $T_0 = 370\,℃$，出口处温度 $T = 560\,℃$。反应气体平均热容 $\bar{C}_P = 1.045\,\mathrm{J/(g \cdot ℃)}$，反应热 $(-\Delta H_A) = 103.08 - 8.34 \times 10^{-3} T\,(\mathrm{kJ/mol})$。催化剂床层堆密度 $\rho_B = 600\,\mathrm{kg/m^3}$，反应器直径 $d_t = 1.825\,\mathrm{m}$，进料总摩尔流量 $F_{t0} = 243\,\mathrm{kmol/h}$。求所需催化剂床层高度 L。

解：(1)求 p_A，p_B，p_C 与 x_A 的关系

由反应的计量式，$\delta_A = -0.5$，$y_{A0} = 0.08$，故 $\varepsilon_A = -0.04$。

$$p_A = y_A \cdot p_t = \frac{F_A}{F_t} \cdot 1 = \frac{F_{A0}(1 - x_A)}{F_{t0}(1 + \delta_A y_{A0} x_A)} = y_{A0} \frac{1 - x_A}{1 - 0.04 x_A} = \frac{2 - 2x_A}{25 - x_A}$$

$$p_B = y_B \cdot p_t = \frac{F_B}{F_t} \cdot 1 = \frac{F_{B0} - 1/2 F_{A0} x_A}{F_{t0}(1 + \delta_A y_{A0} x_A)} = \frac{0.13 - 0.04 x_A}{1 - 0.04 x_A} = \frac{3.25 - x_A}{25 - x_A}$$

$$p_C = y_C \cdot p_t = \frac{F_C}{F_t} \cdot 1 = \frac{F_{A0} x_A}{F_{t0}(1 + \delta_A y_{A0} x_A)} = \frac{0.08 x_A}{1 - 0.04 x_A} = \frac{2 x_A}{25 - x_A}$$

(2) 求 $\dfrac{1}{(-r'_A)}$

$$\frac{1}{(-r'_A)} = \frac{p_A^{1/2}}{k_1 p_A p_B - k_2 p_C p_B^{1/2}} = \frac{1}{k_1 p_A^{1/2} p_B - k_2 p_C \left(\dfrac{p_B}{p_A}\right)^{1/2}}$$

$$= \left[k_1 \frac{(2 - 2x_A)^{1/2} \cdot (3.25 - x_A)}{(25 - x_A)^{3/2}} - k_2 \frac{2 x_A}{(25 - x_A)} \cdot \left(\frac{3.25 - x_A}{2 - 2x_A}\right)^{1/2} \right]^{-1}$$

其中
$$k_1 = e^{12.07} \cdot \exp\left(-\frac{129000}{8.314 \times T}\right) = 1.746 \times 10^5 \exp\left(-\frac{15516}{T}\right)$$

$$k_2 = e^{22.75} \cdot \exp\left(-\frac{224000}{8.314 \times T}\right) = 7.589 \times 10^9 \exp\left(-\frac{26943}{T}\right)$$

（3）物料衡算

$$F_{A0} dx_A = \frac{\pi}{4} d_t^2 \cdot \rho_B (-r_A') \cdot dl$$

$$243 \times 0.08 \times 1000 dx_A = 0.785 \times 1.825^2 \times 600 \times 1000 \times 3600 \cdot (-r_A') \cdot dl$$

$$dl = 3.442 \times 10^{-6} \frac{dx_A}{(-r_A')}$$

（4）热量衡算

$$F_t (\overline{MC_P}) dT = F_{A0} dx_A (-\Delta H_A)$$

式中，平均分子量 $\overline{M} = 0.08 \times 64 + 0.13 \times 32 + 0.79 \times 28 = 31.4$

$$243 \times 31.4 \times 1.045 dT = 243 \times 0.08 dx_A (103.08 - 8.34 \times 10^{-3} T) \times 1000$$

$$dT = 0.0203(12360 - T) dx_A$$

$$\int_{T_0}^{T} dT/(12360 - T) = 0.0203 \int_{x_{A0}}^{x_A} dx_A, \quad \text{其中 } T_0 = 643K$$

解得 $T = 12360 - 11717 \exp(-0.0203 x_A)$

（5）把微分变为差分式，得联立方程组：

$$\begin{cases} T = 12360 - 11717 \exp(-0.0203 x_A) \\[2mm] k_1 = 1.746 \times 10^5 \exp\left(-\frac{15516}{T}\right) \\[2mm] k_2 = 7.589 \times 10^9 \exp\left(-\frac{26943}{T}\right) \\[2mm] (-r_A') = k_1 \dfrac{(2-2x_A)^{1/2} \cdot (3.25 - x_A)}{(25 - x_A)^{3/2}} - k_2 \cdot \dfrac{2x_A}{(25 - x_A)} \cdot \left(\dfrac{3.25 - x_A}{2 - 2x_A}\right)^{1/2} \\[3mm] (-\bar{r}_A')_i = \dfrac{(-r_A')_i + (-r_A')_{i+1}}{2} \\[3mm] \Delta l = 3.442 \times 10^{-6} \cdot \dfrac{1}{(-\bar{r}_A')_i} \cdot \Delta x_A \end{cases}$$

取 Δx_A 步长为 0.001，打印步长取 0.05，可在计算机上算得：

x_A	0	0.05	0.1	0.15	0.2	0.25	0.30	0.35	0.4
T/K	643	654.9	666.8	678.6	690.5	702.3	714.1	726.0	737.8
l/m	0	0.665	1.153	1.425	1.6422	1.7966	1.9082	1.9904	2.0518

x_A	0.45	0.50	0.55	0.60	0.65	0.70	0.75	0.80	0.806
T/K	749.5	767.3	773.1	784.8	796.6	808.3	820.0	831.7	833.15
l/m	2.0986	2.1349	2.1636	2.1870	2.2067	2.2242	2.2409	2.2602	2.2632

3. 多层绝热式固定床反应器的计算和优化

在绝热反应条件下，把催化剂床层分为几层，层间给反应气体换热以调整其温度在合适的范围内。下面以可逆放热反应为例，讨论多层绝热床的设计和优化。

在可逆放热反应中，对应于某一转化率，有一个使反应速度为最大的反应温度，称为最佳温度。如果把绝热床层分成几层，使每一层都在很靠近最佳温度的条件下反应，则完成一定的生产任务所需要的催化剂量或床层体积就趋于最小。但由于层间有换热装置，分层越多，设备就越复杂，投资也越大，故工业绝热式反应器都不超过4层。

多层绝热式固定床可逐段求得所需的催化剂量 W_i，再求得催化剂总需要量。其计算的思路及所用计算公式与单层绝热床层一致。

多层绝热床层的优化设计，就是要在一定的初始反应条件下，确定各层的出口转化率和温度，使得所用的催化剂总量为最少。下面讨论层间间接冷却的多层绝热床进行可逆放热反应的优化设计问题。

在层间间接冷却的多层绝热床中，上一层出口处的反应物转化率与下一层进口处相同，但两者温度不同，每一层绝热床层都符合单层绝热床的计算公式。设第 i 层的出口转化率为 x_{A_i}，出口处温度为 T_i，则可以得到：

$$Z_i = \frac{W_i}{F_{A0}} = \int_{x_{A_{i-1}}}^{x_{A_i}} \frac{dx_A}{(-r'_A)_i}$$

$$Z_{i+1} = \frac{W_{i+1}}{F_{A0}} = \int_{x_{A_i}}^{x_{A_{i+1}}} \frac{dx_A}{(-r'_A)_{i+1}} \qquad (6-3-7)$$

多层绝热床所需催化剂总量是各层催化剂量之和

$$Z = \frac{W}{F_{A0}} = \sum Z_i = \sum \int_{x_{A_{i-1}}}^{x_{A_i}} \frac{dx_A}{(-r'_A)_i} \qquad (6-3-8)$$

式中 $(-r'_A)_i = k_0 \exp\left\{-\dfrac{E}{R[T_{i,0} + \lambda(x_A - x_{A_{i-1}})]}\right\} C_A^n$，其中第 i 段入口温度 $T_{i,0}$ 及入口转化率 $x_{A_{i-1}}$ 是逐段不同的。故 $(-r'_A)$ 表达式各层均不相同。为使催化剂总需要量 W 为最小，可令 Z 对 i 层的出口温度 T_i 及出口转化率 x_{A_i} 分别求偏微分并令其为 0。

（1）改变第 i 层出口转化率 x_{A_i}（下标 A 略去，如图 6-3-8 所示）

令
$$\frac{\partial Z}{\partial x_i} = 0$$

即
$$\frac{\partial}{\partial x_i} \sum \int_{x_{i-1}}^{x_i} \frac{dx}{(-r'_A)_i} = \frac{\partial}{\partial x_i} \int_{x_0}^{x_1} \frac{dx}{(-r')_1} + \frac{\partial}{\partial x_i} \int_{x_1}^{x_2} \frac{dx}{(-r')_2} + \cdots \frac{\partial}{\partial x_i} \int_{x_{i-1}}^{x_i} \frac{dx}{(-r')_i} +$$
$$\frac{\partial}{\partial x_i} \int_{x_i}^{x_{i+1}} \frac{dx}{(-r')_{i+1}} + \frac{\partial}{\partial x_i} \int_{x_{i+1}}^{x_{i+2}} \frac{dx}{(-r')_{i+2}} + \cdots = 0$$

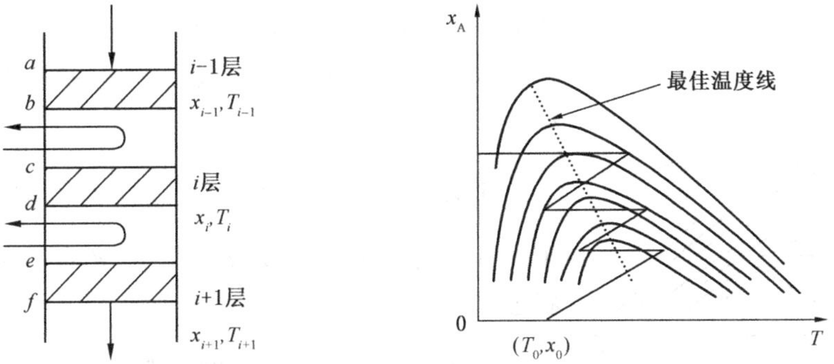

图 6-3-8　间接冷却式多段绝热床优化设计示意图

其中与 x_i 有关的仅两项，故其余各项 x_i 求偏微分均为零，即：

$$\frac{\partial Z}{\partial x_i} = \frac{\partial}{\partial x_i} \int_{x_{i-1}}^{x_i} \frac{\mathrm{d}x}{(-r')_i} + \frac{\partial}{\partial x_i} \int_{x_i}^{x_{i+1}} \frac{\mathrm{d}x}{(-r')_{i+1}} = \frac{\partial}{\partial x_i} \left[\int_{x_{i-1}}^{x_i} \frac{\mathrm{d}x}{(-r')_i} - \int_{x_{i+1}}^{x_i} \frac{\mathrm{d}x}{(-r')_{i+1}} \right] = 0$$

$$(6-3-9)$$

根据牛顿-莱布尼兹公式预备定理，"对积分上限函数求导，等于被积函数本身"，可得：

$$\frac{1}{(-r')_i} \bigg|_{x_i} = \frac{1}{(-r')_{i+1}} \bigg|_{x_i} \qquad (6-3-10)$$

上式表示，应使第 i 层出口处的反应速率与第 $i+1$ 层进口处的反应速率相等。在 x_A-T 图上，层间冷却水平线应与同一条等 r 线相交。

（2）改变第 i 层出口温度 T_i

类似上面的分析，改变第 i 层出口温度 T_i，只对 i 层有影响，而对其余各层均无影响。当 i 层出口转化率 x_i 由上面的计算确定后，T_i 实质上是由第 i 层进口温度 $T_{0,i}$ 及绝热温升 λ_i 确定。

令

$$\frac{\partial Z}{\partial T_i} = \frac{\partial}{\partial T_i} \sum \int_{x_{i-1}}^{x_i} \frac{\mathrm{d}x}{(-r')_i} = \frac{\partial}{\partial T_i} \int_{x_{i-1}}^{x_i} \frac{\mathrm{d}x}{(-r')_i} = \int_{x_{i-1}}^{x_i} \left[\frac{\partial \frac{1}{(-r')_i}}{\partial T_i} \right]_{x_i} \mathrm{d}x = 0$$

$$(6-3-11)$$

根据积分中值定理

$$\int_{x_{i-1}}^{x_i} \left[\frac{\partial \frac{1}{(-r')_i}}{\partial T_i} \right]_{x_i} \mathrm{d}x = (x_i - x_{i-1}) \left[\frac{\partial \frac{1}{(-r')_i}}{\partial T_i} \right]_{x_{opt}} = 0 \qquad (6-3-12)$$

$$x_{opt} = x_{i-1} + \theta(x_i - x_{i-1}) \qquad (6-3-13)$$

可见 x_{opt} 介于 x_{i-1} 与 x_i 之间。这表示在第 i 层的进、出口之间必有一截面是处于最佳温度下，该点的转化率为 x_{opt}。

由上面的分析结果可知，为使多层绝热床催化剂总量为最小，应使每一层的进出口状态位于最佳温度线两侧，两层之间间接冷却的结果应使下一层进口处的反应速率与上一层出口处的反应速度相同。

如图 6-3-9 所示，用图解法对多层绝热床作优化设计可按下列步骤进行：

① 在 x_A-T 图上，过进料状态点 $a(T_0, x_0)$，以 $\frac{1}{\lambda_1}$ 为斜率作直线，穿过最佳温度线，落于平行线（$r=0$）内侧某一点 $b(T_b, x_b)$；

② 过 b 点作 T 轴平行线，交同一等 r 线于 c 点（T_c，x_c）；

③ 过 c 点以 $\frac{1}{\lambda_2}$ 为斜率作直线，穿过最佳温度线，落于平行线内侧某一点 $d(T_d, x_d)$，d 点为第二层的出口状态；

④ 对以下各层，按相同步骤作冷却水平线和以 $\frac{1}{\lambda_i}$ 为斜率作操作线，直至达到预定的转化率。

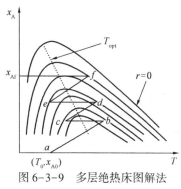

图 6-3-9 多层绝热床图解法
优化设计步骤

（3）由每层入口状态确定其出口状态

根据上述图解法，每一层的出口状态点必介于最佳温度线与平行线之间，确定图中 b，d，f 等点的具体位置可按以下方法进行；

由式（6-3-11）

$$\int_{x_{i-1}}^{x_i}\left[\frac{\partial\dfrac{1}{(-r')_i}}{\partial T_i}\right]_x \mathrm{d}x = \int_{x_{i-1}}^{x_{\text{opt}}}\left[\frac{\partial\dfrac{1}{(-r')_i}}{\partial T_i}\right]_x \mathrm{d}x + \int_{x_{\text{opt}}}^{x_i}\left[\frac{\partial\dfrac{1}{(-r')_i}}{\partial T_i}\right]_x \mathrm{d}x = 0$$

$$(6-3-14)$$

式（6-3-14）中第一项为负，第二项为正。可以作

出 $\left[\dfrac{\partial\dfrac{1}{(-r')_i}}{\partial T_i}\right]_x \sim x$ 曲线，如图 6-3-10 所示。此

曲线与 $\left[\dfrac{\partial\dfrac{1}{(-r')_i}}{\partial T_i}\right]_x = 0$ 的水平线的交点对应 x_{opt}，

在该点右侧确定一根垂直线，使得图中右侧的阴影面积与左侧的阴影面积相等，则此垂直线所对应的 x_i 就是第 i 层适宜的出口转化率，可使催化剂总量为最小。

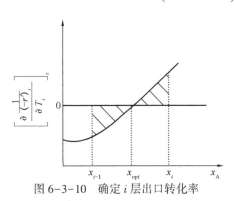

图 6-3-10　确定 i 层出口转化率

6.3.2 列管式固定床反应器设计

与绝热式固定床反应器相比，列管式反应器能够对外换热，便于控制反应温度，使反应达到较高的转化率，因而适应性较强，应用比较广泛。

为了增大单位床层体积所具有的传热面积，一般列管式固定床反应器有成千上万根列管并联联结。各列管的操作参数和床层的温度、浓度分布接近。因此只要根据反应条件计算出一根列管的床层温度与浓度分布，确定其所需床层高度和催化剂装填料量，就可求得整个反应器所需催化剂量，并确定其合适的操作参数，核算传热介质的流量。

1. 拟均相一维模型法

如果气固相催化反应的热效应不大，反应管直径较小，气体流速快，则可以用较简单的拟均相一维模型法计算单根列管的床层轴向温度与浓度分布。

在拟均相一维模型法中，床层同一截面上的温度用一平均值 T_{m} 表示，以这一平均温度与管内壁温度 T_{w} 之差定义的给热系数 h_0，称为床对壁总括给热系数。

$$q = h_0 S(T_{\text{m}} - T_{\text{w}})$$

h_0 相对于空管传热过程中的管内壁给热系数，是床层内对流、传导与辐射三种传热的综合，其数值比相同空管流速下的管内壁给热系数大得多，关联 h_0 值的经验公式有许多，其中比较简单的是 Leva 公式。

当床层被加热时（吸热反应），

$$\frac{h_0 d_t}{\lambda_g} = 0.813\left(\frac{d_p G}{\mu}\right)^{0.9}\exp\left(-6\frac{d_p}{d_t}\right) \qquad (6-3-15)$$

当床层被冷却时（放热反应），

$$\frac{h_0 d_t}{\lambda_g} = 3.5\left(\frac{d_p G}{\mu}\right)^{0.7}\exp\left(-4.6\frac{d_p}{d_t}\right) \qquad (6-3-16)$$

式中　d_t——反应管内径，m；

　　　　G——气体质量通量，$kg/(m^2 \cdot s)$；

　　　　μ——气体黏度，$kg/(m \cdot s)$；

　　　　λ_g——气体导热系数，$kJ/(m \cdot s \cdot ℃)$；

　　　　d_p——颗粒直径，m。

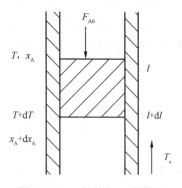

图 6-3-11　拟均相一维模型
法物料与热量衡算示意图

在气固相催化反应达到定常态以后，取床层微元厚度 $\mathrm{d}l$ 作着眼组分 A 的物料衡算与总的热量衡算。

以管内床层截面上平均温度 T_m 与同一截面上管外传热介质温度 T_s 之差定义的总传热系数 U 可用下式计算：

$$\frac{1}{U} = \frac{1}{h_0} + \frac{\delta}{\lambda_s}\frac{D_内}{D_中} + \frac{1}{\alpha_外}\frac{D_内}{D_外} + R_{\alpha1} + R_{\alpha2}$$

$$(6 - 3 - 17)$$

式中，$D_内$、$D_中$、$D_外$ 分别为反应管的内径、中径与外径；δ 为壁厚度，λ_s 为管子的导热系数；$R_{\alpha1}$ 和 $R_{\alpha2}$ 分别为管内壁和外壁的污垢热阻；$\alpha_外$ 为传热介质一侧的流体给热膜系数。如图 6-3-11 所示：

$$\begin{cases} F_{A0}\mathrm{d}x_A = \dfrac{\pi}{4}d_t^2\rho_B(-r'_A)\mathrm{d}l = \mathrm{d}W(-r'_A) & (6-3-18) \\[3mm] F_t\overline{C}_P\mathrm{d}T = \dfrac{\pi}{4}d_t^2\rho_B(-r'_A)(-\Delta H_A)\mathrm{d}l - U \cdot \pi d_t(T - T_s)\mathrm{d}l & (6-3-19) \end{cases}$$

整理得一非线性常数微分方程组：

$$\begin{cases} \dfrac{\mathrm{d}x_A}{\mathrm{d}l} = \dfrac{\pi d_t^2\rho_B}{4F_{A0}}(-r'_A) & (6-3-20) \\[4mm] \dfrac{\mathrm{d}T}{\mathrm{d}l} = \dfrac{1}{F_t\overline{C}_P}\left[\dfrac{\pi}{4}d_t^2\rho_B(-r'_A)(-\Delta H_A) - U\pi d_t(T - T_S)\right] & (6-3-21) \end{cases}$$

此微分方程组可以用数值法求解，得出换热式催化床中轴向的温度分布及浓度分布。因此，由入口及出口转化率及入口温度，便可以确定催化剂床层高度。常用的数值法除改进欧拉法外还有龙格-库塔法等，这里介绍四阶龙格-库塔法求解步骤：

将式(6-3-20)与式(6-3-21)化成有限差分式：

$$\begin{cases} \Delta x_A = \dfrac{\pi d_t^2\rho_B(-r'_A)}{4F_{A0}}\Delta l = f(x_A, \ T, \ l)\Delta l & (6-3-22) \\[4mm] \Delta T = \dfrac{1}{F_t\overline{C}_P}\left[\dfrac{\pi}{4}d_t^2\rho_B(-r'_A)(-\Delta H_A) - U\pi d_t(T - T_S)\right]\Delta l = g(x_A, \ T, \ l)\Delta l \end{cases}$$

$$(6 - 3 - 23)$$

其边界条件为 $l=0$，$x_A = x_{A0}$，$T=T_0$ 以此作为初值，取步长为 Δl，逐点计算：

$$k_1 = f(x_{A0}, T_0, l_0)\Delta l \qquad\qquad h_1 = g(x_{A0}, T_0, l_0)\Delta l$$

$$k_2 = f\left(x_{A0} + \frac{k_1}{2}, T_0 + \frac{h_1}{2}, l_0 + \frac{\Delta l}{2}\right)\Delta l \qquad h_2 = g\left(x_{A0} + \frac{k_1}{2}, T_0 + \frac{h_1}{2}, l_0 + \frac{\Delta l}{2}\right)\Delta l$$

$$k_3 = f\left(x_{A0} + \frac{k_2}{2}, \ T_0 + \frac{h_2}{2}, \ l_0 + \frac{\Delta l}{2}\right)\Delta l \qquad h_3 = g\left(x_{A0} + \frac{k_2}{2}, \ T_0 + \frac{h_2}{2}, \ l_0 + \frac{\Delta l}{2}\right)\Delta l$$

$$k_4 = f(x_{A0} + k_3, \ T_0 + h_3, \ l_0 + \Delta l)\Delta l \qquad h_4 = g(x_{A0} + k_3, \ T_0 + h_3, \ l_0 + \Delta l)\Delta l$$

经过一个步长后的下一点的各变量值为：

$$\begin{cases} x_{A1} = x_{A0} + \dfrac{1}{6}(k_1 + 2k_2 + 2k_3 + k_4) \\[2mm] T_1 = T_0 + \dfrac{1}{6}(h_1 + 2h_2 + 2h_3 + h_4) \\[2mm] l_1 = l_0 + \Delta l \end{cases}$$

再以$(x_{A1}, \ T_1, \ l_1)$为初值，经过相同的步骤依次算得
$(x_{A2}, \ T_2, \ l_2)$，然后依次类推。龙格-库塔法适于用计算
机计算，为使计算结果稳定准确，步长应取得较小。

数值计算的结果将给出一组l-T-x_A对应值。不可逆
放热反应的T-l及x_A-l曲线形状如图6-3-12所示，图中
T-l曲线出现最高点。该点温度称为热点，热点的温度必
须低于反应温器和催化剂所允许的最高温度。否则可能产
生飞温失控，烧坏催化剂和反应器，发生事故。

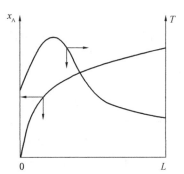

图6-3-12 床层轴向温度
与转化率分布

【例6-3-2】 萘与空气的催化氧化反应在一列管式固
定床反应器中进行

$$C_{10}H_8 + 4\frac{1}{2}O_2 \longrightarrow C_8H_4O_3 + 2H_2O + 2CO_2$$

$$\text{（A）} \qquad \text{（B）} \qquad \text{（R）} \qquad \text{（S）} \qquad \text{（C）}$$

其宏观速率方程为：

$$(-r'_A) = 3.05 \times 10^6 \exp\left(-\frac{14100}{T}\right) p_A^{0.38} \ \text{mol/(h·g)}$$

总压$p_t = 1$atm不变，进料中含A 0.1%（摩尔分率），其余为空气。平均反应热$(-\Delta H_A) =$
20100J/g，气体入口温度$T_0 = 613$K，气体质量通量$G = 1870$kg/(m²·h)，列管内径$d_t =$
0.025m，圆柱形催化剂尺寸为ϕ5mm×5mm，床层堆积密度$\rho_B = 0.8$g/cm³，床层对壁总括给
热系数$h_0 = 10$W/(m²·K)，管内壁温$T_w = 613$K不变。试用拟均相一维模型法计算床层轴向
的温度与浓度分布。

解： 因为进料气体中空气占99.9%，故可作为恒摩尔体系处理，物性参数可取空气之值。

$$p_A = y_A p_t = \frac{F_A}{F_t} p_t = \frac{F_{A0}(1 - x_A)}{F_{t0}} \times 1 = y_{A0}(1 - x_A) = 0.001(1 - x_A)$$

单管的摩尔流量：

$$F_{A0} = F_t \cdot y_{A0} = \frac{1870}{28.9} \times \frac{\pi}{4} \times 0.025^2 \times 0.001 = 3.17 \times 10^{-2} \times 0.001 = 3.17 \times 10^{-5} \ \text{(kmol/h)}$$

查表得空气摩尔热容：$\overline{C}_P = 1.06 \times 28.9 = 30.6 \ [\text{J/(mol·K)}]$

总括给热系数：$h_0 = 10$W/(m²·K) $= 36000$J/(h·m²·K)

宏观反应速度：$(-r'_A) = 3.05 \times 10^6 \times \exp\left(-\dfrac{14100}{T}\right) \times 0.001^{0.38}(1 - x_A)^{0.38}$

$$= 2.21 \times 10^5 \exp\left(-\frac{14100}{T}\right)(1 - x_A)^{0.38}$$

物料衡算式：$F_{A0}dx_A = \dfrac{\pi}{4}d_t^2\rho_B(-r_A')dl$

热量衡算式：$F_t\overline{C}_p dT = \left[\dfrac{\pi}{4}d_t^2\rho_B(-r_A')(-\Delta H_A) - \pi d_t h_0(T - T_w)\right]dl$

代入数据化成差分式，得：

$$\begin{cases} \Delta x_A = 2.736 \times 10^9 \exp\left(-\dfrac{14100}{T}\right)(1 - x_A)^{0.38} \cdot \Delta l \\ \Delta T = \left[2.293 \times 10^{11} \exp\left(-\dfrac{14100}{T}\right)(1 - x_A)^{0.38} - 2.904(T - 613)\right]\Delta l \end{cases}$$

边界条件：$l = 0$，$x_{A0} = 0$，$T_0 = 613K$。

用四阶龙格-库塔法逐步计算床层不同深度 l 处得 x_A、T 值，取计算步长为 0.1m，得到沿床高的轴向温度与转化率的分布值。热点在 $l = 1.2m$ 处，$T = 622.43K$，计算得到如下结果：

l/m	0	0.1	0.2	0.3	0.4	0.5	0.6	0.7	0.8	0.9
T/K	613	615.12	616.83	618.21	619.32	620.20	620.89	621.42	621.82	622.10
x_A	0	0.0290	0.0599	0.0921	0.1254	0.1594	0.1938	0.2285	0.2631	0.2976

l/m	1.0	1.1	1.2	1.3	1.4	1.5
T/K	622.29	622.40	622.43	622.41	622.34	622.23
x_A	0.3317	0.3654	0.3924	0.4308	0.4625	0.4934

2. 拟均相二维模型法

如果列管式固定床反应器的管径较粗，反应的热效应较大，气体流速不很快，则适用拟均相二维模型法。该法在固定床模型设计中应用较为普遍。

拟均相二维模型方法中，将床层中固体催化剂和气体反应物看成均匀连续的一相，忽略轴向的气体扩散与导热量，但要计及径向的气体扩散和导热，其有效扩散系数与有效导热系数分别用 E_r 和 λ_{er} 表示。在靠近管内壁处，床层与壁膜之间的给热系数用 h_w 表示。其中 λ_{er} 和 h_w 是拟均相二维模型计算中十分重要的两个参数，不易直接测定，一般用经验公式估算。可参阅有关文献。

E_r 之值可用下式估计：

$$\dfrac{d_p u_m}{E_r} = 10 \qquad\qquad (6-3-24)$$

其中 u_m 是气体的平均流速。

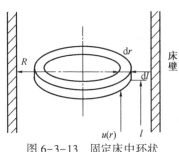

图 6-3-13　固定床中环状微元体积示意图

（1）基础设计方程

如图 6-3-13 所示，在列管中床层高度为 l 处，取一以轴心为中心的环形微元，其高度为 dl，厚度为 dr，此环形体积微元构成 4 个面：

上、下表面的面积	$2\pi r dr$
内表面积	$2\pi r dl$
外侧表面积	$2\pi(r+dr)dl$

当反应达到定常态以后，作此环形体积微元的物料衡算。假设反应气体由下向上流动，则可得到：

下表面进入量 $\qquad 2\pi r \mathrm{d}r u C_A$

上表面出去量 $\qquad 2\pi r \mathrm{d}r u \left(C_A + \dfrac{\partial C_A}{\partial l} \cdot \mathrm{d}l \right)$

内表面进入量 $\qquad 2\pi r \mathrm{d}l \left(-E_r \dfrac{\partial C_A}{\partial r} \right)$，假定组分 A 由轴心向管壁扩散

外侧表面出去量 $\qquad 2\pi (r+\mathrm{d}r)\mathrm{d}l \left[-E_r \dfrac{\partial}{\partial r}\left(C_A + \dfrac{\partial C_A}{\partial r} \times \mathrm{d}r \right) \right]$

环形微元内反应量 $\quad 2\pi r \mathrm{d}r \mathrm{d}l \rho_B (-r'_A)$

反应达定常态时，微元内 A 组分的积累为 0，故有：

$$进入量-出去量=反应量$$

代入上述各项，化简，各项均除以 $2\pi r \mathrm{d}r \mathrm{d}l$，并忽略高阶微分量，得：

$$\frac{\partial C_A}{\partial l} = \frac{E_r}{u}\left(\frac{\partial^2 C_A}{\partial r^2} + \frac{1}{r}\frac{\partial C_A}{\partial r} \right) - \frac{\rho_B}{u}(-r'_A) \qquad (6-3-25)$$

类似地可作此微元内的热量衡算，得到：

$$\frac{\partial T}{\partial l} = \frac{\lambda_{er}}{G\overline{C_P}}\left(\frac{\partial^2 T}{\partial r^2} + \frac{1}{r}\frac{\partial T}{\partial r} \right) + \frac{\rho_B(-\Delta H_A)}{G\overline{C_P}}(-r'_A) \qquad (6-3-26)$$

式(6-3-25)与式(6-3-26)组成二阶偏微分方程组，其各项系数中的量 E_r、u、ρ_B、λ_{er}、G、$\overline{C_P}$、$(-\Delta H_A)$ 等均近似作为常数处理，其边界条件为：

$$l=0,\ 0<r<R,\ C_A=C_{A0},\ T=T_0 \qquad (6-3-27)$$

$$r=0,\ 0<l<L,\ \frac{\partial C_A}{\partial r}=0,\ \frac{\partial T}{\partial r}=0 \qquad (6-3-28)$$

$$r=R,\ 0<l<L,\ \frac{\partial C_A}{\partial r}=0,\ -\lambda_{er}\frac{\partial T}{\partial r}=h_w(T-T_W) \qquad (6-3-29)$$

（2）基础方程的解法

上述非线性偏微分方程组通常化成差分式后用数值法求近似解。差分计算法又可分为显式差分、隐式差分和六点格式法等。这里介绍显式差分法。

如图 6-3-14 所示，把从反应管轴心到管内壁的整个半径长度 R 等分成 M 份，每份长度 $\Delta r = R/M$，从轴心处开始算起，$r=m\cdot\Delta r$；把整个床层高度 L 等分成 N 份，每份的高度 $\Delta l = L/N$。从气体入口端算起，$l=n\Delta l$。

如采用向前差分法，得：

$$\frac{\partial T}{\partial r} \approx \frac{\Delta T}{\Delta r} = \frac{T_{m+1,n}-T_{m,n}}{\Delta r} \qquad (6-3-30)$$

$$\frac{\partial T}{\partial l} \approx \frac{\Delta T}{\Delta l} = \frac{T_{m+1,n}-T_{m,n}}{\Delta l} \qquad (6-3-31)$$

如采用向后差分法，则表示为：

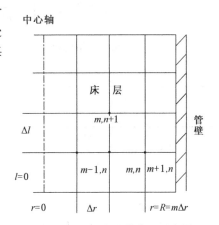

图 6-3-14　显式差分位置示意图

$$\frac{\partial T}{\partial r} \approx \frac{\Delta T}{\Delta r} = \frac{T_{m,n} - T_{m-1,n}}{\Delta r} \qquad (6-3-32)$$

$$\frac{\partial T}{\partial l} \approx \frac{\Delta T}{\Delta l} = \frac{T_{m,n} - T_{m-1,n}}{\Delta l} \qquad (6-3-33)$$

而二阶偏微分可近似表示为：

$$\frac{\partial^2 T}{\partial r^2} \approx \frac{\Delta^2 T}{\Delta r^2} = \frac{\Delta T_{\text{前}} - T_{\text{后}}}{\Delta r^2} = \frac{(T_{m+1,n} - T_{m,n}) - (T_{m,n} - T_{m-1,n})}{(\Delta r)^2}$$

$$= \frac{T_{m+1,n} + T_{m-1,n} - 2T_{m,n}}{(\Delta r)^2} \qquad (6-3-34)$$

相似地

$$\frac{\partial^2 T}{\partial l^2} \approx \frac{(T_{m+1,n} - T_{m,n}) - (T_{m,n} - T_{m-1,n})}{(\Delta l)^2} = \frac{T_{m+1,n} + T_{m-1,n} - 2T_{m,n}}{(\Delta l)^2}$$

$$\frac{\partial^2 C_A}{\partial r^2} \approx \frac{C_{m+1,n} + C_{m-1,n} - 2C_{m,n}}{(\Delta r)^2} \qquad (6-3-35)$$

原偏微分方程组可改写成下面的差分方程组：

$$\frac{\Delta C_A}{\Delta l} = \frac{E_r}{u}\left[\frac{C_{m+1,n} + C_{m-1,n} - 2C_{m,n}}{(\Delta r)^2} + \frac{1}{m \cdot (\Delta r)} \cdot \frac{C_{m+1,n} - C_{m,n}}{(\Delta r)}\right]$$

$$- \frac{\rho_B}{u}(-r'_A)_{\text{av}} \qquad (6-3-36)$$

$$\frac{\Delta T}{\Delta l} = \frac{1}{G\,\overline{C}_P}\left\{\lambda_{\text{er}}\left[\frac{T_{m+1,n} + T_{m-1,n} - 2T_{m,n}}{(\Delta r)^2} + \frac{1}{m \cdot (\Delta r)} \cdot \frac{T_{m+1,n} - T_{m,n}}{(\Delta r)}\right]\right.$$

$$\left. + \rho_B(-\Delta H_A)(-r'_A)_{\text{av}}\right\} \qquad (6-3-37)$$

式(6-3-36)和式(6-3-37)也可以表示成：

$$C_{m,n+1} = C_{m,n} + \left\{\frac{E_r}{(\Delta r)^2}\left[C_{m+1,n} + C_{m-1,n} - 2C_{m,n} + \frac{1}{m}(C_{m+1,n} - C_{m,n})\right]\right.$$

$$\left. - \rho_B(-r'_A)_{\text{av}}\right\}\frac{\Delta l}{u} \qquad (6-3-38)$$

$$T_{m,n+1} = T_{m,n} + \left\{\frac{\lambda_{\text{er}}}{(\Delta r)^2}\left[T_{m+1,n} + T_{m-1,n} - 2T_{m,n} + \frac{1}{m}(T_{m+1,n} - T_{m,n})\right]\right.$$

$$\left. + \rho_B(-\Delta H_A)(-r'_A)_{\text{av}}\right\}\frac{\Delta l}{G\,\overline{C}_P} \qquad (6-3-39)$$

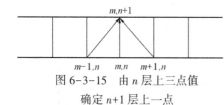

图 6-3-15　由 n 层上三点值
确定 $n+1$ 层上一点

这样就可以由 n 截面上相邻三点的已知 $T_{m-1,n}$，$T_{m,n}$，$T_{m+1,n}$ 来推算第 $n+1$ 截面上一点的 $T_{m,n+1}$ 值，及由 $C_{m-1,n}$，$C_{m,n}$，$C_{m+1,n}$ 三点值求得 $C_{m,n+1}$，如图 6-3-15 所示。

差分式(6-3-38)和式(6-3-39)不适宜用来求算轴心与管壁上的点，这两处的点需要根据基础方程及各自的边界条件，分别导出计算公式来求得。

在中心轴处，因温度 T 与浓度 C_A 都是轴对称分布，故有 $T_{-1,n} = T_{1,n}$，$C_{-1,n} = C_{1,n}$，从而导出：

108

$$C_{0,\,n+1} = C_{0,\,n} + \left\{ \frac{E_r}{(\Delta r)^2} \left[(2C_{1,\,n} - 2C_{0,\,n}) + 2(C_{1,\,n} - C_{0,\,n}) \right] \right.$$

$$\left. - \rho_B(-r'_A)_{av} \right\} \frac{\Delta l}{u} \tag{6-3-40}$$

$$T_{0,\,n+1} = T_{0,\,n} + \left\{ \frac{\lambda_{er}}{(\Delta r)^2} \left[(2T_{1,\,n} - 2T_{0,\,n}) + (2T_{1,\,n} - 2T_{0,\,n}) \right] \right.$$

$$\left. + \rho_B(-\Delta H_A)(-r'_A)_{av} \right\} \frac{\Delta l}{G\,\overline{C_P}} \tag{6-3-41}$$

在管壁处，由 n 截面上相邻两点的已知值 $C_{m-1,n}$ 及 $C_{m,n}$ 求算 $n+1$ 截面上靠壁处第一点的值 $C_{m,n+1}$，以及由 $T_{m-1,n}$ 和 $T_{m,n}$ 求算 $T_{m,n+1}$，其计算公式称管壁式：

$$C_{m,\,n+1} = C_{m,\,n} + \left\{ \frac{E_r}{(\Delta r)^2} \left[2(C_{m-1,\,n} - C_{m,\,n}) + \frac{1}{M}(C_{m-1,\,n} - C_{m,\,n}) \right] \right.$$

$$\left. - \rho_B(-r'_A)_{av} \right\} \frac{\Delta l}{u} \tag{6-3-42}$$

$$T_{m,\,n+1} = T_{m,\,n} + \left\{ \frac{\lambda_{er}}{(\Delta r)^2} \left[2(T_{m-1,\,n} - T_{m,\,n}) + \left(1 + \frac{1}{2M} \right)(T_w - T_M) \right] \right.$$

$$\left. \times \frac{2h_w}{\lambda_{er}}(\Delta r) \right] + \rho_B(-\Delta H_A)(-r'_A)_{av} \right\} \frac{\Delta l}{G\,\overline{C_P}} \tag{6-3-43}$$

由式(6-3-38)至式(6-3-43)，可以由第 n 截面上各已知点的 T，C_A 值，逐点求得 $n+1$ 截面上各点的 T、C_A 值，再求得 $n+2$ 截面上各点的值。

某一截面上的平均温度 T_{av} 及 A 组分平均浓度 C_{av}，可用下式求取：

$$\begin{cases} T_{av} = \int_0^R \frac{C_P G(2\pi r\mathrm{d}r)T}{\pi R^2 G\,\overline{C_P}} = 2\int_0^R \frac{TC_P r\mathrm{d}r}{R^2\,\overline{C_P}} & (6-3-44) \\[3mm] C_{av} = \int_0^R \frac{uC2\pi r\mathrm{d}r}{u\pi R^2} = 2\int_0^R \frac{Cr\mathrm{d}r}{R^2} & (6-3-45) \end{cases}$$

显式差分格式的优点是简便明了，它的缺点是计算结果不稳定，这种不稳定性是由于截断和舍入误差的积累造成的，为了保证计算结果的稳定性，传热膜数 $M_r = \dfrac{GC_P}{\lambda_{er}}\dfrac{(\Delta r)^2}{\Delta l}$ 一般大于 2，才能得到稳定解，这就要求在 (Δr) 取定时，计算的步长 (Δl) 必须满足 $\Delta l \leqslant \dfrac{GC_P}{\lambda_{er}}\dfrac{(\Delta r)^2}{2}$，也就是 Δl 的取值必须很小，计算步数将会很多。

而隐式差分格式的优点在于它是无条件稳定的，即：

$$M_r = \frac{GC_P}{\lambda_{er}}\frac{(\Delta r)^2}{\Delta l} > 0$$

也就是说，Δr、Δl 的取值不受计算方法稳定性的限制，而仅取决于精度要求，因而 Δl 可适当取大一点，计算工作量当然随之下降。不论是隐式差分还是显式差分，他们具有一个共同的缺陷，即在 l 与 r 方向上具有不同的截断误差，因此计算精度不高，实际应用受到限制。

六点格式法与隐式差分格式一样是无条件稳定的，但它又比隐式差分法具有更高的计算精度，在 l、r 两个方向上的截断误差都是二阶的，虽然六点格式法只比隐式差分法多付出了少量的计算工作，却换得了关于 Δl 的误差提高一阶的好处。因此得到广泛应用，具体计算方法可参考有关文献。

6.4 流化床反应器

6.4.1 概述

当流体介质(液体或气体)通过固体颗粒层时，在适当的流速下，床层中的固体颗粒悬浮在流体介质中，进行不规则的激烈的运动，整个床层像开了锅的水一样，具有像液体一样能够自由流动的性质，这种现象称为固体的流态化。

流化过程是怎样进行的？如果在一个底部装有小孔筛板的玻璃筒内放上一些微球催化剂，让流体自下而上地通过固体颗粒层时，可以发现当流体流速较小时固体颗粒静止不动，即为前面章节所讨论的固定床；流速升高到某一数值，床层开始膨胀，床层空隙率开始增加，床高增加，此时处于膨胀床状态；流速再升高，流体与颗粒间的摩擦力等于固体颗粒质量时，固体颗粒即悬浮在流体中，此即流态化开始，其相应的流体空床线速度称为临界流化速度(u_{mf})。流体流速大于临界流化速度时，床层空隙率进一步增大，床高也相应增加，床层进入完全流化状态。流体为液体时，颗粒在床层中均匀地分散，称散式流化。流体介质为气体时，气体与固体所形成的气固流化床在完全流化时会出现不均匀的分散，床层内粒子成团地湍动，部分气体形成气泡，因此床层中有两种聚集状态，一种是作为连续相的气、固均匀混合物，称为乳化相；另一种是作为分散相的气体以鼓泡形式穿过床层，称为气泡相，此种情况称为聚式流化床或鼓泡流化床。聚式流化床中还可能出现节涌现象，节涌是一种不正常现象，数个直径与设备相等的大气泡将床层分为若干节，气节崩裂时床层剧烈波动，难以正常操作。

流体流速再继续增大到某一个程度时，固体颗粒将被流体带出，此现象称为气流输送，相应的流速称为颗粒带出速度(u_t)。图6-4-1示出了流化过程的各个阶段。

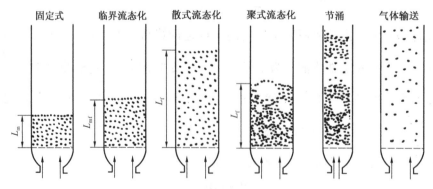

图6-4-1 流态化的各种形式

根据上述种种，可以看到从临界流态化开始到气流输送为止都属于流态化的范围，因此它的领域是很宽广的，流态化技术在工业过程中的应用范围不断拓宽，从传统应用领域的化学工业、石油工业已拓展到煤的燃烧和转化、金属的提取和加工、环境处理和能源工业以及需要固体处理的多种领域。

流态化技术日益广泛的应用，是因为有如下优点：

①床内物料的流化状态，有助于实施连续流动和循环操作。

②传热效能高，而且床内温度易于维持均匀。

③气-固相之间的传质速率较高。

④粒子较细，可降低或消除内扩散阻力，充分发挥催化剂的效能。

⑤流化床的结构比较简单、紧凑，故适于大型生产操作。

以上列举的优点可以看出流态化技术的使用潜力，但实验证明，流化床反应器具有如下局限性：

①气体流动状况不均，部分气体以气泡的形式通过床层，严重地降低了气-固相接触效率。

②在连续流动的情况下，固体粒子的迅速循环和气泡的搅动作用，会造成固体粒子某种不利的停留时间分布，在以固体为加工对象时，可影响产品质量的均一性，且转化率也不高。另外，固体粒子的循环也造成气体某种不利的停留时间分布，影响反应速率和造成副反应的增加。

③粒子的磨损和带出造成催化剂损耗，并要有旋风分离器等粒子回收系统，粒子的激烈运动也加剧了对设备的磨损。

因此，流态化技术问题是相当复杂的，对某一个反应过程，如果有利的一面占主导地位，就采用它，例如催化裂化、丙烯-氨氧化制丙烯腈、萘氧化制邻苯二甲酸酐等过程，同时，对于它的不利方面也不应忽视，要通过分析流化床的内部结构来找出控制和克服的办法。

本节将只讨论气-固流化系统。

6.4.2 流化床中的气、固运动

1. 流化床的流体力学

要使固体颗粒的床层在流态化状态下操作，必须使气速高于临界流化速度 u_{mf}，一般又不超过带出速度 u_t。

（1）临界流化速度（u_{mf}）

所谓临界流化速度是指刚刚能够使粒子流化起来的气体空床流速，一般通过实验测定，也可以用公式计算。

临界流化速度可以用测定床层压降变化的方法来确定。图 6-4-2 是床层压降随着空床气速 u_0 的增加而改变的情况，在流速较低时为固定床状态，粒子之间的空隙形成了许多弯弯曲曲的小通道，气体流过这些小通道时因有摩擦阻力而产生压降，摩擦阻力与气体流速的平方成正比，在双对数值纸上 Δp 与 u_0 约成正比。当 Δp 增大到与静床压力（W/A_t）相等

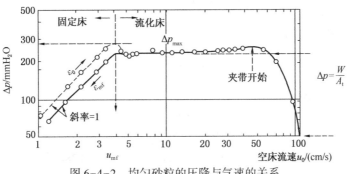

图 6-4-2　均匀砂粒的压降与气速的关系

时，按理粒子应开始流动起来，但由于床层中原来挤压着的粒子先要被松动开来，所以需要稍大一点的压降，等到粒子松动后，压降又恢复到(W/A_t)之值，如流速进一步增加，则压降基本不变，曲线就平直了(在小床中由于床层的壁效应、曲线稍有上升)。对已经流化起来了的床层，如将气速减小，则Δp将循着图中的实线返回，不再出现极值，而且固定床的压降也比原先的要小，这是因为粒子逐渐静止下来时，大体保持着临界流化时的空隙率所致。图 6-4-2 中水平实线与返回实线的交点所对应的气速即为临界流化速度 u_{mf}。

关于 u_{mf} 的计算公式有多种，而且它们之间有较大的差异，下面列举一种对球形颗粒 u_{mf} 的经验公式。

处于流化状态时，作用于床层的各力达到平衡，即：

床层压降×床层截面积＝床中固体重－固体所受浮力

或
$$\Delta p \cdot A_t = V(1 - \varepsilon)\rho_s g - V(1 - \varepsilon)\rho g \qquad (6-4-1)$$

式中　Δp——床层压降，N/m^2；

$\quad\quad A_t$——床层截面积，m^2；

$\quad\quad V$——床层体积，m^3

$\quad\quad \varepsilon$——床层空隙率；

$\quad\quad \rho_s$，ρ——固体颗粒及气体的密度，kg/m^3。

式(6-4-1)可写成
$$\Delta p = L_f(1 - \varepsilon)(\rho_s - \rho)g \qquad (6-4-2)$$

式中　L_f——床层高度。

气体在均匀固体颗粒的固定床中流动时产生的压降由下式表示：
$$\frac{\Delta p}{L} = 150 \times \frac{(1 - \varepsilon_m)^2}{\varepsilon_m^3} \times \frac{\mu u_0}{(\varphi_s d_p)^2} + 1.75 \times \frac{1 - \varepsilon_m}{\varepsilon_m^3} \times \frac{\rho u_0^2}{\varphi_s d_p} \qquad (6-4-3)$$

在临界流化状态时，从图 6-4-2 可以看出固定床的压降等于流化床的压降，即
$$\Delta p_{固} = \Delta p_{流}$$

此时　$\varepsilon = \varepsilon_m = \varepsilon_{mf}$，$L = L_f = L_{mf}$，$u_0 = u_{mf}$。

联立式(6-4-2)、式(6-4-3)对球形颗粒如果 φ_s、ε_{mf} 都不知道，可取 Wen 和 Yu 所提出的下列式子
$$\frac{1}{\varphi_s \varepsilon_{mf}^3} \approx 14 \quad\quad 及 \quad\quad \frac{1 - \varepsilon_{mf}}{\varphi_s^2 \varepsilon_{mf}^3} \approx 11$$

从而可以导出 u_{mf}：
$$\frac{d_p u_{mf} \rho}{\mu} = \left[(33.7)^2 + 0.0408 \times \frac{d_p^3 \rho(\rho_s - \rho)g}{\mu^2} \right]^{1/2} - 33.7 \qquad (6-4-4)$$

对于小颗粒，$Re < 20$ 时
$$u_{mf} = \frac{d_p^2(\rho_s - \rho)}{1650\mu}g \qquad (6-4-5)$$

对于大颗粒，$Re > 1000$ 时
$$u_{mf}^2 = \frac{d_p(\rho_s - \rho)}{24.5\rho}g \qquad (6-4-6)$$

式(6-4-4)~式(6-4-6)对 Re 由 0.001~4000 的范围内的 284 个实测数据比较，其误差范围为±34%。

以上公式是对于粒径均一的球形颗粒，对于具有一定筛分组成的颗粒，式中的 d_p 应采用调和平均粒径 $\bar{d_\mathrm{p}}$ 来代替

$$\bar{d_\mathrm{p}} = \frac{1}{\sum x_i / d_{\mathrm{p}i}} \qquad (6-4-7)$$

式中　x_i——颗粒各筛分的质量分数；

　　　$d_{\mathrm{p}i}$——颗粒各筛分的平均直径 $d_{\mathrm{p}i} = \sqrt{d_1 \cdot d_2}$ 或 $d_{\mathrm{p}i} = \dfrac{(d_1 + d_2)}{2}$；

d_1、d_2——上、下筛目的尺寸。

（2）带出速度（u_t）

当气速增大到某一速度时，流体对粒子的曳力与粒子的重力相等，粒子就会被气流带走，此时的气体空床速度即带出速度或终端速度 u_t。

球形固体颗粒的终端速率 u_t 可用以下公式计算：

当 $Re<0.4$ 时

$$u_t = \frac{g(\rho_\mathrm{s} - \rho)d_\mathrm{p}^2}{18\mu} \qquad (6-4-8)$$

当 $0.4<Re<500$ 时

$$u_t = \left[\frac{4}{225}\frac{g^2(\rho_\mathrm{s} - \rho)^2}{\rho\mu}\right]^{1/3} d_\mathrm{p} \qquad (6-4-9)$$

当 $500<Re<2000$ 时

$$u_t = \left[\frac{3.1g(\rho_\mathrm{s} - \rho)d_\mathrm{p}}{\rho}\right]^{1/2} \qquad (6-4-10)$$

上述计算带出速度的公式，是按一个颗粒单独在流体中沉降推导的，而实际上存在着大量的粒子，沉降过程中要受到相邻的颗粒干扰。因此，由式(6-4-8)~式(6-4-10)求得的 u_t 值需加以校正。由图6-4-3根据雷诺数查出校正系数 F_0，乘以由式(6-4-8)~式(6-4-10)算出的 u_t 值即为实际的带出速度 u_t。

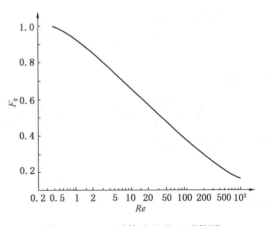

图 6-4-3　u_t 计算式的校正系数图

（3）流化床的膨胀比

流化床的体积与起始流化时的床层体积之比叫膨胀比，对于均一直径的床层，它也就是流化床高 L 与起始流化时的床高 L_m 之比，根据床中的固体质量相等的关系可以推导出以下关系式：

$$\frac{L}{L_\mathrm{mf}} = \frac{1 - \varepsilon_\mathrm{mf}}{1 - \varepsilon} = \frac{\rho_\mathrm{mf}}{\rho} \qquad (6-4-11)$$

式中　ε_mf，ρ_mf——起始流化状态的空隙率和床密度；

　　　ε，ρ——流化床的空隙率和床密度。

影响流化床的膨胀比的因素很多，经试验证明的影响因素有固体颗粒的直径和物性、

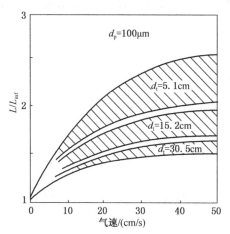

图 6-4-4 气速和床径对膨胀比的影响

气体的流速和物性、床的直径和高度、分布板的形式等。图 6-4-4 表示出气速和床径对膨胀比的影响，气速越大或床径越小则膨胀比越大或流化床的密度越小。

在设计流化床反应器时需确定流化床的高度、密度等数值，因此膨胀比是一个重要的设计数据，但是对聚式流化床，由于影响因素复杂，到目前为止，还没有一个可靠的计算膨胀比的公式可供采用。因此，目前在设计时还只能通过实际生产数据的对比，结合经验和理论分析来选定膨胀比。

【例 6-4-1】 某催化裂化装置的再生烟气的密度 ρ 为 0.733×10^{-3} g/cm^3，黏度为 3.7×10^{-4} g/(cm·s)，催化剂的颗粒密度 ρ_s 为 1.3g/cm^3，其筛分如下：

粒径/μm	0~20	20~40	40~80	80~110	110~150
质量分率/%	0.48	10.52	85	3.86	0.14

试计算催化剂的临界流化速度和终端速度。

解：

（1）催化剂的平均粒径 $\bar{d}_p$

$$\bar{d}_p = \frac{1}{\sum x_i/d_{pi}} = \frac{1}{\dfrac{0.48}{10} + \dfrac{10.52}{30} + \dfrac{85}{60} + \dfrac{3.86}{95} + \dfrac{0.14}{130}} \times 100 = 53(\mu m) = 5.3 \times 10^{-3}(cm)$$

（2）由式（6-4-5）计算 u_{mf}

$$u_{mf} = \frac{(5.3 \times 10^{-3})^2 \times (1.3 - 0.733 \times 10^{-3}) \times 980}{1650 \times 3.7 \times 10^{-4}} = 0.058(cm/s)$$

校核 Re

$$Re = \frac{d_p \rho u_{mf}}{\mu} = \frac{5.3 \times 10^{-3} \times 0.733 \times 10^{-3} \times 0.058}{3.7 \times 10^{-4}} = 6.09 \times 10^{-4} < 20$$

所以式（6-4-5）适用。

（3）计算 u_t

如果全床空隙率均匀，处于压力最低处的床顶粒子将首先被带出，故取最小粒子 $d_p = 10\mu m$ 计算。

设 $Re < 0.4$

$$u_t = \frac{980 \times (1.3 - 0.733 \times 10^{-3}) \times (10 \times 10^{-4})^2}{18 \times 3.7 \times 10^{-4}} = 0.191(cm/s)$$

校核 Re

$$Re = \frac{10 \times 10^{-4} \times 0.733 \times 10^{-3} \times 0.191}{3.7 \times 10^{-4}} = 3.8 \times 10^{-4} < 0.4$$

故上式符合假定范围。

由图 6-4-3 查得校正系数 $F_0 = 1$，不需校正。

114

2. 气泡及其行为

（1）气泡的结构

一般情况下，在密相床层中，除一部分气体以临界流态化的速度流经粒子之间的空隙外，多余的气体都以气泡状态通过床层。因此，密相床层中存在着固体颗粒浓度不同的两种聚集状态，一种是固体颗粒极少的气泡，称为气泡相；另一种是包含绝大多数固体颗粒的连续相，称为乳化相。气泡在上升途中，团聚并膨胀而增大，同时不断地与乳化相进行物质的交换，所以气泡不仅是床层流化的基本动力，而且是接受物质的储存库，它的行为自然就是影响反应结果的一个决定因素了。为此需要深入了解气泡的形式以便为流化现象的分析及建立数学模型提供基础。

研究发现，不受干扰的单个气泡顶部呈球形，底部内凹（图6-4-5）。气泡在上升运动中底部压力较附近乳化相低，容易形成涡流将周围的粒子卷入，这一涡流区称为气泡的尾涡。气泡上升的过程中尾涡不断吸入周围的粒子，同时也向周围排出粒子，这就促进了床层中不同位置粒子的循环与混合。当气泡较小时，上升速度小于乳化相中气速时，乳化相中的气体可穿过气泡向上流动；气泡上升速度大于乳化相气速时，部分流过气泡的气体会在顶部折返，围绕气泡形成环流，在泡外形成一层不与乳化相气流混融的区域，这一层就称作气泡云，气泡越大，上升速度越快，气泡

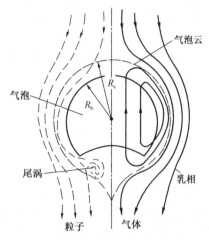

图6-4-5　气泡及其周的流线情况
R_b—气泡半径；R_c—气晕半径

云也就越薄。云层和尾涡都在气泡之外，且都伴随着气泡上升，其中所含粒子浓度与乳化相中几乎相同，故可合称为气泡晕。

（2）气泡的速度

根据实测，单个气泡在流化床中上升的速度可由下式表示：

$$u_{br} = (0.57 \sim 0.85)(gd_b)^{1/2} \qquad (6-4-12)$$

一般取其平均值如下：

$$u_{br} = 0.711(gd_b)^{1/2} \qquad (6-4-13)$$

式中，d_b为气泡直径。在床层中，气泡常是成群上升的，气泡群的上升速度u_b可用下式计算：

$$u_b = u_0 - u_{mf} + 0.711(gd_b)^{1/2} \qquad (6-4-14)$$

即，比单个气泡上升更快。

气泡中气体的穿流量q

$$q = 3u_{mf}\pi R_b^2 \qquad (6-4-15)$$

3. 乳化相

密相床层中的乳化相是指气泡之外的部分，绝大多数固体颗粒都在乳化相中。在气泡群上升的过程中，固体颗粒被气泡晕与尾涡夹带而上升，在气泡之间的空隙处颗粒则向下沉降，这就造成了颗粒在乳化相中的上下循环，这种循环运动相当剧烈，所以粒子在床层中常常能达到均匀混合，除了这种循环运动之外，粒子还同时进行杂乱无章地随机运动。一般情况下，此种随机运动对流化状态并不重要。图6-4-6(a)、(b)是颗粒在不同床层直

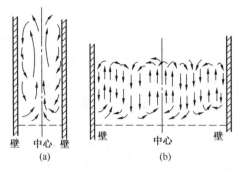

图6-4-6　流化床中颗粒运动示意图

径循环运动时的示意图。

在讨论气泡行为时，曾认为乳化相中气体向上的流速等于临界流化速度，这是对处理气泡相问题作的合理简化，因为乳化相中气体流量与床中气体总流量之比是很小的。乳化相中气体的流况比较复杂，在固体颗粒向下运动的区域，由于粒子的夹带会使气体向上的流速降低，有时甚至变成向下流动，因此乳化相中气体运动的速度与方向也是随处而异的。当操作气速变大时，回流气量也相应增加，流化数 $u_0/u_{mf} > 6 \sim 11$ 时，回流气量将超过上流气量。此种情况下乳化相中气体流动的表观方向或净结果是向下的。尽管气体的大部分以气泡状态通过床层，乳化相中的气量只占一小部分，但返混作用对可逆反应的影响是不容忽视的。

6.4.3　流化床中的传递过程

1. 流化床中的传热

流化床无论是用在化学反应过程或物理过程都存在着传热问题。流化床中的传热包括固体颗粒之间的传热、颗粒与流体之间的传热以及床层与换热面之间的传热。一般情况下颗粒之间和颗粒与流体之间的温差很小，可以不予考虑。床层与换热面之间的传热计算是决定床层温度和换热面积大小的关键，对此已有大量的研究。由于床层与换热面之间的传热是流体、粒子与传热表面间复杂相互作用的结果，要得到适用于各种条件的精确关联式是十分困难的。本节所介绍的准数方程式仅作为传热估算之用。

（1）床层与外壁间的传热

流化床床层与容器壁间的传热已做过许多实验，文献上做了报道，现举二例如下。

①
$$\frac{\alpha d_p}{\lambda} = 0.16\left(\frac{C_P\mu}{\lambda}\right)^{0.4} \cdot \left(\frac{d_p\rho u_0}{\mu}\right)^{0.76} \cdot \left(\frac{C_{PS}\rho_S}{C_P\rho}\right)^{0.4} \cdot \left(\frac{u_0^2}{gd_p}\right)^{-0.2}\left(\frac{u_0 - u_{mf}}{u_0} \cdot \frac{L_{mf}}{L}\right)^{0.36}$$

$$(6-4-16)$$

式中　　　　α——床层对壁给热系数；

d_P，ρ_S，C_{PS}——颗粒直径、颗粒密度和颗粒热容；

C_P，μ，ρ，λ——流体热容，流体黏度、流体密度和流体导热系数；

u_0，u_{mf}——空塔线速度和临界流化速度；

L_{mf}，L——临界流化高度和流化高度；

g——重力加速度。

此式是由范围广泛的实验数据关联而得，故对许多物料都能适用，但有一定的误差。

② 流化床外壁若设置夹套，传热系数可用图6-4-7进行计算，图中的无因次量 ψ 由下式给出。

$$\psi = \frac{(\alpha d_p/\lambda)/[(1 - \varepsilon_f)C_{PS}\rho_S/C_P\rho]}{1 + 7.5\exp[-0.44(L_h/d_t)(C_P/C_{PS})]}$$

$$(6-4-17)$$

式中　L_h——换热面高度；

d_t——床层直径；

ε——床层空隙率。

116

无因次量 ψ 可从图 6-4-7 查出。

实用上可取上述两式分别计算，然后选取其中较小的一个 α 值供设计选用。

（2）床层与浸没于床内的换热面之间的传热

以垂直管为例

$$\frac{\alpha d_\mathrm{p}}{\lambda} = 0.01844 C_\mathrm{R}(1 - \varepsilon_\mathrm{f})\left(\frac{C_\mathrm{p}\rho}{\lambda}\right)^{0.43} \cdot \left(\frac{d_\mathrm{p}\rho u_0}{\mu}\right)^{0.23} \cdot \left(\frac{C_\mathrm{PS}}{C_\mathrm{p}}\right)^{0.8} \cdot \left(\frac{\rho_\mathrm{s}}{\rho}\right)^{0.66}$$

$$(6 - 4 - 18)$$

注意式中 $C_\mathrm{p}\rho/\lambda$ 是有因次的，单位为 $\mathrm{s/cm^2}$，C_R 是管子距床中心位置的校正系数，可由图 6-4-8 查得，本式的应用范围为：

$$d_\mathrm{p}\rho u_0/\mu = 10^{-2} \sim 10^2$$

从式（6-4-18）及图 6-4-8 可以看出，α 与管径、管长、粒子形状及粒度分布都是无关的，而床层径向位置上以距中心轴约 1/3 半径处的传热系数为最高。

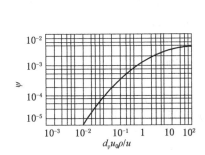

图 6-4-7　器壁给热系数关联图

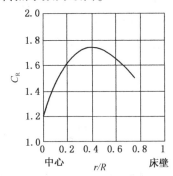

图 6-4-8　C_R 与 r/R 的关联

【例 6-4-2】　在一内径为 0.5m 的流化床内，器壁为冷却面，$L_\mathrm{h} = 1\mathrm{m}$，在床层中心以及中心与器壁的中间均有垂直冷却管，求各传热面的传热系数，已知数据如下：

平均粒径　$\overline{d}_\mathrm{p} = 0.1\mathrm{mm}$，$\rho_\mathrm{s} = 1000\mathrm{kg/m^3}$，$C_\mathrm{ps} = 1.088\mathrm{J/(g \cdot K)}$，气体空床流速 $u_0 = 0.4\mathrm{m/s}$，流化床的平均空隙率 $\varepsilon_\mathrm{f} = 0.7$。

气体物性：$C_\mathrm{p} = 1.003\mathrm{J/(g \cdot K)}$，$\lambda = 0.0349\mathrm{W/(m \cdot K)}$，$\mu = 2 \times 10^{-5}\mathrm{Pa \cdot s}$，$\rho = 0.5\mathrm{kg/m^3}$。

解：先计算 Re

$$Re = \frac{d_\mathrm{p}u_0\rho}{\mu} = \frac{(1 \times 10^{-4})(0.40)(0.5)}{2 \times 10^{-5}} = 1.0$$

由图 6-4-7 查得 $\psi = 8 \times 10^{-4}$

故：

$$\frac{\alpha d_\mathrm{p}}{\lambda} = (8 \times 10^{-4})\{1 + 7.5\exp[-0.40(1/0.5)(1.003/1.088)]\}$$

$$\times [(1 - 0.7)(1.088)(1000)/(1.003)(0.5)] = 2.19$$

故器壁的传热系数

$$\alpha = 2.19 \times 0.0349/(1 \times 10^{-4}) = 764[\mathrm{W/(cm^2 \cdot K)}]$$

求床中心处垂直管壁上的给热系数，这时 $C_R=1$，由式(6-4-18)

$$\frac{\alpha d_p}{\lambda} = 0.01844 \times 1 \times (1-0.7)\left(\frac{1.003 \times 10^3 \times 0.5}{0.0349 \times 10000}\right)^{0.43} \times 1^{0.23} \times \left(\frac{1.088}{1.003}\right)^{0.8}\left(\frac{1000}{0.5}\right)^{0.66}$$

$$= 1.04$$

故　　$\alpha = 1.04 \times 0.0349/(1 \times 10^{-4}) = 363 \left[W/(m^2 \cdot K) \right]$

对于床中心与器壁中间的垂直管，查图 6-4-8 得 $C_R=1.72$

故：$\alpha = 1.72 \times 363 = 624 \left[W/(m^2 \cdot K) \right]$

2. 流化床中的传质

（1）粒子与流体间的传质

无论是作为化学反应操作或物理操作的流化床，粒子与流体间的传质系数 k_G 都是一个重要的参数，遗憾的是气体流化床的传质系数 k_G 难于测定。虽然，文献中对于这类传质系数有过许多报道，但有些是使用填充床和流化床的数据归集在一起关联，或主要是以液体流化床的数据得出关联式，误差较大，下面列出几个关联式：

当　　　　　　　　　　　　　$5 < \dfrac{d_p u_0 \rho}{\mu} < 500$

$$\frac{k_G}{u_0}\varepsilon\left(\frac{\mu}{\rho_D}\right)^{2/3} = (0.81 \pm 0.05)\left(\frac{d_p u_0 \rho}{\rho}\right)^{0.5} \qquad (6-4-19)$$

此式是以液体流化床的数据为基础的。

若　　　　　　　　　　　　　$50 < \dfrac{d_p u_0 \rho}{\mu} < 2000$

$$\frac{k_G}{u_0}\varepsilon\left(\frac{\mu}{\rho_D}\right)^{2/3} = (0.6 \pm 0.1)\left(\frac{d_p u_0 \rho}{\rho}\right)^{-0.43} \qquad (6-4-20)$$

此式是以液-固和气-固流化床的数据为基础的。

（2）气泡与乳化相间的传质

在气固相流化床反应器中除气泡和乳化相之外，二者之间还存在着气泡晕与尾涡这样的中介区间。无论是气固相催化反应还是非催化反应，反应过程都是在颗粒表面进行的，几乎全部固体颗粒都存在于乳化相中，然而反应气体又主要以气泡形式通过床层，因此气相反应物从气泡向乳化相传递与反应产物从乳化相向气泡传递对反应的进行具有重要意义。气泡晕与尾涡在传递过程中所起的作用基本相同，可以作为一体按气泡晕来考虑。

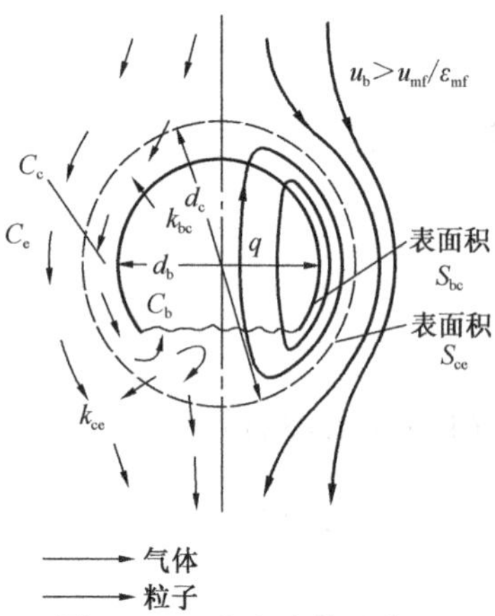

图 6-4-9　相间交换示意图

图 6-4-9 为相间气体交换的示意图，反应组分从气泡经气泡晕进入乳化相是一个串联过程，若 C_{Ab}、C_{Ac}、C_{Ae} 分别为气泡、泡晕及乳化相中组分 A 的浓度，气泡在时间间隔 dt 中在床层中上升了 dl 距离，则组分 A 的传递

118

速率可表示为：

$$-\frac{1}{V}\frac{dn_{Ab}}{dt} = -u_b\frac{dC_{Ab}}{dl} = (K_{bc})_b(C_{Ab} - C_{Ac})$$

$$= (K_{ce})_b(C_{Ac} - C_{Ae}) = (K_{be})_b(C_{Ab} - C_{Ae})$$

$$(6-4-21)$$

式中，$(K_{be})_b$ 为总括交换系数，$(K_{bc})_b$、$(K_{ce})_b$ 则分别为气泡与泡晕间、泡晕与乳化相间的交换系数。此处气体交换速率所表示的是单位时间、以单位气泡体积为基准所传递的组分 A 的物质的量，由式(6-4-21)可导出三个交换系数之间的关系

$$\frac{1}{(K_{be})_b} = \frac{1}{(K_{bc})_b} + \frac{1}{(K_{ce})_b} \qquad (6-4-22)$$

气泡与气泡晕之间组分 A 的交换有两个途径，其一是气体的穿流，其二是气泡与气泡晕界面上的分子扩散。对于单个气泡，若穿流气体量为 q，扩散传质系数与传质表面积分别记作 k_{bc} 与 s_{bc}，根据物料衡算可知：

$$-\frac{dn_{Ab}}{dt} = (q + k_{bc}s_{bc})(C_{Ab} - C_{Ac}) \qquad (6-4-23)$$

扩散传质系数与气体的扩散系数 D 有关，可按下式计算

$$k_{bc} = 0.975D^{1/2}(g/d_b)^{1/4} \qquad (6-4-24)$$

将式(6-4-15)与式(6-4-24)代入式(6-4-23)，有：

$$-\frac{dn_{Ab}}{dt} = \left[\frac{3}{4}\pi u_{mf}d_b^2 + 0.975D^{1/2}\cdot(g/d_b)^{1/4}S_{bc}\right]\cdot(C_{Ab} - C_{Ac}) \quad (6-4-25)$$

比较式(6-4-21)与式(6-4-25)可知，气泡与气泡晕之间组分交换系数为

$$(K_{be})_b = 4.6\left(\frac{u_{mf}}{d_b}\right) + 5.85\left(\frac{D^{1/2}g^{1/4}}{d_b^{5/4}}\right) \qquad (6-4-26)$$

6.4.4 流化床中的数学模型

前面介绍了流化床中各种基本物理现象的规律性，包括气泡的行为、乳化相的动态、床层与器壁的传热及床内的传质等，它们都是流化床设计的基础。然而作为化学反应器来讲，最重要的是确定反应的转化率和选择性。因此，需要进一步探讨流化床反应器的数学模型。

流化床反应器的数学模型主要由一系列的物料平衡、热量平衡和流体力学方程式组成。这些方程式表示出反应速率、反应物浓度和温度之间的关系，也给出了传热过程和传质过程的影响。建立流化床的数学模型之后，即可在计算机上进行数值计算，或在计算机上作模拟工业装置的"数学实验"，以确定最佳设计方案和最佳操作条件。

近 30 年来，研究者根据各自的情况，对过程作了适当的简化，从而提出了为数众多的数学模型。加以归类，则大致表述如下。

简单均相模型：指全混流模型和活塞流模型。

两相模型：已陆续发表了各种形式的两相模型，这些模型主要区别来源于：

① 气泡相内不含或含有少量固体颗粒。

② 乳化相中的气体返混分别以轴向扩散、活塞流和全混流来表示。

③ 相间交换速率的求取方法不同。

最常见的两相模型有气泡 B 相(活塞流)、乳化 E 相(活塞流)模型以及气泡 B 相(活塞

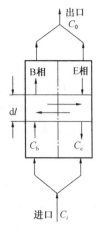

图 6-4-10 两相模型示意图

流)、乳化 E 相(全混流)模型,见图 6-4-10。

两相模型的参数需随反应器规模而变,为此,需求取模型参数的放大规律。

气泡模型:从 20 世纪 60 年代开始,即已对气泡现象作了相当深入的研究。在此基础上,提出了相当数量的气泡模型。气泡模型的实质是将流化床过程的各个参数集中体现在气泡直径上,此即所谓流化床的单参数模型,根据气泡尺寸是否可变的情况,气泡模型可被区分为气泡尺寸不沿床高而变和气泡尺寸沿床高而变两类。

拓展了的流化床模型:此类模型考虑了分布器和自由空间的影响。

流化床数学模型尽管多种多样,但从本质上来看是大同小异的。因此,下面仅对几种简明而有代表性的两相模型进行叙述,从中可以了解流化床反应器的复杂内容和数学模型工作方面的一些基本情况。

两相模型考虑的基本点是气固流化床接触的不均匀性。它假定通过床层的气体区分为气泡相和乳化相,并确认在两相间存在着气体的交换,在达到床层出口处时,气泡相与乳化相中的气体合而为一。两相模型可用图 6-4-10 表示,并作如下基本假设:

① 以 u_0 的气速进入床层的气体中,一部分在乳化相中以临界流化速度 u_{mf} 通过,而其余部分(u_0-u_{mf})则全部以气泡的形式通过。

② 床层从临界流化高度 L_{mf} 增高到流化时的高度 L_f,完全是由气泡的体积造成的。

③ 气泡相为向上的平推流流动,泡中无固体粒子,故没有反应,气泡大小均一。

④ 反应完全在乳化相中进行,乳化相流况可以是从平推流到全混流之间的任何流动形式。

⑤ 气泡与乳化相间的交换量 Q(体积/时间)为穿流量 q 与扩散量之和:

$$Q = q + k_{bc}S \qquad (6-4-27)$$

式中　k_{bc}——气泡与乳化相间的传质系数;

　　　S——气泡的表面积。

设单位床层体积中的气泡个数为 N_b,每个气泡的体积为 V_b,其上升速度为 u_b,则由假设①可知:

$$N_b V_b u_b = u_0 - u_{mf} \qquad (6-4-28)$$

由假设②,则有:

$$L_f(1 - N_b V_b) = L_{mf} \qquad (6-4-29)$$

从以上二式中消去 $N_b V_b$,并应用式(6-4-14)的关系,则气泡直径为

$$d_b = \frac{1}{g}\left(\frac{L_{mf}}{L_f - L_{mf}} \cdot \frac{u_0 - u_{mf}}{0.711}\right)^2 \qquad (6-4-30)$$

气泡直径是本模型的主要参数,其值可用上式计算求得。

根据上列各点假设可导出模型方程,若所进行的反应为一级不可逆反应,分成乳化相活塞流和全混流两种情况讨论。

(1)乳化相流况为活塞流

参照图 6-4-10,对床层高度为 l 处的单个气泡作物料衡算得:

$$V_b \frac{dn_b}{dt} = u_b V_b \frac{dC_b}{dl} = (q + k_g S)(C_e - C_b) \qquad (6-4-31)$$

120

式中，S 为气泡相与乳化相间的界面积。

对床内任一高度处微元段 $\mathrm{d}l$ 作物料衡算，有：

$$(u_0 - u_{mf}) \frac{\mathrm{d}C_b}{\mathrm{d}l} + u_{mf} \frac{\mathrm{d}C_e}{\mathrm{d}l} + k_c C_e (1 - N_b V_b) = 0 \qquad (6-4-32)$$

式中，k_c 是以床层乳化相的体积作基准来定义的。

令：

$$Z = 1 - \frac{u_{mf}}{u_0}$$

$$K' = K_C L_{mf}/u_0 = K_r PW/F$$

$$X = QL_f/(u_b V_b) = \frac{6.34 L_{mf}}{d_b (g d_b)^{\frac{1}{2}}} \left[u_{mf} + 1.3 D^{\frac{1}{2}} (g/d_b)^{\frac{1}{4}} \right] \qquad (6-4-33)$$

式中，P 为总压力，F 为物料的摩尔流量，W 为催化剂质量，K_r 是以 $(-r'_A) = -\frac{1}{W} \frac{\mathrm{d}n_A}{\mathrm{d}t} = K_r p_A$ 为定义的反应速率常数，p_A 为反应物 A 的分压。

式(6-4-31)及式(6-4-32)可改写成：

$$\frac{\mathrm{d}C_b}{\mathrm{d}l} + \frac{X}{L_f} (C_b - C_e) = 0 \qquad (6-4-34)$$

及

$$(1 - Z) \frac{\mathrm{d}C_e}{\mathrm{d}l} + Z \frac{\mathrm{d}C_b}{\mathrm{d}l} + \frac{K' C_e}{L_f} = 0 \qquad (6-4-35)$$

边界条件为：

当 $l = 0$ 时，$C_b = C_i$； $\qquad (6-4-36)$

当 $l = 0$ 时，$\frac{\mathrm{d}C_b}{\mathrm{d}l} = 0$。 $\qquad (6-4-37)$

式(6-4-34)及式(6-4-35)为一阶微分方程组，可将其变为二阶常微分方程求解，从式(6-4-34)及式(6-4-35)中消去 C_e，则有：

$$L_f^2 (1 - Z) \frac{\mathrm{d}^2 C_b}{\mathrm{d}l^2} + L_f (X + K') \frac{\mathrm{d}C_b}{\mathrm{d}l} + K' C_b = 0 \qquad (6-4-38)$$

式(6-4-38)为二阶常系数线性微分方程，其通解为：

$$C_b = A_1 \mathrm{e}^{-m_1 l} + A_2 \mathrm{e}^{-m_2 l} \qquad (6-4-39)$$

式中 m_1、m_2 为特征方程的两个根，即：

$$m_1, \ m_2 = \frac{(X + K') \pm \sqrt{(X + K')^2 - 4(1 - Z) K' X}}{2 L_f (1 - Z)} \qquad (6-4-40)$$

A_1、A_2 为积分常数，可根据边界条件式(6-4-36)及式(6-4-37)求定。代入式(6-4-39)，便得气泡相的反应组分浓度 C_b 与床高 l 的关系

$$C_b = \frac{C_i}{m_1 - m_2} (m_1 \mathrm{e}^{-m_2 l} - m_2 \mathrm{e}^{-m_1 l}) \qquad (6-4-41)$$

把式(6-4-41)对 l 求导，代入式(6-4-34)可得乳化相反应组分浓度与床高的关系：

$$C_e = \frac{C_i}{m_1 - m_2} \left[\left(\frac{L_f}{X} m_1 - 1 \right) m_2 \mathrm{e}^{-m_1 l} - \left(\frac{L_f}{X} m_2 - 1 \right) \cdot m_1 \mathrm{e}^{-m_2 l} \right] \qquad (6-4-42)$$

床层出口处反应物的浓度 C_0 可根据床层出口处气泡的浓度 $(C_b)_0$ 及乳化相浓度 $(C_e)_0$ 求得。根据上述关于气泡相及乳化相流速的假定，可有如下关系：

$$u_0 C_0 = (u_0 - u_{mf})(C_b)_0 + u_{mf}(C_e)_0 \qquad (6-4-43)$$

以 $l = L_f$ 分别代入式(6-4-41)及式(6-4-42)，然后将其代入式(6-4-43)即得流化床高与出口反应物浓度的关系式

$$\frac{C_0}{C_i} = \frac{1}{m_1 - m_2}\left[m_1 e^{-m_2 L_f}\left(1 - \frac{m_2 L_f}{X}\frac{u_{mf}}{u_0}\right) - m_2 e^{-m_1 L_f}\left(1 - \frac{m_1 L_f}{X}\frac{u_{mf}}{u_0}\right)\right] \qquad (6-4-44)$$

上式左边相当于反应组分的未转化率。式(6-4-44)只适用于乳化相呈活塞流的情况。

（2）乳化相流况为全混流

对气泡相作物料衡算，仍为式(6-4-31)，利用边界条件 $l = 0$，$C_b = C_i$，则式(6-4-31)积分的结果为：

$$C_b = C_e + (C_i - C_e) e^{(-Ql/u_b V_b)} \qquad (6-4-45)$$

乳化相中反应物浓度不随床高而变，为一常数，故可取全床。按单位床层截面对乳化相作物料衡算：

① 反应组分从气泡到乳化相之量为 $N_b Q \int_0^{L_f} C_b \, dl$；

② 从乳化相到气泡相之量为 $N_b Q L_f C_e$；

③ 从乳化相底部进入之量为 $u_{mf} C_i$；

④ 从乳化相顶部出去之量为 $u_{mf} C_e$；

⑤ 在乳化相中反应量为 $K_c L_f C_e (1 - N_b V_b)$。

于是可写出其物料衡算的关系式

$$①+③=②+④+⑤$$

化简后成

$$N_b V_b u_b (C_i - C_e)(1 - e^{-Q L_f/u_b V}) + u_{mf}(C_i - C_e) = K_c L_f C_e (1 - N_b V_b)$$

$$(6-4-46)$$

对式(6-4-45)和式(6-4-46)联立求解，可得 $(C_b)_0$，$(C_e)_0$。

床层出气的总衡算式为

$$u_0 C_0 = (u_0 - u_{mf})(C_b)_0 + u_{mf}(C_e)_0 \qquad (6-4-47)$$

将 $(C_b)_0$ 及 $(C_e)_0$ 代入上式，并利用式(6-4-33)符号，求得反应的未转化率为：

$$\frac{C_0}{C_i} = Z e^{-X} + \frac{(1 - Z e^{-X})^2}{K' + (1 - Z e^{-X})} \qquad (6-4-48)$$

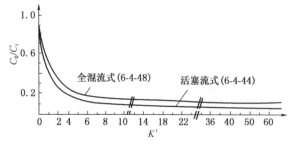

图6-4-11 流化床中臭氧的分解反应结果的计算

图6-4-11即是用式(6-4-44)及式(6-4-48)对臭氧分解反应计算的结果。可以看出，两者所得的曲线形状相近，对于较快（K' 大）的反应，它们之间的差距就更小了，并且与实验点相一致，这主要是因为物料在乳化相中已基本反应完毕所致。

本模型实际上只用了一个参数 d_b，

122

计算相当简便。

【例 6-4-3】 在自由流化床中进行合成乙酸乙烯的反应

$$C_2H_2 + CH_3COOH \xrightarrow{\text{催化剂}} CH_3COOCH = CH_2$$

反应温度维持在 180℃，对乙炔是一级反应，$K_r = 6.2 \times 10^{-4} \text{mol}/(\text{g} \cdot \text{h} \cdot \text{atm})$。

已知：

床层平均压力：1.435atm；

进料摩尔比：$C_2H_2/CH_3COOH = 2.5$；

催化剂平均粒径：$d_p = 0.040\text{cm}$；

粒子密度：$\rho_s = 1.69\text{g}/\text{cm}^3$；

堆积密度：$\rho_b = 0.79\text{g}/\text{cm}^3$；

催化剂体积：$V_C = 48.88\text{m}^3$；

静床高：$L_0 = 6.20\text{m}$，$\varepsilon_{mf} = 0.551$；

物料的摩尔流量：$F = 550.2\text{kmol}/\text{h}$，平均空床流速 $u_0 = 23.7\text{cm}/\text{s}$；

气体物性：$\rho = 1.412 \times 10^{-3}\text{g}/\text{cm}^3$，$\mu = 1.368 \times 10^{-4}\text{g}/(\text{cm} \cdot \text{s})$；

乙炔扩散系数：$D = 0.1235\text{cm}^2/\text{s}$；

床层膨胀率：$R = L_f/L_0 = 1.165$。

求： 乙炔的转化率（工厂数据为 12%）。

解： 先计算 u_{mf}，由式（6-4-5）

$$u_{mf} = \frac{(0.00040)^2(1690 - 1.412)}{1650 \times 1.368 \times 10^{-5}} \times 9.8 = 0.1173(\text{m/s})$$

校验

$$Re = (0.00040)(0.1173)(1.412)/(1.368 \times 10^{-5}) = 4.84 < 20$$

故上式适用。

流化床高： $$L_f = RL_0 = 1.165 \times 6.20 = 7.22(\text{m})$$

临界流化床高： $$L_{mf} = L_f \frac{1 - \varepsilon_f}{1 - \varepsilon_{mf}}$$

其中 $$\varepsilon_f = 1 - (1 - \varepsilon_0)/R = 1 - [1 - (1 - \rho_b/\rho_s)]/R$$
$$= 1 - [1 - (1 - 0.79/1.691)]/1.165 = 0.599$$

故 $$L_{mf} = 7.22 \times \frac{1 - 0.599}{1 - 0.551} = 6.45(\text{m})$$

（1）用乳化相全混流的两相模型计算

由式（6-4-33）

$$Z = 1 - u_{mf}/u_0 = 1 - 0.1173/0.237 = 0.505$$

换算为 SI 单位

$$K_r = 1.7 \times 10^{-9}\text{mol}/(\text{kg} \cdot \text{s} \cdot \text{Pa})$$

$$K' = K_r p \frac{W}{F} = \frac{1.7 \times 10^{-9} \times 1.435 \times 1.01325 \times 10^5 \times 1690 \times 48.88}{550.2 \times 1000/3600} = 0.1336$$

由式（6-4-30）

$$d_b = \frac{1}{9.8}\left(\frac{6.45}{7.22 - 6.45} \times \frac{0.237 - 0.1173}{0.711}\right)^2 = 0.203(\text{m})$$

123

故

$$X = \frac{6.34 L_{mf}}{d_b (g d_b)^{1/2}} \left(u_{mf} + \frac{1.3 D^{1/2} g^{1/4}}{d_b^{1/4}} \right)$$

$$= \frac{6.34 \times 6.45}{0.203 \times (9.8 \times 0.203)^{1/2}} \left(0.1173 + \frac{1.3 \times \left(\frac{0.1235}{10000} \right)^{1/2} (9.8)^{1/4}}{(0.203)^{1/4}} \right) = 18.47$$

由式(6-4-48)可知，当 X 如此之大时，转化率 x 为

$$x = 1 - \frac{C_0}{C_i} = 1 - \frac{1}{K' + 1} = 1 - \frac{1}{0.1336 + 1} = 0.118$$

（2）用乳化相为活塞流的两相模型计算

$$m_1, m_2 = \frac{(18.47 + 0.1336) \pm \sqrt{(18.47 + 0.1336)^2 - 4 \times (1 - 0.505) \times 0.1336 \times 18.47}}{2 \times 7.22 \times (1 - 0.505)}$$

$$= 5.19, 0.01844$$

代入式(6-4-44)，其中最后一项可以略去，故：

$$x = 1 - \frac{C_0}{C_i} = \frac{1}{5.19 - 0.01844} \left[5.19 e^{-0.01844 \times 7.22} \left(1 - \frac{0.01844 \times 7.22}{18.47} \times \frac{0.1173}{0.237} \right) \right] = 0.125$$

从本模型可以看出，在本例这种低流化数($u_0/u_{mf} = 23.7/11.73 = 2.06 < 6 \sim 11$)的操作条件下，乳化相中的气流部分占相当大的比例，不容忽略。

6.5 滴流床反应器

6.5.1 概述

滴流床反应器是气-液-固三相反应器的一种，通常由固体催化剂充填成固定床，气液两相同时由上而下或由下而上，流经催化剂表面而发生反应，由于一种反应物是液相，与气相反应时不需大量热量使液态转化为气态，可以节省能量。另外，在放热反应中放出的反应热，因液相的热容量较大，部分液相又因挥发而吸热，所以滴流床反应器的温度变化不大，而且易于控制。工业上应用滴流床规模最大的是炼油工业中的许多加氢过程，如重油或渣油的加氢脱硫和加氢裂解制取航空煤油，汽油、柴油、润滑油的加氢精制以脱除含硫、含氮、含氧及金属有机物；在污水生物处理中，滴流床应用也很广泛，将微生物膜生长在固粒载体上，空气与污水流过固定床，微生物汲取污水中营养物和呼吸空气中氧，使污水中有机污染降解，从而降低污水的 COD、BOD。图 6-5-1 是重油加氢滴流床反应器。

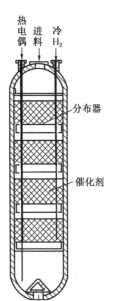

图 6-5-1 滴流床反应器

滴流床反应器的主要优点是：

① 气液两相流动近于平推流，可达较高转化率。

② 在滴流状态下，床内液滞量小，可避免因停留时间过长而发生的副反应。

③ 组分由气相扩散到固体表面传质速率较高。

④ 由于液相热容量较大、溶剂气化等因素，床层温度变化较平缓。

但同时，它也有如下缺点：

① 径向导热较差。

② 对气液在床截面上的均匀分布极为敏感，故工业放大困难。

③ 流态复杂，建立反应器模型困难多。

另一类三相反应器形式是液相连续，气相和细粒固相催化剂均布其中，称为"浆态反应器"（Slurry Reactor）。显然细粒催化剂活性表面大，内扩散阻力小是它的优点，但是因细粒与液相分离困难，故不易连续操作。本章着重介绍固定床式的三相反应器——滴流床。

6.5.2　滴流床的流动状态

在一气液并流向下的滴流床中，两相流速可在一很宽的范围内操作，并呈现不同的流动状态。实验室小装置中，液相质量流速通常小于 $0.1\text{kg}/(\text{m}^2\cdot\text{s})$，气速一般在 $10^{-5}\sim10^{-2}$ $\text{kg}/(\text{m}^2\cdot\text{s})$ 间；而对于工业反应装置的液相流速可达 $0.5\sim50\text{kg}/(\text{m}^2\cdot\text{s})$，而气相流速则为 $10^{-3}\sim25\text{kg}/(\text{m}^2\cdot\text{s})$。按照气液两相流速关系、液体的物性及它在固粒表面的浸润性能可有不同的流动状态。

① 滴流状态（Trickling）：在中等气速[$G<1\text{kg}/(\text{m}^2\cdot\text{s})$]和低液气速下[$L<5\text{kg}/(\text{m}^2\cdot\text{s})$]，液体在固体表面形成一液膜层，而在气相外层呈连续相（图 6-5-2）。并可发现，催化剂表面也有部分未被溪流（Rivulet liquid）所淹没，而仅是气固接触的干区。滴流状态下的两相作用较弱，谓之"弱作用区"。

② 鼓泡区（Pubbling Region）：当气体流速降低到 $G<0.01\text{kg}/(\text{m}^2\cdot\text{s})$ 以下，液速加大，固粒间隙空间全由液体占据，而气体仅以小气泡状穿过床层。气液两相作用仍处于弱作用区。

③ 脉动区（Pulsing Rgion）：在中等气速下，增大液速，床层会时而发生液滴堵塞孔道，时而气压将孔道穿通的周期脉动现象，称为脉冲流，此时的床层压降有上下波动。

④ 喷雾区（Spray Region）：高气速、低液流速时，快速气体将空隙中的液体吹散成雾滴，此时液相呈分散而气相连续，为两相强作用区。

图 6-5-3 表示各流体域与两相流速的关系，四个区域之间为一过渡区。对于易起泡的液相区域划分略有变化。

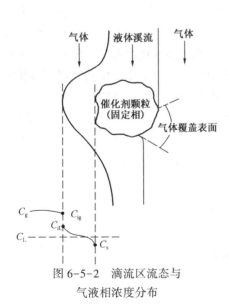

图 6-5-2　滴流区流态与
气液相浓度分布

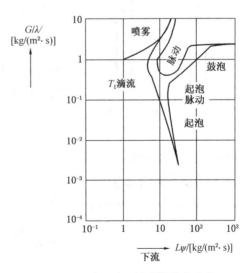

图 6-5-3　滴流床反应器操作的流态

125

图中，

$$\lambda = \left[\frac{\zeta_{\mathrm{g}}}{\zeta_{\mathrm{Air}}} \cdot \frac{\zeta_{\mathrm{L}}}{\zeta_{\mathrm{w}}} \right]^{1/2} \qquad (6-5-1)$$

$$\psi = \frac{\sigma_{\mathrm{w}}}{\sigma_{\mathrm{L}}} \left[\frac{\mu_1}{\mu_{\mathrm{w}}} \cdot \frac{\zeta_{\mathrm{w}}}{\zeta_{\mathrm{L}}} \right]^{1/3} \qquad (6-5-2)$$

为无因次量。其中 G、L 为两相质量流速 $[\mathrm{kg/m^2 \cdot s}]$。$\zeta$ 为密度，μ 为黏度，σ 为表面张力。下标 L、g、w、Air 分别表示液体、气体、水和空气。

滴流床的压降因为流区的变化难呈现统一的规律，一般取自实验。J L Turpin 给出了适于所有流态的经验式

$$\ln f_{\mathrm{Lg}} = 7.96 - 1.34 \ln z + 0.002 (\ln z)^2 + 0.0078 (\ln z)^3 \qquad (6-5-3)$$

式中，两相摩阻因子（无因次）$f_{\mathrm{Lg}} = \dfrac{\delta_{\mathrm{gl}}}{2u_{\mathrm{g}}^2 \rho_{\mathrm{g}}} d_{\mathrm{pe}}$；颗粒当量直径（m）$d_{\mathrm{pe}} = \dfrac{2}{3} d_{\mathrm{p}} \dfrac{\varepsilon_{\mathrm{B}}}{1-\varepsilon_{\mathrm{B}}}$；颗粒平均直径（m）$d_{\mathrm{p}} = \sqrt{\dfrac{S_{\mathrm{ex}}}{\pi}}$；$0.2 < z = \dfrac{Re_{\mathrm{g}}^{1.167}}{Re_{\mathrm{L}}^{0.767}} < 500$，而 δ_{gL} 为两相流过单位长度床层时压降（$\mathrm{dyn/m^2}$），$1\mathrm{dyn/cm^2} = 0.1\mathrm{Pa}$，$S_{\mathrm{ex}}$ 为催化剂粒的外表面积（$\mathrm{m^2}$）。

6.5.3 滴流床中的传质

在滴流床中反应的气体通常用纯的气体（例如用氢气来加氢反应），或者用难溶气体（例如氧化反应）。因此在反应前气体溶质首先由气相进入液相，再扩散到固体表面的过程中，气膜的扩散阻力可忽略不计，传质阻力主要集中在液相内的两界面液膜上，用 $(k_{\mathrm{L}} a_{\mathrm{g}})$ 表示气液膜的容积传质系数，$(k_{\mathrm{c}} a_{\mathrm{c}})$ 表示液固容积传质系数（图6-5-4）。

在传质-反应达稳定情况下，有

$$N = (k_{\mathrm{L}} a_{\mathrm{g}})(C_i - C_{\mathrm{L}}) = (k_{\mathrm{c}} a_{\mathrm{c}})(C_{\mathrm{L}} - C_{\mathrm{s}}) = p_{\mathrm{B}} r(C_{\mathrm{s}}, T_{\mathrm{s}}) \qquad (6-5-4)$$

而其中 $r(C_{\mathrm{s}}, T_{\mathrm{s}})$ 是固体催化剂表面的浓度 C_{s} 和表面温度 T_{s} 下的本征反应速率，如前所述 C_i 等于已知气相中反应组分浓度，因而只要获得 $(k_{\mathrm{L}} a_{\mathrm{g}})$ 和 $(k_{\mathrm{c}} a_{\mathrm{c}})$ 就可由式（6-5-4）计算 C_{s}，进而得到三相反应的速率。滴流床的颗粒外部各相间的传质速度较慢，有时可能成为整个反应的控

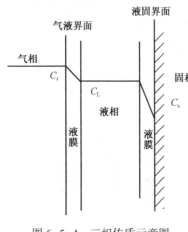

图6-5-4 三相传质示意图

制因素（应注意到：C_{s} 愈低，表明传质的阻力越大）。计算传质系数的方法如下：

1. 气液传质系数（$k_{\mathrm{L}} a_{\mathrm{g}}$）

Goto 和 Smith 于 1995 年提出下列经验方程式（有因次关系）：

$$\frac{k_{\mathrm{L}} a_{\mathrm{g}}}{D_{\mathrm{A}}} = a_{\mathrm{L}} \left(\frac{G_{\mathrm{L}}}{\mu_{\mathrm{L}}} \right)^{\eta_{\mathrm{L}}} \left(\frac{\mu_{\mathrm{L}}}{\rho_{\mathrm{L}} D_{\mathrm{A}}} \right)^{0.5} \qquad (6-5-5)$$

式中 $a_{\mathrm{L}} = 7\mathrm{cm^{-2}}$；

$\eta_{\mathrm{L}} = 0.4$（$0.054 \sim 0.29\mathrm{cm}$ 直径球粒催化剂）；

D_{A} ——扩散组分的分子扩散系数，$\mathrm{cm^2/s}$；

G_L——液体的表观质量流速，g/（cm^2·s）；

μ_L——液体黏度，g/（cm·s）；

$k_L a_g$——气液界面上液膜的容积传质系数，s^{-1}。

高广达和 Dudukovic 于 1993 年研究了细粒滴流床中的氧-水传质系数，得出下列关系

$$(k_L a_g) = 0.0016 E_L^{0.55} u_g^{0.25} \tag{6-5-6}$$

式中　$E_L = \delta_{gL} \cdot u_L \times 10^{-2}$（W/m^3）；

δ_{gL}——单位床高两相压降，Pa/m；

u_L，u_g——液、气相流速，m/s。

此关系式表明气液传质系数不仅和 u_L 有关，而且和 u_g 有关。

2. 液固传质系数（$k_c a_c$）

Dharwadkar 等（1997）根据无内孔颗粒溶解速度的实验结果，在滴流区得出以下关联式：

$$J_D = 1.64 (Re_L)^{-0.331} (0.20 < Re_L < 2400) \tag{6-5-7}$$

式中，J_D 定义为无因次量

$$J_D = \frac{k_c a_c}{u_L a_t} \left(\frac{u_L}{\rho_L D_A} \right)^{2/3} \tag{6-5-8}$$

式中　u_L——液体表观速度；

a_t——单位床体积中颗粒的外表面积；

Re_L——（$d_p u_l \rho_L / \mu_L$）。

6.5.4　滴流床反应器模型

前面介绍了滴流床反应器在气液并流向下情况下的各种流动状态和两类传质系数。有了这些基础以后，加上反应系统的动力学和反应器流动特征的各种资料就可以描述该类三相反应器在滴流状态下的反应器模型。

三相反应的基本方程和反应器简图如图 6-5-5 所示：

$$a\,A(g) + B(L) \xrightarrow{\text{Cat.}} C(g\ \text{或}\ L) + D(g\ \text{或}\ L)$$

滴流床理想状态假定如下：

① 流动按"轴向分散模型"，分散系数 D_L。

② 热效应很小，可视为等温。

③ 催化剂表面全由液相浸润，无干区。

④ 反应只在液固表面进行。

⑤ 气相不冷凝，液相无蒸发。

⑥ 定常态操作。

在 ΔZ 段床层中，气相 A 组分（氢）的物料衡算式：

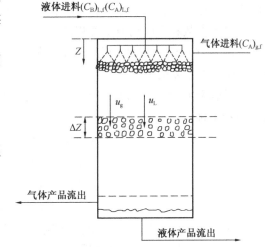

图 6-5-5　滴流床催化反应
$\alpha A(g) + B(L) \rightarrow P$

$$u_g \frac{\mathrm{d}(C_A)_g}{\mathrm{d}z} + (K_L a_g)_A \left[(C_A)_g / H_A - (C_A)_L \right] = 0$$

式中　K_L——气相总括传质系数，对于难溶气体（如 H$_2$），$K_L = k_L$；

127

H_A——气液平衡的亨利系数(难溶气的 H 大)。

所以上式可改写成:

$$u_g \frac{d(C_A)_g}{dz} + (k_L a_g)_A \left[(C_A)_g / H_A - (C_A)_L \right] = 0 \qquad (6-5-9)$$

组分 A 在液相中的物料衡算式:

$$D_L \frac{d^2(C_A)_L}{dz^2} - u_L \frac{d(C_A)_L}{dz} + (k_L a_g)_A \left[(C_A)_g / H_A - (C_A)_L \right] - (k_c a_c)_A$$

$$\left[(C_A)_L - (C_A)_S \right] = 0 \qquad (6-5-10)$$

式中 $(C_A)_L$ ——液相中 A 的浓度;

$(C_A)_s$ ——固体表面 A 的浓度;

$(C_A)_g$ ——气相中 A 的浓度。

液相中的组分 B 在 ΔZ 段的物料衡算式:

$$D_L \frac{d^2(C_B)_L}{dz^2} - u_L \frac{d(C_B)_L}{dz} + (k_c a_c)_B \left[(C_B)_L - (C_B)_S \right] = 0 \qquad (6-5-11)$$

在稳态下 A、B 组分向固体催化剂表面的传质速率应等于反应速率:

$$(k_c a_c)_A \left[(C_A)_L - (C_A)_s \right] = r_A = \rho_B \cdot \eta \cdot f \left[(C_A)_s, (C_B)_s \right] \qquad (6-5-12)$$

$$(k_c a_c)_B \left[(C_B)_L - (C_B)_s \right] = r_B = r_A / a$$

$$= \frac{\rho_B}{a} \cdot \eta \cdot f \left[(C_A)_s, (C_B)_s \right] \qquad (6-5-13)$$

此处 $f[(C_A)_s, (C_B)_s]$ 为本征反应动力学表达式(消耗 A 量/单位质量催化剂、单位时间), η 是催化剂的有效系数, ρ_B 是床内催化剂的堆密度。

如果各参数和反应动力学方程已知,连立式(6-5-9)至式(6-5-13)五组方程,得一组两阶常微分方程组,求解前给出边界条件,即可解出 $(C_A)_g$、 $(C_A)_L$、 $(C_B)_L$、 $(C_A)_s$、 $(C_B)_s$ 各与床高 Z 的关系。

如果假定 $D_L = 0$,即为平推流流动状况,则仅需解一组一阶常微分方程组,给出初值即可,即 $Z = 0$ 时,

$$\left. \begin{array}{l} (C_A)_g = (C_A)_{g,f} \qquad\qquad\qquad (6-5-14) \\ (C_A)_L = (C_A)_{L,f} \\ (C_B)_L = (C_B)_{L,f} \\ (C_A)_s = (C_B)_s = 0 \end{array} \right\} 供料状态$$

$(6-5-15)$

$(6-5-16)$

$(6-5-17)$

下例列出了在平推流条件下的滴流床设计式的解法,如本征动力学方程为一级反应,可得转化率的解析解。否则要用数值解法。

【例6-5-1】 某石油馏分内含许多硫化物中(硫醇 RSH,硫醚 RSR′和二硫化物),在催化裂化前必须经脱硫,最难于脱除的硫化物是噻吩(B),硫化物在 Co-Mo 催化剂(氧化铝载体)上和 H_2 反应成丁烷和硫化氢。

$$\begin{array}{c} HC\!\!-\!\!-\!\!-\!\!CH \\ \| \qquad \| \\ HC \quad CH \\ \diagdown S \diagup \end{array} + 4H_2 \longrightarrow C_4H_{10} + H_2S$$

(B)

128

假定噻吩的氢化在滴流床上能反应完全的话，其他硫化物亦已反应完全。纯 H_2 和石油馏分于床顶端加入，在 200℃ 和 40atm 下操作，在此条件下可忽略噻吩在液相内的蒸发。

（1）第一种情况是催化剂表面的反应速度和由液相向催化剂颗粒传质速度都十分缓慢以至可假定整个床层内液相中 H_2 饱和。此时的反应是二级反应，又假定噻吩浓度大大地大于 H_2 在油相中的浓度，因此本征反应动力学为假一级，仅和 H_2 在油相中浓度呈线性关系。由于反应速度缓慢可假定有效因子为 1。假定在平推流下，请推导噻吩脱除率（即转化率）的表达式。

（2）假定噻吩浓度很低，则本征动力学为 C_B 的一级反应，考虑到此种极端情况，本征速率应与油相中 H_2 浓度无关。此时噻吩的脱除率表达式又如何？

（3）在条件（1）与（2）下，噻吩脱除率达 75% 时计算催化床所需高度，其中（1）条件下，供料中噻吩浓度为 1000×10^{-6}，而在（2）条件下为 100×10^{-6}。

已知：表观液相流速为 5.0cm/s。一级反应常数 $k_H = 0.11 \text{cm}^3/(\text{g} \cdot \text{s})$，$k_B = 0.07 \text{cm}^3/(\text{g} \cdot \text{s})$，而容积传质系数 $(k_c a_c)_{H_2} = 0.5 \text{s}^{-1}$ 及 $(k_c a_c)_B = 0.3 \text{s}^{-1}$，$\rho_B = 0.96 \text{g/cm}^3$。

解：

（1）气相中是纯 H_2 而液相中是饱和氢，因此式（6-5-9）及式（6-5-10）不再需要，即是无论在气相或液相中都不存在氢的浓度梯度，$\dfrac{\text{d}(C_A)_g}{\text{d}Z} = 0$，$(C_A)_g / H_A = (C_A)_L$，进而本征速率与噻吩浓度无关，而表面动力学 $f[(C_A)_s, (C_B)_s]$ 变成一级形式：

$$f[(C_A)_s, (C_B)_s] = k_H (C_{H_2})_s$$

此时对 H_2 的反应-传质衡算式应由式（6-5-12）得：

$$(k_c a_c)_{H_2} [(C_{H_2})_L - (C_{H_2})_s] = r_A = \rho_B k_H (C_{H_2})_s \tag{I}$$

或

$$(C_{H_2})_s = \frac{(k_c a_c)_{H_2}}{(k_c a_c)_{H_2} + \rho_B k_H} (C_{H_2})_L = \frac{(k_c a_c)_{H_2}}{(k_c a_c)_{H_2} + \rho_B k_H} \left[\frac{(C_{H_2})_g}{H_{H_2}} \right] \tag{II}$$

同理由式（6-5-13）可得出对 B 组分的反应-传质衡算式：

$$(k_c a_c)_B [(C_B)_L - (C_B)_s] = \frac{\rho_B}{4} \frac{(k_c a_c)_{H_2} k_H}{(k_c a_c)_{H_2} + \rho_B k_H} \left[\frac{(C_{H_2})_g}{H_{H_2}} \right] \tag{III}$$

因为 $(C_{H_2})_g$ 是常量，因此式（III）就表明在整个反应器中，液相到固体表面的传质速率是个不变值。将式（III）代入反应床物料衡算式（6-5-11）得下式：

$$u_L \cdot \frac{\text{d}(C_B)_L}{\text{d}Z} + \frac{1}{4}(k_H^0) \frac{(C_{H_2})_g}{H_{H_2}} = 0 \tag{IV}$$

其中 k_H^0 为总系数：

$$\frac{1}{k_H^0} = \frac{1}{(k_c a_c)_{H_2}} + \frac{1}{\rho_B k_H} \tag{V}$$

供料端的边界条件是 $Z = 0$ 时 $(C_B)_L = (C_B)_{L,f}$，于是对式（IV）积分：

$$(C_B)_L - (C_B)_{L,f} = -\frac{k_H^0 Z}{4u_L} \frac{(C_{H_2})_g}{H_{H_2}}$$

噻吩的转化率即为：

$$x = \frac{(C_B)_{L,f} - (C_B)_L}{(C_B)_{L,f}} = \left(\frac{k_H^0 \cdot Z}{4u_L} \right) \frac{(C_{H_2})_g / H_{H_2}}{(C_B)_{L,f}} \tag{VI}$$

其中 Z 就是达到转化率 x 所需的床高。

(2) 此条件下，本征动力学应为噻吩浓度的函数。

$$f\big[(C_A)_s, (C_B)_s\big] = k_B(C_B)_s$$

此时由于 H_2 浓度不变，反应速率仅随 C_B 变化而变，式(6-5-12)已无意义，而式(6-5-13)可写作：

$$(k_c a_c)_B \big[(C_B)_L - (C_B)_s\big] = \rho_B k_B(C_B)_s$$

或

$$(C_B)_s = (k_c a_c)_B (C_B)_L / \big[(k_c a_c)_B + \rho_B k_B\big] \qquad (\text{Ⅶ})$$

将该式代入式(6-5-11)，即是平推流下($D_L = 0$)的床层物料平衡式：

$$u_L = \frac{(\mathrm{d}C_B)_L}{\mathrm{d}l} + k_B^0(C_B)_L = 0 \qquad (\text{Ⅷ})$$

其中，k_B^0 为一总系数，表示为：

$$\frac{1}{k_B^0} = \frac{1}{(k_c a_c)_B} + \frac{1}{\rho_B k_B} \qquad (\text{Ⅸ})$$

在 $Z = 0$ 时 $(C_B)_L = (C_B)_{L,f}$，对式(Ⅷ)积分得：

$$x = 1 - \exp\left(-\frac{k_B^0 Z}{u_L}\right) \qquad (\text{Ⅹ})$$

(3) 由(Ⅷ)条件下的式(Ⅵ)，在 40atm 和 200℃下，氢在气相中浓度应为：

$$(C_{H_2})_g = (C_{H_2})_g = \frac{p_{H_2}}{RT} = \frac{40}{82(473)} = 1.03 \times 10^{-3}(\mathrm{mol/cm^3})$$

由氢的溶解度数据可推测 H_{H_2} 在 200℃ 下为 $50(\mathrm{mol/cm^3})/(\mathrm{mol/cm^3})$。由所列的速率数据和式(Ⅴ)可得：

$$\frac{1}{k_H^0} = \frac{1}{0.50} + \frac{1}{0.96(0.11)} = 11.5(\mathrm{s})$$

而噻吩在供料中的浓度 100×10^{-6} 可算成 $(1000/84) \times 10^{-6} = 1.19 \times 10^{-5}(\mathrm{mol/cm^3})$，将结果代入式(Ⅵ)

$$Z = x\left(\frac{4u_L}{k_H^0}\right) \frac{(C_B)_{L,f}}{(C_{H_2})_g/H} = 0.75 \frac{4 \times 5}{(1/11.5)} \frac{1.19 \times 10^{-5}}{1.03 \times 10^{-3}/50} = 100(\mathrm{cm})$$

如在(2)条件下，首先必须计算噻吩组分 k_B^0，由式(Ⅸ)可得：

$$\frac{1}{k_B^0} = \frac{1}{0.3} + \frac{1}{0.96(0.07)} 18.2(\mathrm{s})$$

然后代入式(Ⅹ)：

$$0.75 = 1 - \exp\left[-\frac{(1/18.2) \cdot Z}{5}\right]$$

$$Z = 126(\mathrm{cm})$$

即在噻吩浓度较低时，脱硫效果较之高浓度时差。

参 考 文 献

[1] Kunii D, Levenspiel O. Fluidization Engineering. John Wiley and Sons, Inc., 1969

[2] Levenspiel O. 化学反应工程(第三版). 北京：化学工业出版社，2002

[3] 陈甘棠. 化学反应工程. 北京：化学工业出版社，2007

[4] 佟泽民. 化学反应工程. 北京：中国石化出版社，1993

[5] 李劭芬. 化学及催化反应工程. 北京: 化学工业出版社, 1986
[6] 许贺卿. 气固反应工程. 北京: 原子能出版社, 1993
[7] 林世雄. 石油炼制工程(下). 北京: 石油工业出版社, 1988
[8] 周爱国. 化工数学. 北京: 化学工业出版社, 1993
[9] Smith J M. Chemical Engineering Kinetics, 1981

习 题

1. 一列管式固定床反应由 900 根 $\phi27mm \times 2.5mm$, 长 5.7m 的列管组成, 原料气体进料流量 $F_{t0} = 39.6kmol/h$, 反应温度 $T = 523K$, 反应压力 $p = 9.8 \times 10^5 Pa$, 混合气体密度 $\rho = 17kg/m^3$, 黏度 $\mu = 2.6 \times 10^{-5} Pa \cdot s$, 导热系数 $\lambda = 0.0354W/(m \cdot K)$, 球形催化剂直径 $d_p = 3mm$, 用 Leav 公式计算床层对壁总给热系数, 设为放热反应.

2. 不可逆反应 $2A+B \longrightarrow R$ 在恒温反应器中进行, 如按均相反应(非催化)进行, 其动力学方程式为: $(-r_A) = 3800 p_A^2 p_B \, mol/(L \cdot h)$. 如在催化剂存在下反应, 其动力学方程式为: $(-r_A') = p_A^2 p_B / (0.00563 + 22.1 p_A^2 + 0.0364 p_R) \, mol/(h \cdot g)$. 如总压 $p_t = 0.1MPa$ 不变, 进料中 $y_{A0} = 0.05$, $y_{B0} = 0.95$, 催化剂堆积密度 $\rho_B = 0.6g/cm^3$, 问在平推流式反应器中使 A 转化到 93% 时, 这两种情况所需反应器容积之比.

3. 乙炔与氯化氢在氯化汞-活性炭催化剂上合成氯乙烯的反应为

$$C_2H_2 + HCl \longrightarrow C_2H_3Cl$$
(A)　　(B)　　　(P)

测得在 1MPa、175℃ 及进料中 HCl 与 C_2H_2 的物质的量比为 1.1 时的数据如下:

x_A	0	0.2	0.4	0.6	0.8	0.92	0.99
$(-r_A')/[mol/(s \cdot g)]$	5.73×10^{-6}	4.92×10^{-6}	4.17×10^{-6}	3.06×10^{-6}	1.75×10^{-6}	0.389×10^{-6}	0.0835×10^{-6}

今在固定床反应器中达到 99% 的转化率, 而且生产处理能力为 $1000kg/h$(以 C_2H_2 计), 设床内等温, 并且为平推流, 催化剂堆积密度为 $0.40 \, g/cm^3$, 求所需催化剂体积. 如转化率为 90%, 情况又如何?

4. 二氧化硫的氧化反应:

$$SO_2 + 1/2 O_2 \longrightarrow SO_3$$
(A)　　(B)　　　(P)

在中间间接换热式绝热固定床反应器中进行, 所用钒催化剂的反应速率线图如附图所示. 所用气体组成为 $y_{A0} = 0.08$, $y_{B0} = 0.12$, $y_{I0} = 0.80$, 反应热效应 $(-\Delta H_A) = 96.4kJ/mol$, 气体平均摩尔热容 $\overline{C}_P = 33.1 \, J/(mol \cdot ℃)$, 如果要求最终转化率达到 $x_A = 0.97$, 求各段 (V_{Ri}/F_{t0}) 之值, 各段入口条件为:

段数	x_A	$T/℃$
1	0	460
2	0.60	460
3	0.85	460
4	0.95	450

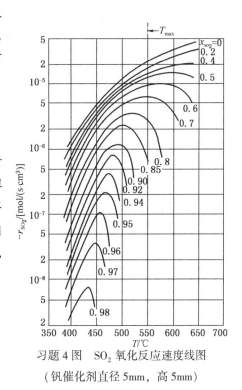

习题 4 图　SO_2 氧化反应速度线图
(钒催化剂直径 5mm, 高 5mm)

131

5. 气固相催化反应 A+B —→R 的宏观速率式为：

$$(-r'_A) = kp_A/(1 + K_R p_R) \quad mol/(h \cdot g)$$

式中，$k = 3.8 \times 10^4 \exp\left(-\dfrac{6500}{T}\right)$，$K_R = 28 \exp\left(\dfrac{2000}{T}\right)$，$p_A$，$p_R$ 量纲为 MPa。在总压 0.1MPa 下，用含 A 12%、B 88%的原料气以流量 $F_{t0} = 40$kmol/h 通过多层绝热反应器进行反应。已知反应热 $(-\Delta H_A) = 63.0$KJ/mol，反应流体的平均摩尔热容为 30J/(mol·K)，气体为平推流，则：

(1) 各层温度范围定为 300~350℃，而 A 的转化率达到 $x_A = 0.90$，需要几段？

(2) 各层转化率增量相同，且反应层出口温度均为 350℃，求第一层所需催化剂量。

6. 在内径 $d_t = 0.03$m 的管式反应器中通入 A、B 组成的原料气，流量 $F_{t0} = 65.9$mol/h，反应总压 0.1MPa，进料温度及管外传热介质温度均为 $T_0 = T_s = 427.5$K，床层与介质间的总传热系数 $U = 116$W/(m²·K)，气体平均摩尔热容 $\overline{C}_P = 28.89$J/(mol·K)，热效应 $(-\Delta H_A) = 636812$J/mol，反应总物质的量不变，已知 $C_{A0} = 0.5$mol/m³，宏观反应速率式：$(-r'''_A) = 2.45 \times 10^{10} \exp\left(-\dfrac{2958}{T}\right) C_A^{0.578} \quad mol/(m^3 \cdot h)$。计算 $x_{Af} = 0.8$ 所需床层高度及轴向转化率与温度分布值。

7. 某合成反应的催化剂，其粒度如下：

$d_p \times 10^5$/μm	4.0	3.15	2.5	1.6	1.0	0.5
质量分率/%	5.80	27.05	27.95	30.07	6.49	3.84

已知：粒子形状系数 $\varphi_S = 0.75$，$\varepsilon_{mf} = 0.55$，$\rho_s = 1.30$g/cm³。在 120℃及 0.1MPa 下，气体的密度 $\rho = 1.453 \times 10^{-3}$g/cm³，$\mu = 1.368 \times 10^{-5}$Pa·s。求临界流化速度。

8. 在一内径为 20cm 的流化床中进行臭氧的催化分解反应，已知数据如下：

$L_0 = 34$cm，$\varepsilon_m = 0.45$，$\varepsilon_{mf} = 0.5$，$K_r = 2$s⁻¹，$u_0 = 13.2$cm/s，$u_{mf} = 2.1$cm/s，$\alpha = 0.47$，$D = 0.204$cm²/s。

设气泡内没有催化剂粒子，代表气泡直径为 3.7cm。求反应的转化率。

第7章 气液两相反应器

7.1 概述

在一定的反应温度范围内，反应物之一处于气相状态，而另一种反应物处于液相状态，则这两种反应物之间的反应称为气-液相反应。气液相反应也是一类重要的非均相反应，涉及相间传质过程。常见的气液相反应可分为两大类：

1. 化学吸收

液相吸收剂中的活性组分与被吸收气体中某组分发生化学反应而生成产物，称为化学吸收，可用于脱除气体中的有害组分，或回收气相中的有用组分。例如在空气深冷分离过程中用化学吸收脱除 CO_2 以防止干冰堵塞管道；又如在催化反应前用化学吸收除去反应原料气中微量的 H_2S 以免催化剂中毒。与常规的物理吸收相比较，化学吸收推动力大，可以更快速彻底地吸收掉气相中的组分，如每 $1m^3$ 水在 $1.8MPa$ 的压力下仅能吸收 $2.5 \sim 3.0m^3$（标准状态）的 CO_2，而在常压下用 $1m^3$ 乙醇胺溶液可吸收 $30m^3$ 的 CO_2，故当工艺要求气相中某活性组分浓度很低而用物理吸收方法难以达到时，常采用化学吸收的方法。对于用作化学吸收剂的基本要求是：无毒、不腐蚀、成本低、便于回收。

2. 制取化学产品

气相和液相反应物之间发生催化反应或非催化反应而生成产物，也是一类重要的气液相反应，广泛应用于石油化工和有机化工中，例如用气态环氧乙烷通入液态氨水溶液以制取乙醇胺的反应：

$$CH_2\text{——}CH_2(g) + NH_4OH(l) \longrightarrow CH_2\text{—}CH_2 + H_2O$$
$$\underset{O}{\quad} \qquad\qquad\qquad\qquad \underset{OH}{\quad}\ \underset{NH_2}{\quad}$$

又如气态的乙烯与氧气在液相催化剂存在下反应生成乙醛：

$$C_2H_4(g) + \frac{1}{2}O_2(g) \xrightarrow{PdCl_2-CuCl_2(l)} C_2H_4O$$

气态反应物和液态反应物有时需借助于固体催化剂而发生反应，如催化剂是悬浮在液体中的小颗粒，则称为浆态床反应器。例如苯加氢生成环己烷的反应：

$$3H_2(g) + C_6H_6(l) \xrightarrow{Ni} C_6H_{12}(l)$$

7.1.1 气液相反应设备

工业上常用的气液相反应设备可分为塔式和釜式两大类。塔类设备的形状与内部结构与物理吸收的各种塔形是基本一样的，包括填料塔、板式塔和鼓泡塔等。用于化学吸收的填料塔通常是两塔串联操作，如图 7-1-1 所示。其中左边为吸收塔，右边为解吸塔，吸收塔中气相反应物被吸收剂吸收进入吸收液，吸收

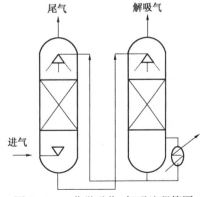

图 7-1-1 化学吸收-解吸流程简图

液在解吸塔中因压力降低、温度升高而发生解吸，被吸收的气相组分得到浓缩提纯，而液体吸收剂则返回吸收塔循环使用。填料吸收塔的特点是具有较大的相界面积和较小的持液量。

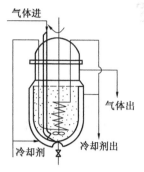

图 7-1-2 鼓泡搅拌釜

板式吸收塔的塔体与塔板结构与一般精馏塔相同，同时具有较大的相界面积和较大的贮液量。鼓泡塔通常是一个空的筒体，内装液相反应物，气相反应物连续地从塔底部的分布器进入，以鼓泡形式通过液层并与液相组分发生反应。鼓泡塔中气液相界面积决定于气泡表面，故单位体积反应器所具有的相界面积较小，但其贮液量比前两种塔式反应器大。

在釜式气液相反应器中，有代表性的是鼓泡搅拌釜（图7-1-2）。气体由搅拌釜的下部分布器流入，呈气泡向上运动，分布器上方有快速转动的搅拌桨，将气泡打碎成无数小气泡，从而大大增加了单位体积中的气泡总表面积，强化了气液两相间的传质，同时具有较大的贮液量。这种鼓泡搅拌釜应用于烃类的氯化，并广泛应用于生化发酵罐中，其体积有大至$100\sim200\text{m}^3$的。

7.1.2　气液传质的双膜模型

关于气相组分向液相传递的过程，现已发展了几种理论。主要有双膜模型、涡流扩散模型、表面更新模型等。后两种模型发展较晚，比较接近实际情况，但其模型参数不易确定。而双膜模型实际应用较多，其优点是简明易懂，便于进行数学处理。

双膜模型假定在气液相界面两侧存在着气膜与液膜，是很薄的静止层或滞留层。当气相组分向液相扩散时，必须先到达气液相界面，并在相界面上达到气液平衡，即符合亨利定律

$$p_{Ai} = H_A C_{Ai} \qquad (7-1-1)$$

式中p_{Ai}和C_{Ai}分别是气相组分 A 在相界面上成平衡的气相分压和液相浓度，H_A为亨利常数。

双膜模型又假定在气膜之外的气相主体和液膜之外的液相主体中，达到完全的混合均匀，即全部传质阻力都集中在膜内。

在无反应的情况下，组分 A 由气相主体扩散而进入液相主体需经历以下途径：气相主体→气膜→界面气液平衡→液膜→液相主体。如图7-1-3所示，扩散达到定常态后，作单位气液相界面积上的物料衡算，根据 Fick 扩散定律，可得到：

扩散入：$-D_{LA}\dfrac{\mathrm{d}C_A}{\mathrm{d}z}$

扩散出：$-D_{LA}\dfrac{\mathrm{d}}{\mathrm{d}z}\left(C_A+\dfrac{\mathrm{d}C_A}{\mathrm{d}z}\mathrm{d}z\right)$

积累量：0

反应量：0

物料平衡式：扩散入＝扩散出

$$-D_{LA}\frac{\mathrm{d}C_A}{\mathrm{d}z}=-D_{LA}\frac{\mathrm{d}}{\mathrm{d}z}\left(C_A+\frac{\mathrm{d}C_A}{\mathrm{d}z}\mathrm{d}z\right)$$

$$(7-1-2)$$

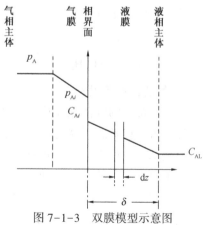

图 7-1-3　双膜模型示意图

即

$$D_{LA} \frac{d^2 C_A}{dz^2} \cdot dz = 0, \quad \frac{d^2 C_A}{dz^2} = 0 \qquad (7-1-3)$$

边界条件：界面处 $z=0$, $C_A = C_{Ai}$

　　液膜表面处 $z=\delta_L$, $C_A = C_{AL}$

式(7-1-3)积分两次，代入边界条件，可得到液膜内 A 组分的浓度分布方程为：

$$C_A = \frac{1}{\delta_L}(C_{AL} - C_{Ai}) \cdot z + C_{Ai} \qquad (7-1-4)$$

对式(7-1-4)微分，可得：

$$\frac{dC_A}{dz} = -\frac{1}{\delta_L}(C_{Ai} - C_{AL}) \qquad (7-1-5)$$

当扩散达定常态时上式中方程右侧各项均为常数，可知此时液膜内浓度梯度处处相等。

　　根据双膜模型的假定，全部液相传质阻力都集中在液膜内，单位时间内通过单位传质表面的 A 组分的量可表示为：

$$N_A = k_{LA}(C_{Ai} - C_{AL}) \qquad (7-1-6)$$

式中，k_{LA} 为 A 组分在液膜中的传质系数，而根据 Fick 扩散定律，液膜中的传质速度即是其中的扩散速度，由式(7-1-5)可得：

$$N_A = -D_{LA}\frac{dC_A}{dz} = -D_{LA}\left[-\frac{1}{\delta_L}(C_{Ai} - C_{AL})\right] = \frac{D_{LA}}{\delta_L}(C_{Ai} - C_{AL}) \qquad (7-1-7)$$

对照式(7-1-6)与式(7-1-7)可得到扩散系数与传质系数之间的关系：

$$k_{LA} = \frac{D_{LA}}{\delta_L} \qquad (7-1-8)$$

同理，气膜传质系数与气膜扩散系数也成正比关系：

$$k_{GA} = \frac{D_{GA}}{\delta_G} \qquad (7-1-9)$$

如定义与液相中 C_{AL} 平衡的气相分压为 p_A^*，与气相中 p_A 平衡的液相浓度为 C_A^*，则传质通量又可表示为：

$$N_A = k_{GA}(p_A - p_{Ai}) = k_{LA}(C_{Ai} - C_{AL}) = K_{GA}(p_A - p_A^*) = K_{LA}(C_A^* - C_{AL})$$

$$= \frac{p_A - p_{Ai}}{\frac{1}{k_{GA}}} = \frac{C_{Ai} - C_{AL}}{\frac{1}{k_{LA}}} = \frac{p_A - p_A^*}{\frac{1}{K_{GA}}} = \frac{C_A^* - C_{AL}}{\frac{1}{K_{LA}}}$$

$$(7-1-10)$$

式中　$p_{Ai} = H_A C_{Ai}$, $p_A^* = H_A C_{AL}$, $C_A^* = p_A / H_A$;

　　　　K_{GA}——以分压表示的总传质系数，$molA/(m^2 \cdot atm \cdot h)$;

　　　　K_{LA}——以浓度表示的总传质系数，m/h。

因此式(7-1-10)又可写作

$$\frac{p_A - p_{Ai}}{\frac{1}{k_{GA}}} = \frac{p_{Ai} - p_A^*}{\frac{H_A}{k_{LA}}} = \frac{p_A - p_A^*}{\frac{1}{K_{GA}}} \qquad (7-1-11)$$

根据分式性质，如 $\frac{a}{b} = \frac{c}{d}$，则 $\frac{a+c}{b+d} = \frac{a}{b}$，可得：

$$\frac{p_A - p_A^*}{\frac{1}{k_{GA}} + \frac{H_A}{k_{LA}}} = \frac{p_A - p_A^*}{\frac{1}{K_{GA}}} \qquad (7-1-12)$$

对照可得：

$$\frac{1}{K_{GA}} = \frac{1}{k_{GA}} + \frac{H_A}{k_{LA}} \qquad (7-1-13)$$

同理

$$\frac{1}{K_{LA}} = \frac{1}{H_A k_{GA}} + \frac{1}{k_{LA}} \qquad (7-1-14)$$

气膜传质阻力 $\frac{1}{k_{GA}}$ 与液膜传质阻力 $\frac{H_A}{k_{LA}}$ 之比 $\frac{1}{k_{GA}} \Big/ \frac{H_A}{k_{LA}}$ 称为气液膜传质比阻力或相对阻力。

7.1.3 气液相反应的宏观动力学

设有一气液反应 $A(g) + bB(l) \rightarrow P$，气相组分 A 与液相组分 B 之间的反应过程，需经历以下步骤：

①气相 A 通过气膜扩散到达相界面，在相界面上达到气液平衡；

②组分 A 从相界面进入液膜，同时液相组分 B 从液相主体扩散进入液膜，A、B 在液膜内接触而发生反应；

③液膜中未反应完的 A 扩散进入液相主体，与其中的组分 B 进行反应。

液相组分 B 不挥发，故不能穿过界面到达气相中。因此，A、B 之间的反应必须发生在液膜与液相主体中。换言之，气相组分 A 必须越过相界面进入液膜才能与 B 发生反应。当反应达到定常态时，穿过相界面的 A 的速率就与 A 消失的宏观速率相等。

气液相反应过程是传质与反应的综合。其宏观反应速率决定于其中速率特别慢的那一步。如果反应速率远大于传质速率，宏观反应速率由传质速率决定，在形式上就是传质速率方程；如果传质速率远大于反应速率，则称为反应控制或动力学控制，此时宏观反应速率就等于本征反应速率。如果传质速率与反应速率相当，则没有控制步骤，宏观反应速率要同时考虑传质与反应的影响。很多情况下气液相反应速率与相界面积的大小有关，故常用以相界面积为基准的反应速率 $(-r_A'')$ 表示。

7.1.4 比相界面与气含率

气液相反应体系中，单位液相体积所具有的气液相界面积 $a_i = \dfrac{S}{V_L}$，而单位气液混合物体积中所具有的气液相界面积 $a = \dfrac{S}{V_R}$。a_i 与 a 均称为比相界面，但它们的基准不同，故数值上也有差别。两者之间可用气含率 ε 关联。

单位气液混合物体积中气相所占的体积，称为气含率，记作 $\varepsilon = \dfrac{V_G}{V_R}$。根据其定义，可得到如下关系：

$$a_i V_L = a V_R$$
$$a = \frac{V_L}{V_R} \cdot a_i = (1 - \varepsilon) \cdot a_i \qquad (7-1-15)$$

相应地，不同基准的反应速率之间可借助于比相界面作关联：

$$(-r_A) V_L = (-r_A'') \cdot S = (-r_A''') \cdot V_R$$

$$(-r_A) = \frac{S}{V_L}(-r_A'') = a_i(-r_A'') \qquad (7-1-16)$$

$$(-r_A''') = \frac{S}{V_R}(-r_A'') = a(-r_A'') \qquad (7-1-17)$$

7.2 气液相反应动力学

设有二级不可逆气液相反应 $A(g) + bB(l) \longrightarrow P$，其液相中的本征速率方程为 $(-r_A) = kc_A c_B$，宏观速率方程受到气液相传质阻力的影响。按照传质阻力与反应阻力的相对大小，气液相反应可分为若干种不同类型，具有不同的宏观速率方程。

7.2.1 气液相反应的类型

气液相二级不可逆反应有以下八种类型，如图 7-2-1 所示。

① 瞬间快速反应：气相组分 A 与液相组分 B 之间的反应为瞬间完成，两者不能共存，反应发生于液膜内某一个面上，该面称为反应面，在反应面上 A、B 的浓度均为零。

② 界面反应：反应的性质与瞬间快速反应相同，但因液相中 B 组分浓度高，气相组分 A 一扩散到达界面即反应完毕，反应面移至相界面上，在界面上，A 组分浓度为零，而 B 组分浓度可大于零。正好使 A 组分在界面上浓度为零时液相主体中组分 B 的浓度称为临界浓度。

③ 二级快速反应：A 与 B 的反应速度较快，但不是瞬间完成。反应的区域在液膜中，即在液相主体中没有 A，也没有 A 与 B 之间的反应。

④ 拟一级快速反应：与二级快速反应一样，反应发生于液膜内某一区域中。不同的是液相组分 B 浓度高，以致与 A 发生反应后消耗的量可以忽略不计，即在整个液膜中 B 的浓度近似不变，反应速率只随液膜中 A 的浓度变化而变化。

⑤ 二级中速反应：A 与 B 在液膜中发生反应，但因反应速率不很快，故有部分 A 在液膜中不能反应完毕，因而进入液相主体，并在液相主体中继续与 B 组分反应。

⑥ 拟一级中速反应：与二级中速反应一样，反应同时发生于液膜与液相主体中，但因液相中 B 组分浓度高，使得在整个液膜中 B 的浓度近似不变，成为 A 组分的拟一级反应。

⑦ 二级慢速反应：A 与 B 的反应很慢，扩散通过相界面的气相组分 A，在液膜中与液相组分 B 发生反应，但大部分 A 反应不完而扩散进入液相主体，并在液相主体中与 B 发生反应。由于液膜在整个液相中所占体积分率很小，故反应主要在液相主体中进行。

⑧ 极慢反应：A 与 B 的反应极慢，A、B 在液膜中的浓度与它们在液相主体中的浓度相同，此时扩散速率大大高于反应速率，因此有 $C_{AL} = \frac{p_A}{H_A}$ 的关系。

不同的反应类型，其传质速率与本征反应速率的相对大小不同，宏观速率的表达形式相差颇大，适宜的气液反应设备也不相同。

7.2.2 气液相反应的基础方程式

本节讨论二级不可逆气液相反应 $A(g) + bB(l) \longrightarrow P$ 的基础方程式。如前所述，气相组分 A 在反应中消失的量都必须通过气液相界面。扩散与反应达到定常态时，A 的消失速率等于通过气液相界面扩散的速率，故有：

$$(-r_A'') = -D_{LA}\frac{dC_A}{dz}\bigg|_{z=0} \qquad (7-2-1)$$

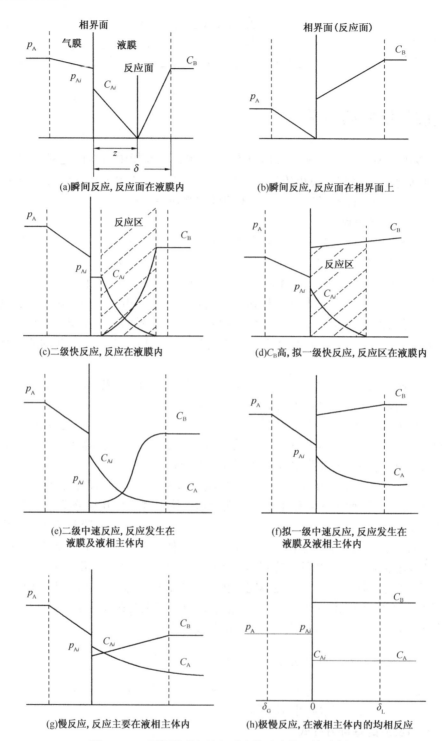

(a)瞬间反应,反应面在液膜内

(b)瞬间反应,反应面在相界面上

(c)二级快反应,反应在液膜内

(d)C_B高,拟一级快反应,反应区在液膜内

(e)二级中速反应,反应发生在
液膜及液相主体内

(f)拟一级中速反应,反应发生在
液膜及液相主体内

(g)慢反应,反应主要在液相主体内

(h)极慢反应,在液相主体内的均相反应

图 7-2-1 不同类型气液相反应的动力学区域示意图

此时作液相单位面积的微元厚度 dz 中 A 组分的物料衡算如图 7-2-2, 有:

$$\text{扩散入：} -D_{LA}\frac{dC_A}{dz}$$

扩散出：$-D_{LA}\dfrac{d}{dz}\left(C_A+\dfrac{dC_A}{dz}dz\right)$

反应量：$(-r_A)\cdot dz$

积累量：0

扩散入的量 $-$ 反应量 $=$ 扩散出的量 $+$ 积累量

$$-D_{LA}\frac{dC_A}{dz}-(-r_A)\cdot dz$$

$$=-D_{LA}\frac{d}{dz}\left(C_A+\frac{dC_A}{dz}dz\right)+0 \qquad (7-2-2)$$

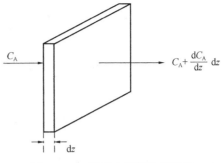

图 7-2-2　液膜内微层物料平衡

整理得：

$$D_{LA}\frac{d^2C_A}{dz^2}=(-r_A)=kC_AC_B \qquad (7-2-3)$$

同理可得：

$$D_{LB}\frac{d^2C_B}{dz^2}=(-r_B)=bkC_AC_B \qquad (7-2-4)$$

式(7-2-3)与式(7-2-4)是二级不可逆气液相反应的基础方程式。各种不同类型的气液相反应有不同的边界条件，因而可得到不同的特解。如求得了 A 组分在液膜中的浓度分布方程 $C_A=f(z)$，则可求得气液相反应的宏观速率方程。

$$(-r_A'')=\left(-D_{LA}\frac{dC_A}{dz}\right)\Bigg|_{z=0}$$

7.2.3　不同类型气液相二级不可逆反应的宏观速率式

1. 瞬间快速反应

如图 7-2-1(a)所示，组分 A 与 B 在液膜中不能共存，反应发生在液膜内某一个反应面上，在此反应面上 $C_A=C_B=0$。

反应面距相界面为 δ_R，液膜表面距相界面为 δ_L。在 $0<z<\delta_R$ 范围内，只有 A 而没有 B，故无反应发生，有 $D_{LA}\dfrac{d^2C_A}{dz^2}=0$；在 $\delta_R<z<\delta_L$ 范围内，只有 B 而没有 A，故也无反应发生，有

$D_{LB}\dfrac{d^2C_B}{dz^2}=0$。

组分 A 由相界面、组分 B 由液膜表面向反应面相向扩散，在反应面上相遇而立即发生反应，其反应消失速率等于各自的扩散速率，即

$$N_B=-bN_A \qquad (7-2-5)$$

其中

$$N_A=\frac{D_{LA}}{\delta_R-0}(C_{Ai}-0)\ ;\ N_B=-\frac{D_{LB}}{\delta_L-\delta_R}(C_{BL}-0) \qquad (7-2-6)$$

代入可得：

$$\frac{D_{LB}}{\delta_L-\delta_R}C_{BL}=\frac{bD_{LA}}{\delta_R}C_{Ai}$$

整理得：

$$\delta_L \cdot \frac{D_{LA}}{\delta_R} C_{Ai} = D_{LA} C_{Ai} + \frac{D_{LB}}{b} C_{BL} \qquad (7-2-7)$$

而

$$N_A = \frac{D_{LA}}{\delta_R} C_{Ai} = \frac{D_{LA}}{\delta_L} C_{Ai} + \frac{1}{b} \cdot \frac{D_{LB}}{\delta_L} C_{BL} = k_{LA} C_{Ai} + \frac{1}{b} k_{LB} \cdot C_{BL}$$

$$= k_{LA} C_{Ai} \left(1 + \frac{1}{b} \cdot \frac{k_{LB}}{k_{LA}} \cdot \frac{C_{BL}}{C_{Ai}} \right) = k_{LA} C_{Ai} \cdot \beta_\infty \qquad (7-2-8)$$

式中，$k_{LA} C_{Ai}$ 为 A 组分的最大物理吸收速率。$\beta_\infty = 1 + \frac{1}{b} \cdot \frac{k_{LB}}{k_{LA}} \cdot \frac{C_{BL}}{C_{Ai}} = 1 + \frac{1}{b} \cdot \frac{D_{LB}}{D_{LA}} \cdot \frac{C_{BL}}{C_{Ai}}$ 称为瞬间反应的增强系数，其物理意义是在气液相化学反应条件下气相组分 A 的消失速率与最大物理吸收速率的比值。但式中 C_{Ai} 为界面上 A 组分的浓度，难以实验测定，故可用如下的变换求得宏观反应速率：

$$(-r_A'') = k_{GA}(p_A - p_{Ai}) = k_{LA} C_{Ai} \left(1 + \frac{1}{b} \cdot \frac{D_{LB}}{D_{LA}} \cdot \frac{C_{BL}}{C_{Ai}} \right) = \frac{p_A - H_A C_{Ai}}{\dfrac{1}{k_{GA}}}$$

$$= \frac{H_A C_{Ai} + \dfrac{H_A}{b} \cdot \dfrac{D_{LB}}{D_{LA}} C_{BL}}{\dfrac{H_A}{k_{LA}}} = \frac{p_A + \dfrac{H_A}{b} \cdot \dfrac{D_{LB}}{D_{LA}} C_{BL}}{\dfrac{1}{k_{GA}} + \dfrac{H_A}{k_{LA}}}$$

或

$$(-r_A'') = K_{GA} \left(p_A + \frac{H_A}{b} \cdot \frac{D_{LB}}{D_{LA}} \cdot C_{BL} \right) \qquad (7-2-9)$$

此式中消除了难以确定的 C_{Ai}，与物理吸收相比，增加了推动力 $\dfrac{H_A}{b} \cdot \dfrac{D_{LB}}{D_{LA}} \cdot C_{BL}$。

2. 界面反应

当瞬间快速反应中液相组分 B 浓度发生变化时，A 与 B 的反应面在液膜中的位置发生移动。C_{BL} 增大到一定值时，反应面移至气液相界面，继续增大 C_{BL} 并不能增大气液反应的宏观速率 $(-r_A'')$。此时为界面反应，A 组分的消失速率完全由气膜扩散决定。

$$(-r_A'') = k_{GA}(p_A - p_{Ai}) = k_{GA} p_A \qquad (7-2-10)$$

$k_{GA} p_A$ 是 A 组分气膜扩散的最大速率，也是气液相反应宏观速率所能达到的最大极限。此宏观速率式显然不同于瞬间快速反应速率式，因此在决定要哪一个宏观速率式之前，首先判别反应面是否在界面上是至关重要的。

在瞬间快速反应中，宏观速率式

$$(-r_A'') = k_{GA}(p_A - p_{Ai}) = k_{LA} C_{Ai} \left(1 + \frac{1}{b} \frac{D_{LB}}{D_{LA}} \cdot \frac{C_{BL}}{C_{Ai}} \right), \quad \text{又 } p_{Ai} = H_A C_{Ai}$$

可解得：

$$C_{Ai} = \frac{k_{GA} p_A - \dfrac{1}{b} k_{LB} C_{BL}}{k_{LA} + H_A k_{GA}} \qquad (7-2-11)$$

式中分母恒为正值，如分子为正，则 $C_{Ai} > 0$，反应必发生在液膜内某个面上，故为瞬间快速反应。如果分子为负值，则 $C_{Ai} < 0$，或当 $C_{Ai} = 0$ 时，表示界面上 A 的液相浓度及气相分压

均为零，故必为界面反应。

3. 拟一级快速反应

A、B 两组分的反应在液膜中某个区域内完成，且液膜中 B 的浓度基本不变，因而二级不可逆反应可简化为拟一级反应。反应在液相中进行，故

$$(-r_A) = kC_A C_B = k_1 C_A \qquad (7-2-12)$$

式中，$k_1 = kC_{BL}$，在一定温度下可做常数处理，假设反应区域充满整个液膜，则基础方程式

$$D_{LA} \frac{d^2 C_A}{dz^2} = (-r_A) = k_1 C_A \qquad (7-2-13)$$

的边界条件为：$\begin{cases} z=0, & C_A = C_{Ai} \\ z=\delta_L, & C_A = 0 \end{cases}$

原方程 $D_{LA} \dfrac{d^2 C_A}{dz^2} = k_1 C_A$ 的辅助方程 $D_{LA} m^2 = k_1$ 的解是 $m = \pm\sqrt{\dfrac{k_1}{D_{LA}}}$，原微分方程的通解为：

$$C_A = C_1 \exp\left(\sqrt{\frac{k_1}{D_{LA}}} \cdot z\right) + C_2 \exp\left(-\sqrt{\frac{k_1}{D_{LA}}} \cdot z\right) \qquad (7-2-14)$$

其中 C_1、C_2 为待定常数，代入边界条件得：

$$\begin{cases} C_1 + C_2 = C_{Ai} & (7-2-15) \\ C_1 \exp\left(\sqrt{\dfrac{k_1}{D_{LA}}} \cdot \delta_L\right) + C_2 \exp\left(-\sqrt{\dfrac{k_1}{D_{LA}}} \cdot \delta_L\right) = 0 & (7-2-16) \end{cases}$$

由 $\delta_L = \dfrac{D_{LA}}{k_{LA}}$ 可得：

$$\sqrt{\frac{k_1}{D_{LA}}} \cdot \delta_L = \frac{\sqrt{k_1 D_{LA}}}{k_{LA}} = \gamma \qquad (7-2-17)$$

式中 $\gamma = \dfrac{\sqrt{k_1 D_{LA}}}{k_{LA}}$ 是一个无因次数，称为 Hatta 数，有明确的物理意义，代入式(7-2-15)和式(7-2-16)可解得两待定常数为：

$$C_1 = -C_{Ai} \frac{e^{-\gamma}}{e^{\gamma} - e^{-\gamma}}; \quad C_2 = C_{Ai} \frac{e^{\gamma}}{e^{\gamma} - e^{-\gamma}}$$

因此原微分方程的特解为：

$$
\begin{aligned}
C_A &= \frac{C_{Ai}}{e^{\gamma} - e^{-\gamma}} \left[-e^{-\gamma} \cdot \exp\left(\sqrt{\frac{k_1}{D_{LA}}} \cdot z\right) + e^{\gamma} \cdot \exp\left(-\sqrt{\frac{k_1}{D_{LA}}} \cdot z\right) \right] \\
&= \frac{C_{Ai}}{e^{\gamma} - e^{-\gamma}} \left\{ -\exp\left[-\sqrt{\frac{k_1}{D_{LA}}}\left(\frac{D_{LA}}{k_{LA}} - z\right) \right] + \exp\sqrt{\frac{k_1}{D_{LA}}}\left(\frac{D_{LA}}{k_{LA}} - z\right) \right\} \\
&= C_{Ai} \frac{2\sinh\left[\sqrt{\dfrac{k_1}{D_{LA}}}\left(\dfrac{D_{LA}}{k_{LA}} - z\right) \right]}{2\sinh\gamma}
\end{aligned}
$$

$$(7-2-18)$$

其中双曲正弦 $\sinh\gamma = \dfrac{e^{\gamma} - e^{-\gamma}}{2}$。

式(7-2-18)表示了拟一级快反应时液膜内 A 组分浓度沿液膜厚度 z 的变化规律。由气液相反应宏观速率[式(7-2-1)]，代入 C_A-z 关系[式(7-2-18)]，可求得：

$$\frac{dC_A}{dz}\bigg|_{z=0} = -C_{Ai}\sqrt{\frac{k_1}{D_{LA}}} \cdot \frac{2\cosh\gamma}{2\sinh\gamma} = -C_{Ai}\sqrt{\frac{k_1}{D_{LA}}} \cdot \frac{1}{\tanh\gamma} \qquad (7-2-19)$$

$$(-r_A'') = -D_{LA}\frac{dC_A}{dz}\bigg|_{z=0} = -D_{LA}\left(-C_{Ai}\sqrt{\frac{k_1}{D_{LA}}} \cdot \frac{1}{\tanh\gamma}\right) = C_{Ai}\frac{\sqrt{k_1 D_{LA}}}{\tanh\gamma}$$

$$= k_{LA}C_{Ai} \cdot \frac{\sqrt{k_1 D_{LA}}}{k_{LA}} \cdot \frac{1}{\tanh\gamma} = \frac{\gamma}{\tanh\gamma} \cdot k_{LA}C_{Ai} = \beta \cdot k_{LA}C_{Ai}$$

$$(7-2-20)$$

式中 $\beta = \dfrac{\gamma}{\tanh\gamma}$ 称为气液相拟一级快反应的增强系数，其物理意义为：

$$\beta = \frac{(-r_A'')}{k_{LA}C_{Ai}} = \frac{\text{气液相反应的宏观速率}}{\text{最大物理吸收速率}} \qquad (7-2-21)$$

β 与 γ 的对应值可见表7-2-1。

表7-2-1　β 与 γ 对应值

γ	0.01	0.1	1	1.5	2	3
$\beta = \dfrac{\gamma}{\tanh\gamma}$	1.00003	1.00333	1.313	1.659	2.075	3.015

若作 β-γ 曲线，则可见：当 $\gamma < 0.2$ 时，$\beta \cong 1.0$

当 $\gamma > 2$ 时，$\beta \cong \gamma$

4. 二级快速反应

二级快速反应在液膜内完成，但 C_B 随着液膜厚度而变化，其基础方程式为：

$$D_{LA}\frac{d^2 C_A}{dz^2} = (-r_A) = kC_A C_B \qquad (7-2-22)$$

边界条件为：

$$z = 0 \quad C_A = C_{Ai} \quad \frac{dC_B}{dz} = 0 \quad (B\text{ 不挥发})$$

$$z = \delta_L \quad C_A = 0 \quad C_B = C_{BL}$$

在此边界条件下，基础方程无解析解。其近似解为：

$$\beta = \frac{\gamma\sqrt{\dfrac{\beta_{\infty} - \beta}{\beta_{\infty} - 1}}}{\tanh\left(\gamma\sqrt{\dfrac{\beta_{\infty} - \beta}{\beta_{\infty} - 1}}\right)} \qquad (7-2-23)$$

这是一隐式方程，可先求得 γ 和 β_{∞}，再试差求得 β。二级快速反应的宏观速率为：

$$(-r_A'') = \beta k_{LA}C_{Ai} = \beta K_{GA}p_A$$

5. 拟一级中速反应

气相组分 A 与液相组分 B 之间的二级反应在液膜与液相主体内同时进行，两者的反应量均不能忽略不计。在液膜内组分 B 的浓度基本不变。其基础方程式为：

$$D_{LA}\frac{\mathrm{d}^2 C_A}{\mathrm{d}z^2} = kC_A C_B = k_1 C_A$$

边界条件为：

$$z = 0 \quad C_A = C_{Ai} \quad \frac{\mathrm{d}C_B}{\mathrm{d}z} = 0$$

$$z = \delta_L \quad C_B = C_{BL} \quad -D_{LA}a\frac{\mathrm{d}C_A}{\mathrm{d}z} = kC_A C_B \left[(1-\varepsilon) - a\delta\right]$$

最后一个边界条件的意义是：以单位气液相混合物体积为基准，由液膜表面扩散进入液相主体的 A 量等于在液相主体中反应掉的 A 量。在此条件下的基础方程的解析解是：

$$\frac{C_A}{C_{Ai}} = \cosh(az) - \frac{\left(\dfrac{1-\varepsilon}{a\delta} - 1\right)a\delta + \tanh(a\delta)}{\left(\dfrac{1-\varepsilon}{a\delta} - 1\right)a\delta\tanh(a\delta) + 1}\sinh(az) \qquad (7-2-24)$$

式中，$a = \sqrt{\dfrac{k_1}{D_{LA}}}$，$\delta$ 为液膜厚度。

6. 二级中速反应

除在液膜中 C_B 有变化之外，其余与拟一级中速反应相同，其基础方程式为：

$$D_{LA}\frac{\mathrm{d}^2 C_A}{\mathrm{d}z^2} = kC_A C_B$$

边界条件与拟一级中速反应相同，方程没有解析解，只有近似解。

7. 二级慢速反应

在慢速反应中，通常液相主体体积比液膜体积大得多，因而液膜中的反应量可以忽略不计，即认为通过相界面扩散的 A 全部在液相主体中反应掉。此时有以下的关系：

$$(-r_A) = a_i(-r_A'') = k_{GA}a_i(p_A - p_{Ai}) = k_{LA}a_i\left(\frac{p_{Ai}}{H_A} - C_{AL}\right) = kC_{AL}C_{BL}$$

$$= \frac{p_A - p_{Ai}}{\dfrac{1}{k_{GA}a_i}} = \frac{p_{Ai} - p_A^*}{\dfrac{H_A}{k_{LA}a_i}} = \frac{p_A^*}{\dfrac{H_A}{kC_{BL}}} = \frac{p_A}{\dfrac{1}{k_{GA}a_i} + \dfrac{H_A}{k_{LA}a_i} + \dfrac{H_A}{kC_{BL}}}$$

$$(7-2-25)$$

8. 极慢反应

极慢反应时组分 A 的扩散速率大大高于 A 与 B 的反应速率，气液相反应的宏观速率等于液相主体中的本征速率，传质阻力可以忽略不计，因此

$$C_{Ai} \approx C_{AL} \approx \frac{p_A}{H_A} \qquad (7-2-26)$$

$$(-r_A) = kC_A C_B = k\frac{p_A}{H_A}C_{BL} \qquad (7-2-27)$$

综合以上八种气液相不可逆二级反应的情况，可以用 γ、β_∞ 和 $\dfrac{1-\varepsilon}{a\delta}$ 为参数，标绘成 $\beta-\gamma$ 曲线，见图 7-2-3。由图查得 β 值，则气液相反应的宏观速率就是：

$$(-r_A'') = \beta k_{LA}C_{Ai} = \beta K_{GA}p_A$$

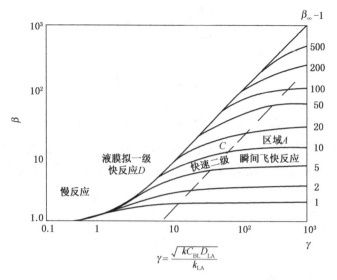

图 7-2-3　β-γ 关系曲线图

$k_{LA}C_{Ai}=K_{GA}p_A$ 两者均表示最大物理吸收速率，是作为气液相反应宏观速率的一个比较标准。

7.2.4　气液相反应中的几个重要参数

1. 膜内转化系数 γ（Hatta）数

γ 是在推导拟一级快反应宏观速率方程过程中引入的一个无因次数，有其明确的物理意义：

$$\gamma^2=\left(\frac{\sqrt{kC_{BL}D_{LA}}}{k_{LA}}\right)^2=\frac{kC_{BL}D_{LA}}{k_{LA}\cdot\dfrac{D_{LA}}{\delta_L}}$$

$$=\frac{kC_{BL}C_{Ai}\delta_La}{k_{LA}C_{Ai}a}=\frac{液膜内最大反应量}{通过界面最大传质量}\qquad(7-2-28)$$

所以 γ 值的大小反映了通过相界面的气相组分 A 在液膜中反应掉的分率。由气液相反应中 γ 值的大小可推知传质速率与反应速率的相对大小。

如 $\gamma\geqslant2$，为瞬间反应或快反应；如 $\gamma\leqslant0.02$，为主要发生在液相主体中的慢反应，液膜内的反应量可以忽略不计；如 $0.02<\gamma<2$，为中速反应区。

2. 增强系数 β

增强系数 β 表示气液相反应宏观速率与最大物理吸收速率的比值，即：

$$\beta=\frac{(-r_A'')a}{k_{LA}aC_{Ai}}=\frac{-D_{LA}a\left.\dfrac{\mathrm{d}C_A}{\mathrm{d}z}\right|_{z=0}}{k_{LA}aC_{Ai}}\qquad(7-2-29)$$

不同的气液相反应类型，β 的表达式也不相同。

界面反应：

$$\beta_\infty=\frac{k_{GA}ap_A}{K_{GA}ap_A}=\frac{k_{GA}a}{K_{GA}a}$$

瞬间快速反应：

$$\beta_\infty=1+\frac{1}{b}\frac{D_{LB}}{D_{LA}}\cdot\frac{C_{BL}}{C_{Ai}}$$

拟一级快速反应：

$$\beta=\frac{\gamma}{\tanh\gamma}$$

144

二级反应：
$$\beta = \frac{\gamma\sqrt{\dfrac{(\beta_\infty - \beta)}{(\beta_\infty - 1)}}}{\tan h\left[\gamma\sqrt{\dfrac{(\beta_\infty - \beta)}{(\beta_\infty - 1)}}\right]}$$

7.2.5 气液相反应速率的实验测定

测定气液相反应速率常用的实验装置是双混合反应器，如图7-2-4所示。此反应器由上下两部分组成，中间用大小可调的隔板隔开，上部为反应气体，下部为反应液体。气液两相的接触面在隔板的中央。上部气相与下部液相中各装有搅拌装置，使两相均处于全混流状态。改变搅拌速度，可以改变气膜与液膜的厚度，并因此改变传质阻力。

设气、液相反应：

$$A(g) + bB(l) \longrightarrow P$$

在等温等压的连续流动反应器中进行，气相中反应组分A与惰性组分I混合物符合理想气体性质，在一定总压 p 下两组分的分体积流量与各自的摩尔流量成正比：

$$pv_i = F_i RT \qquad (7-2-30)$$

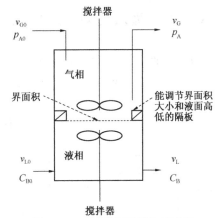

图 7-2-4　气液相双混合反应器

其中 v_i 为 i 组分的分体积流量，F_i 为 i 组分的摩尔流量，惰性气体流经反应器前后总量不变，$F_i = F_{i0}$，故有

$$v_I = v_{I0} \qquad (7-2-31)$$

反应组分A流经反应器过程中因反应而减小，F_A 与 v_A 同步变小：

$$\frac{F_A}{F_I} = \frac{v_A}{v_I}, \ 得 \ F_A = \frac{F_I}{v_I}v_A \qquad (7-2-32)$$

液相部分相当于一个全混釜，以单位液相体积为基准的A组分反应速率为：

$$(-r_A) = \frac{1}{V_L}(F_{A0} - F_A) = \frac{1}{V_L} \cdot \frac{F_I}{v_I}(v_{A0} - v_A) = \frac{1}{V_L} \cdot \frac{p}{RT}\left(v_{I0} \cdot \frac{p_{A0}}{p_{I0}} - v_I\frac{p_A}{p_I}\right)$$

$$\underline{\underline{= \frac{pv_I}{V_L \cdot RT}\left(\frac{p_{A0}}{p_{I0}} - \frac{p_A}{p_I}\right)}} \qquad (7-2-33)$$

而B组分的反应速率为：

$$(-r_B) = b(-r_A) = \frac{v_L}{V_L}(C_{B0} - C_B) \qquad (7-2-34)$$

其中 v_L 为液相体积流量。

用双混合实验反应器可以判断气液相反应的类型。如果提高气相搅拌速率后 $(-r_A)$ 值变大，则说明气膜扩散阻力大，反应是快速的；如增大气相转速而 $(-r_A)$ 值不受影响，则说明气膜扩散阻力可以不计，反应就是慢速的。

如果单位时间内消失的A量与气液界面积成正比，则为瞬间反应或快反应；如A的消失速度与相界面积无关而与液相体积 V_L 成正比，则说明是在液相主体中进行的慢反应。

如果气相组分A的消失速率与气液相界面积及液相体积两者均有关，则可判断为中速反应。

判别气液相反应的类型，对于正确选择反应器形式是十分重要的。因为不同的气液相反应器具有不同的比相界面和贮液量，因而具有不同的传递性能和反应性能。对于快速反应，反应场所仅在液膜之内，而与液相主体大小无关，应该选用比相界面大的反应器类型，如填料塔、喷雾器、湿壁塔等。对于慢速反应，液相主体是进行反应的主要场所，与气液相界面积大小关系不大，应选用持液量大的反应器，如鼓泡塔等。中速反应要兼顾气液相界面积和持液量，可选用板式塔、鼓泡搅拌釜等。

7.3 化学吸收填料塔的计算

化学吸收填料塔常用于吸收气相中较少量的活性组分。气相与液相逆流接触，在填料

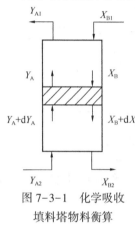

图 7-3-1 化学吸收
填料塔物料衡算

表面形成气液相界面，填料塔的结构和操作特性与一般物理吸收塔是一样的，其塔径计算要求保持填料表面润湿而又不产生液泛，操作具有一定的弹性。由于化学吸收的推动力比物理吸收的大，故化学吸收塔的填料层高度相应较小。在填料塔中不涉及气泡现象，而且气液两相的流动又比较接近平推流，故填料塔高度计算中数学模型设计法也较为成熟。

设有气液相不可逆二级反应 $A(g) + bB(l) \rightarrow P$，反应为瞬间或快速进行，在液相主体中 A 组分的浓度 $C_{AL} = 0$。假定气、液两相流动均为平推流，其浓度随填料层高度呈连续变化。作定常态时塔内微元高度的物料衡算，见图 7-3-1。

式中 G——单位塔截面上气相惰性组分的摩尔流量，$mol/(m^2 \cdot s)$；

L——单位塔截面上液相惰性组分的摩尔流量，$mol/(m^2 \cdot s)$；

Y_A——气相中组分 A 与惰性组分的摩尔流量之比；

X_B——液相中组分 B 与惰性组分的摩尔流量之比。

反应达定常态时，微段内 A 组分损失量=微元内 A 组分反应量，即：

$$G[(Y_A + dY_A) - Y_A] = (-r'''_A) \cdot dh = (-r''_A)a \cdot dh \qquad (7-3-1)$$

化简得：
$$GdY_A = (-r''_A)a \cdot dh$$

积分得：

$$H = \int_0^H dh = G\int_{Y_{A1}}^{Y_{A2}} \frac{dY_A}{(-r''_A)a} \qquad (7-3-2)$$

同理，对液相组分 B 作物料衡算，可得：

$$L[(X_B - (X_B + dX_B)] = (-r'''_B) \cdot dh = b(-r'''_A) \cdot dh = b(-r''_A)a \cdot dh$$

$$H = \int_0^H dh = -\frac{L}{b}\int_{X_{B1}}^{X_{B2}} \frac{dX_B}{(-r'''_A)} = \frac{L}{b}\int_{X_{B2}}^{X_{B1}} \frac{dX_B}{(-r''_A)a}$$

$$(7-3-3)$$

根据定义，

$$Y_A = \frac{p_A}{p_1} = \frac{p_A}{P - p_A}, \quad X_B = \frac{C_B}{C_T - C_B}$$

微分得：

$$dY_A = \frac{P dp_A}{(P - p_A)^2}, \quad dX_B = \frac{C_T dC_B}{(C_T - C_B)^2} \qquad (7-3-4)$$

代入式(7-3-2)、式(7-3-3)，得填料层高度计算式：

$$H = G \int_{Y_{A1}}^{Y_{A2}} \frac{dY_A}{(-r''_A)a} = GP \int_{p_{A1}}^{p_{A2}} \frac{dp_A}{(P - p_A)^2 (-r''_A)a} \qquad (7-3-5)$$

$$H = \frac{L}{b} \int_{X_{B2}}^{X_{B1}} \frac{dX_B}{(-r''_A)a} = \frac{L}{b} \int_{C_{B2}}^{C_{B1}} \frac{C_T dC_B}{(C_T - C_B)^2 (-r''_A)a} = \frac{L \cdot C_T}{b} \int_{C_{B2}}^{C_{B1}} \frac{dC_B}{(C_T - C_B)^2 (-r''_A)a} \qquad (7-3-6)$$

如果是稀气体稀溶液，则 $P - p_A \approx P$，$C_T - C_B \approx C_T$，高度计算公式可简化成：

$$H = \frac{G}{P} \int_{p_{A1}}^{p_{A2}} \frac{dp_A}{(-r''_A)a} = \frac{L}{bC_T} \int_{C_{B2}}^{C_{B1}} \frac{dC_B}{(-r''_A)a} \qquad (7-3-7)$$

式(7-3-7)是用得较多的计算式，因化学吸收的很多过程用稀气体稀溶液。若已有 $(-r''_A)a - p_A$ 或 $(-r''_A)a - C_B$ 的对应关系，就可用积分法求得所需填料层高度。

【例 7-3-1】 在一逆流操作的填料塔中用化学吸收的方法把进料气中的有害组分的含量从 0.1% 降低到 0.02%，试比较以下几种情况，求出所需填料高度。已知 $k_{GA}a = 32$ kmol/(h·m³·atm)，$k_{LA}a = 0.1 \text{h}^{-1}$，$H_A = 0.125 \text{atm·m}^3/\text{kmol}$，气液相流量分别为 $L = 700 \text{kmol}/(\text{m}^2 \cdot \text{h})$，$G = 100 \text{kmol}/(\text{m}^2 \cdot \text{h})$，气相总压 $P = 1 \text{atm}$，液相的总浓度 $C_T = 56 \text{kmol}/\text{m}^3$。

(1)用纯水吸收；(2)用 $C_{B1} = 0.8 \text{kmol}/\text{m}^3$ 的反应组分的水溶液吸收，反应极快，$k_{LA} = k_{LB} = k_L$，液相总浓度 $C_T = 56 \text{kmol}/\text{m}^3$，$b = 1$；(3)$C_{B1} = 0.03 \text{kmol}/\text{m}^3$，其余同(2)；(4)$C_{B1} = 0.128 \text{kmol}/\text{m}^3$，其余同(2)。

解： 因为是稀气体稀溶液，故 $Y_A \approx y_A = p_A/P$

(1)物理吸收

$$G \frac{dp_A}{P} = L \frac{dC_A}{C_T}$$

从填料层上端积分至某一床层截面，得：

$$\int_{p_{A1}}^{p_A} dp_A = \frac{PL}{GC_T} \int_0^{C_A} dC_A$$

$$p_A - p_{A1} = \frac{1 \times 7 \times 10^5}{10^5 \times 5.6 \times 10^4}(C_A - 0) = \frac{1}{8000} C_A$$

$$C_A = 8000(p_A - p_{A1}) = 8000 p_A - 1.6$$

$$\frac{1}{K_{GA}a} = \frac{1}{k_{GA}a} + \frac{H_A}{k_{LA}a} = \frac{1}{3.2 \times 10^4} + \frac{1.25 \times 10^{-4}}{0.1} = 0.00128$$

$$K_{GA}a = 780.5 [\text{mol}/(\text{m}^3 \cdot \text{atm} \cdot \text{h})]$$

吸收推动力：

$$p_A - p_A^* = p_A - H_A C_A = p_A - 1.25 \times 10^{-4} \times (8000 p_A - 1.6)$$

$$= p_A - p_A + 2 \times 10^{-4} = 2 \times 10^{-4}(\text{atm}) = 常数$$

物理吸收速率

$$N_A \cdot a = K_{GA}a(p_A - p_A^*) = 780.5 \times 2 \times 10^{-4} = 0.1561 [\text{mol}/(\text{m}^3 \cdot \text{h})]$$

吸收塔高度：

$$H = \frac{G}{P} \int_{p_{A1}}^{p_{A2}} \frac{\mathrm{d}p_A}{N_A a} = \frac{1 \times 10^5}{1 \times 0.1561} (10^{-3} - 2 \times 10^{-4}) = 512.5 (\mathrm{m})$$

（2）快速化学反应吸收，$C_{B1} = 0.8 \mathrm{kmol/m^3}$

对于瞬间快速反应，应先判别反应是否发生于界面上，再选用相应的计算式。如果塔底处为界面反应，则全塔均为界面反应；如塔顶处不是界面反应，则全塔都不是界面反应。

作全塔物料衡算

$$G \frac{p_{A2} - p_{A1}}{P} = L \frac{C_{B1} - C_{B2}}{C_T}$$

$$C_{B2} = C_{B1} - \frac{G C_T}{PL}(p_{A2} - p_{A1}) = 800 - \frac{1 \times 10^5 \times 5.6 \times 10^4}{1 \times 7 \times 10^5}(10^{-3} - 2 \times 10^{-4})$$

$$= 793.6 (\mathrm{mol/m^3})$$

在塔底处 $k_{GA} a p_{A2} - \frac{1}{b} k_{LB} a C_{B2} = 3.2 \times 10^4 \times 10^{-3} - 1 \times 0.1 \times 793.6 < 0$

故属界面反应，宏观速率式

$$(-r_A'') a = k_{GA} a p_A$$

此时所需塔高

$$H = \frac{G}{P} \int_{p_{A1}}^{p_{A2}} \frac{\mathrm{d}p_A}{(-r_A'') a} = \frac{G}{P k_{GA} a} \int_{p_{A1}}^{p_{A2}} \frac{\mathrm{d}p_A}{p_A} = \frac{10^5}{1 \times 3.2 \times 10^4} \ln \frac{p_{A2}}{p_{A1}}$$

$$= \frac{10^5}{3.2 \times 10^4} \ln \frac{10^{-3}}{2 \times 10^{-4}} = 5.03 (\mathrm{m})$$

（3）快速反应化学吸收，$C_{B1} = 0.03 \mathrm{kmol/m^3}$

在塔顶处

$$k_{GA} a p_{A1} - \frac{1}{b} k_{LB} a C_{B1} = 3.2 \times 10^4 \times 2 \times 10^{-4} - 1 \times 0.1 \times 30 = 3.4 > 0$$

故塔内反应段为液膜内发生的瞬间反应，其宏观速率式为：

$$(-r_A'') a = K_{GA} a \left(p_A + \frac{H_A}{b} \cdot \frac{D_{LB}}{D_{LA}} \cdot C_B \right) = 780.5 \times (p_A + 1.25 \times 10^{-4} C_B)$$

物料衡算式得：

$$C_B = C_{B1} - \frac{G C_T}{PL}(p_A - p_{A1}) = 30 - \frac{10^5 \times 5.6 \times 10^4}{1 \times 7 \times 10^5}(p_A - 2 \times 10^{-4}) = 31.6 - 8000 p_A$$

$$(-r_A'') a = 780.5 \times (p_A + 1.25 \times 10^{-4}(31.6 - 8000 p_A)) = 3.083 = 常数$$

检验塔底部流出液中是否还有 B 组分：

$$C_{B2} = 31.6 - 8000 p_{A2} = 31.6 - 8000 \times 10^{-3} > 0$$

故没有物理吸收区。

需要的塔高：

$$H = \frac{G}{P} \int_{p_{A1}}^{p_{A2}} \frac{\mathrm{d}p_A}{(-r_A'') a} = \frac{G}{P} \int_{p_{A1}}^{p_{A2}} \frac{\mathrm{d}p_A}{3.083} = \frac{10^5}{1 \times 3.083}(10^{-3} - 2 \times 10^{-4}) = 25.83 (\mathrm{m})$$

（4）快速反应化学吸收，$C_{B1} = 0.128 \mathrm{kmol/m^3}$

从塔顶到某一截面作物料衡算

$$C_B = C_{B1} - \frac{GC_T}{PL}(p_A - p_{A1}) = 128 - \frac{5.6 \times 10^4 \times 10^5}{1 \times 7 \times 10^5}(p_A - 2 \times 10^{-4}) = 129.6 - 8000p_A$$

在临界浓度截面上

$$k_{GA}ap_{AC} = k_{LB}aC_{BC}$$

可得

$$3.2 \times 10^4 p_{AC} = 0.1 \times (129.6 - 8000p_{AC})$$

$$p_{AC} = 3.951 \times 10^{-4}(\text{atm})$$

式中 C_{BC}——临界截面上吸收剂浓度;

       p_{AC}——临界截面上被吸组分分压。

塔上段为界面反应,用界面反应宏观速率式

$$H_{上} = \frac{G}{P}\int_{p_{A1}}^{p_{AC}} \frac{\mathrm{d}p_A}{k_{GA}ap_A} = \frac{10^5}{1 \times 3.2 \times 10^4}\ln\frac{3.951 \times 10^{-4}}{2 \times 10^{-4}} = 2.128(\text{m})$$

塔下段为瞬间反应区,用瞬间反应宏观速率式

$$H_{下} = \frac{G}{P}\int_{p_{AC}}^{p_{A2}} \frac{\mathrm{d}p_A}{K_{GA}a(p_A + H_A C_B)} = \frac{10^5}{1 \times 780.5}\int_{p_{AC}}^{p_{A2}} \frac{\mathrm{d}p_A}{p_A + 1.25 \times 10^{-4}(129.6 - 8000p_A)}$$

$$= 4.784(\text{m})$$

塔填料层总高度

$$H = H_{上} + H_{下} = 2.128 + 4.784 = 6.91(\text{m})$$

参 考 文 献

[1] Levenspiel O. 化学反应工程(第三版). 北京:化学工业出版社,2002

[2] Sherwood, T K, et al. MassTransfer. NewYork:McGraw-Hill, 1970

[3] Danckwerts, P V. Gas-LiquidReactions. NewYork:McGraw-Hill, 1970

[4] 陈甘棠. 化学反应工程. 北京:化学工业出版社,2007

习 题

1. CO_2 在空气和水中的传质系数如下:

$k_{GA}a = 80\text{mol}/(\text{h} \cdot \text{L} \cdot \text{atm})$; $k_{LA}a = 25\text{h}^{-1}$; $H_A = 50\text{atm}/\text{mol}$。

今以 25℃ 的水用逆流接触方式从空气中脱除 CO_2,问:

(1)这一吸收操作中,气膜和液膜的相对阻力为多少?

(2)在设计吸收塔时,拟用速率方程式的最简形式是怎样的?

2. 含有 0.1% H_2S 的载气在 2.0atm 和 20℃ 时用含有 0.25mol/L 甲醇胺的溶液进行吸收,这是瞬间快速的酸碱中和反应,反应式为:

$$H_2S + RNH_2 \longrightarrow HS^- + RNH_3^+$$
$$A(g) \quad (B) \quad\quad (P) \quad\quad (S)$$

已知数据为:

$k_{LA}a = 0.30\text{s}^{-1}$, $k_{GA}a = 6 \times 10^{-5}\text{mol}/(\text{cm}^3 \cdot \text{s} \cdot \text{atm})$,

$D_{LA} = 1.5 \times 10^{-5}\text{cm}^2/\text{s}$, $D_{LB} = 10^{-5}\text{cm}^2/\text{s}$, $H_A = 0.115\text{mol}/(\text{L} \cdot \text{atm})$。

确定适用于操作条件下的速率方程式的形式,并求出其增强系数 β_∞。

3. 用 NaOH 溶液吸收 CO_2 的反应

$$CO_2(g) + NaOH(l) \longrightarrow NaHCO_3$$
$$\quad (A) \qquad\qquad (B) \qquad\qquad (P)$$

已知 $k_{GA} = 0.5\,kmol/(m^2 \cdot atm \cdot h)$，$k_{LA} = 5 \times 10^{-5}\,m/s$，$H_A = 0.025\,kmol/(m^3 \cdot atm)$，二级反应速率常数 $k = 10^4\,m^3/(kmol \cdot s)$，扩散系数 $D_{LA} = 1.8 \times 10^{-9}\,m^2/s$，$D_{LB} = 3.06 \times 10^{-9}\,m^2/s$。当 $p_A = 0.05\,atm$，$C_{BL} = 0.5\,mol/L$ 时，试求反应的吸收速率，判断此反应是否为一级反应（参阅图 7-2-4）。

4. 在气液相双混和实验反应器中进行气液相快速反应

$$A(g) + B(l) \longrightarrow P$$

实验条件为 15.5℃，1atm，气液分界面为 $100\,cm^2$，得到实验结果为：
$p_{I0} = p_A = 0.5\,atm$，$v_{G0} = 30\,cm^3/min$，$v_G = 15.79\,cm^3/min$，$C_{B0} = 0.20\,mol/L$，$v_{L0} = 5\,cm^3/min$，计算：液相出口浓度 C_B，宏观反应速率 $(-r_A'')$。

5. 以溶有反应物 B 的水溶液吸收气体中的 A，反应式为 $A(g) + B(l) \longrightarrow P$，已知 A 和 B 在水中的扩散系数相等，并且 A 的亨利系数 $H_A = 2.5\,atm \cdot L/mol$，若采用双混合气液相反应器，相界面积为 $100\,cm^2$，调节进入的气、液相流量，实验测定反应器中的操作条件及计算所得吸收速率如下：

实验次数	p_A/atm	$C_B / \left(\dfrac{mol}{cm^3}\right)$	$(-r_A'') / \left(\dfrac{mol}{cm^2 \cdot s}\right)$
1	0.05	10×10^{-6}	15×10^{-6}
2	0.02	2×10^{-6}	5×10^{-6}
3	0.10	4×10^{-6}	22×10^{-6}
4	0.01	4×10^{-6}	4×10^{-6}

试根据上述实验结果，判断反应的类型，指出反应发生的场所。

6. 气体中含有杂质 A 1%（摩尔分率），用含 B 反应物浓度为 $C_B = 100\,mol/m^3$ 的吸收液进行逆流接触反应，使杂质 A 浓度下降至 2×10^{-6}，反应是瞬间快速的，计量式为：

$$A(g) + B(l) \longrightarrow P$$

已知 $k_{GA}a = 32000\,mol/(h \cdot m^3 \cdot atm)$，$k_{LA}a = k_{LB}a = 0.5\,h^{-1}$

$G = 1 \times 10^5\,mol/(m^2 \cdot h)$，$L = 7 \times 10^5\,mol/(m^2 \cdot h)$

$H_A = 0.125 \times 10^{-3}\,atm \cdot m^3/mol$，$C_T = 56000\,mol/m^3$，$P = 1\,atm$

(1) 确定所需塔高；

(2) 对液相进塔浓度还可以有哪些改进？

(3) 液体进料 B 中的浓度为多少时塔高为最小？最小塔高为多少？

7. 填料塔中进行化学吸收，化学反应为瞬间快速的：

$$H_2S(g) + RNH_2(l) \longrightarrow HS^- + RNH_3^+$$
$$\quad (A) \qquad\quad (B) \qquad\quad (P) \qquad (S)$$

已知：$C_{B1} = 0.25\,mol/L$，$p_{A1} = 10^{-6}\,atm$，$p_{A2} = 10^{-2}\,atm$，$k_{GA}a = 6 \times 10^{-5}\,mol/(cm^3 \cdot s \cdot atm)$，$k_{LA}a = 0.03\,s^{-1}$，$D_{LA} = 1.5 \times 10^{-5}\,cm^2/s$，$D_{LB} = 10^{-5}\,cm^2/s$，$H_A = 0.115\,L \cdot atm/mol$，气体的流量 $G = 3 \times 10^{-3}\,mol(cm^2 \cdot s)$

确定拟采用的合适的 L/G 值以及所需填料高度。

150

第8章 聚合反应器

世界石油化工产品有近一半是高分子聚合物。生产高聚物的过程——聚合过程，通过化学反应，将"小分子"单体转化成"大分子"聚合物，使产品具有小分子所不具备的"可塑""成纤""高弹""成膜"等一些特性，使这些产品可用作塑料、纤维、橡胶、涂料以及其他一些用途。高聚物是材料工程的重要组成部分之一。

高聚物的性能除与聚合物的构件——单体及链接方式有关外，主要还受聚合物的分子量及分子量分布的影响，因此，如何运用工程手段控制聚合过程中产品的分子量及分子量分布以生产出性能合格的产品，是聚合反应工程的主要内容。

与一般的化学反应过程不同，聚合反应过程有如下一些特点：

① 聚合反应机理和动力学十分复杂。聚合过程的反应步骤很多，有时有多达数千的"连串"反应，对于每一步反应都可以列出一个对应的微分方程式，因此，在数学上处理起来非常困难。即使能利用计算机进行数学处理，但由于聚合反应过程的每一步动力学常数，不仅是温度的函数，同时也与聚合度、分子的构型以及反应体系的状态等有关，因而比较复杂，实际上难以处理。

② 反应的条件对反应的影响十分复杂。温度不仅对聚合反应速率有影响，而且也影响聚合物的分子量及分子量分布，如果反应体系内温度不均匀，还会影响产品的其他性能，如树脂颗粒的微观结构等。浓度(如引发剂浓度、单体浓度、助剂浓度等)和反应时间对反应速率和产品性能都有很大影响。由于聚合过程中生成的"活性"大分子与原料及产品的性质都有差异，影响因素又较复杂，还存在一些协同作用，分析和建模都较困难。

③ 聚合反应是一个高放热反应。聚合反应放热量一般在 $42 \sim 110 kJ/mol$ 单体范围内。聚合过程中聚合速率随转化率的变化存在着较大的差异，因此，放热速率也将有所不同。如何将聚合热及时传出，保持反应器内各处温度均匀，不产生热点或失去控制也是聚合反应器设计和控制必须解决的一大问题。

④ 聚合反应体系很复杂。在均相聚合体系(本体或溶液聚合)时，随着聚合过程的进行，聚合转化率和聚合物分子量不断增加，体系黏度不断发生变化，引起凝胶效应。非均相聚合体系(如乳液或悬浮聚合)涉及气液固三相反应，有传质和扩散的影响。而聚合反应过程中随着转化率的升高，分子量的增大，反应体系往往又呈非牛顿流体特性，且其特性随反应而变化，因此，聚合反应中的传递过程将更为复杂。

虽然近二十几年来，聚合反应工程的研究相当活跃，各个领域中都有不同程度的进展，但由于以上这些特点和由此引起的一些困难，造成了今日的聚合反应工程还没有达到能圆满地、定量地解决工业装置放大设计的程度。人们还不得不在相当程度上依靠经验。不过由于近十几年测试手段的日益完善，计算机技术的高速发展和模型化技术的综合应用，已为聚合反应工程解决这些困难提供了较为有效的方法和途径。

8.1 聚合反应的类型

根据反应机理的不同，可将聚合反应基本上分成逐步聚合和连锁聚合反应两大类型。

1. 逐步聚合反应

逐步聚合反应是靠单体两端具有活泼基团的相互作用而连接起来的反应，例如：

$$n\text{HOROH}+n\text{HOOCR}'\text{COOH} \rightleftharpoons \text{H} \text{+} \text{OROOCR}'\text{CO} \text{+}_n \text{OH}+(2n-1)\text{H}_2\text{O} \quad (8-1-1)$$

$$n\text{HOROH}+n\text{OCNR}'\text{CNO} \rightleftharpoons \text{+} \text{OROCONHR}'\text{NHCO} \text{+}_n \quad (8-1-2)$$

式(8-1-1)为聚酯的缩聚反应，式(8-1-2)为聚氨酯的逐步加聚反应。逐步聚合的特点是从原料开始，经过聚合度为1、2、3、……的低聚物，直至聚合度为 n 的高聚物。若两种反应物等当量加入且浓度为 C 时，聚合速率 R_p 为：

$$R_\text{p} = k \cdot C^2 \quad (8-1-3)$$

式中 k 为反应速率常数，逐步聚合的每一步反应速率常数基本相同，即反应活化能基本相同。反应可停留在中间阶段，可以分离出稳定的中间产物。逐步聚合一般为可逆反应。

缩聚反应除了具有逐步聚合的这一特点外，还另有特点。一般说来，反应结果除形成杂链高聚物外，还有低分子副产物，如水、醇、氨、氯化氢等产生。为了获得高分子量的缩聚产品，必须及时移走这些低分子副产物，使平衡往生成高分子聚合物方向移动。

另外，如聚酯反应，若没有外加催化剂，聚合速率 R_p 应为：

$$R_\text{p} = k' \cdot C^3 \quad (8-1-4)$$

2. 连锁聚合反应

连锁聚合反应通常可分为自由基聚合和离子型聚合两类。

（1）自由基聚合

其特点是通过自由基而使分子长大。氯乙烯聚合成聚氯乙烯、苯乙烯聚合成聚苯乙烯均属自由基聚合。

$$n\text{CH}_2\!=\!\text{CH} \longrightarrow \text{+}\text{CH}_2\!-\!\text{CH}\text{+}_n \quad (8-1-5)$$
$$\qquad\quad |\qquad\qquad\qquad\quad | $$
$$\qquad\quad \text{Cl}\qquad\qquad\qquad\text{Cl}$$

$$(8-1-6)$$

在均相(本体和溶液)聚合中，自由基聚合各基元反应及其速度式可用符号表示如下：

	机理	反应速率式

引发：

光引发：
$$\text{M} \longrightarrow \text{M}_1^* \qquad r_i = f(I) \quad (8-1-7)$$

引发剂引发：
$$\text{I} \xrightarrow{k_\text{d}} 2\text{R}^* \qquad r_\text{d} = 2k_\text{d}[\text{I}] \quad (8-1-8)$$

$$\text{R}^* + \text{M} \xrightarrow{k_i} \text{RM}_1^* \qquad r_i = k_i[\text{R}^*][\text{M}] \quad (8-1-9)$$

热引发：

双分子引发：
$$\text{M} + \text{M} \xrightarrow{k_i} \text{M}_1^* + \text{M}_1^* \qquad r_i = 2k_i[\text{M}]^2 \quad (8-1-10)$$

生长： $\qquad$ $M_j^* + M \xrightarrow{k_p} M_{j+1}^*$ $\qquad$ $r_p = k_p [M][M_j^*]$ (8-1-11)

转移：

向单体转移： $\qquad$ $M_j^* + M \xrightarrow{k_{fm}} M_j + M_1^*$ $\qquad$ $r_{fm} = k_{fm}[M][M_j^*]$

(8-1-12)

向溶剂转移： $\qquad$ $M_j^* + S \xrightarrow{k_{fs}} M_j + S^*$ $\qquad$ $r_{fs} = k_{fs}[S][M_j^*]$ (8-1-13)

终止：

单基终止： $\qquad$ $M_j^* \xrightarrow{k_{t1}} M_j$ $\qquad$ $r_{t1} = k_{t1}[M_j^*]$ (8-1-14)

双基终止：

歧化： $\qquad$ $M_j^* + M_i^* \xrightarrow{k_{td}} M_j + M_i$ $\qquad$ $r_{td} = k_{td}[M_j^*][M_i^*]$

(8-1-15)

偶合： $\qquad$ $M_j^* + M_i^* \xrightarrow{k_{tc}} M_j - M_i$ $\quad$ $r_{tc} = k_{tc}[M_j^*][M_i^*]$ (8-1-16)

式(8-1-7)中的 I 表示光的强度，而式(8-1-8)中的[I]则表示引发剂的浓度。

在多数实际情况下，稳态的假定都是适用的，即反应过程中引发的速度与终止的速度相等，活性链的总浓度不变。此时聚合速率可表达如下式

$$R_p = k[I]^n[M]^m \qquad (8-1-17)$$

一般情况下，式中指数 $n = 0.5 \sim 1.0$；$m = 1 \sim 1.5$(个别可达到2)。

(2)离子型聚合

这是以正碳离子或负碳离子作为活性中心而实行链增长的聚合，因此可分为阳离子聚合和阴离子聚合两类。其聚合反应速率的通式可写成：

$$R_p = k[M]^m[C]^n \qquad (8-1-18)$$

式中 k 为总速率常数；指数 $m = 0 \sim 3$，$n = 0 \sim 2$；[C]为催化剂浓度。大多数情况下 $m = 1$ 或 2，$n = 1$。

连锁聚合的各基元反应中，引发的活化能较大，而链增长和链终止的活化能均较小。所以链一经引发，即迅速增长而后终止，无法停留在中间阶段，也无法分离出中间产物。另外，这种聚合反应也不生成低分子副产物，所得聚合物与单体元素组成相同。这和逐步聚合反应有所不同，影响反应的因素和控制方法也随之不同。

8.2 聚合方法和聚合反应器

聚合反应是高放热反应，而且对热十分敏感。温度增高，聚合物的分子量便迅速降低，分子量分布却变宽，机械物理性能往往变差，从而使产品不合格。尤其对于某些反应速度极快的聚合过程，这一矛盾更加突出，因此如何有效地携走热量和控制温度是选定聚合方法和设计反应器以及操作中的一项关键问题。

8.2.1 聚合方法

聚合反应实施方法主要有本体聚合、溶液聚合和乳液聚合和悬浮聚合，它们各有特点，

如表 8-2-1 所示。

表 8-2-1　四种常用聚合方法的比较

聚合方法		本体法	溶液法	乳液法	悬浮法
引发剂种类		油溶性	油溶性	水溶性	油溶性
温度调节		难	稍易，溶剂为载热体	易，水为载热体	易，水为载热体
分子量调节		难，分布宽，分子量较大	易，分布窄，分子量小	易，分子量很大，分布宽	较难，分布宽，分子量大
反应速度		快，初期需低温，使反应徐徐进行	慢，因有溶剂	很快，选用乳化剂使速度加快	快，靠水温及搅拌调节
装置情况		温度高，要强搅拌	要有溶剂回收、单体分离及造粒干燥设备	要有水洗、过滤	干燥设备
聚合物性质		高纯度，可直接成型，混有单体，可塑性大	要精制，溶剂连在聚合物端部，有色、聚合度低	需除乳化剂，易分离未反应单体，热与电稳定性差	高纯度，宜于成型，直接得粒状物，易水洗，干燥，可制发泡物，比本体法含单体少
实例	聚合物溶于单体	聚甲基丙烯酸甲酯，聚苯乙烯，聚乙烯基醚，聚丙烯酸酯	中压聚乙烯，聚醋酸乙烯，聚丁二烯，聚丙烯酸，乙丙橡胶	丁苯橡胶，丁腈橡胶，聚氯乙烯，丙烯腈-丁二烯-苯乙烯共聚体	聚苯乙烯，聚乙酸乙烯，聚甲基丙烯酸甲酯，聚丙烯酸酯
	聚合物不溶于单体	高压聚乙烯，聚氯乙烯	低压聚乙烯，丁基橡胶，聚异丁烯		聚氯乙烯，聚丙烯腈

1. 本体聚合

单体本身加入少量引发剂(甚至不加)的聚合。其最大优点是产物纯净，不需要多少后处理设备，尤其适用于制板材、型材等透明制品。但本体聚合不易传热，尤其转化率增高后黏度增大，搅拌和传热就更困难了。因此通常分作两段聚合，在预聚合时流体黏度还比较小，故采用搅拌釜；而当黏度增大到一定程度后就引入专门设计的后聚合器中，使反应完成。但不管怎样，终因前后温度变化较大，使分子量分布变宽而影响到产品性能。

2. 溶液聚合

将单体和引发剂溶于适当溶剂中的聚合。由于反应速度很快，传热量较大，可利用溶剂作载热体，依靠强制对流或直接蒸发回流来解决传热和温度控制问题。因此，溶液聚合体系黏度较低，混合和传热较容易。但是溶液聚合也有缺点：①由于单体浓度较低，聚合速率较慢，设备生产能力和利用率较低；②单体浓度低和向溶剂链转移的结果，使聚合物分子量较低；③溶剂分离回收费用较高，除尽聚合物中残留溶剂困难，在聚合釜内除尽溶剂后，固体聚合物出料困难。因此，工业上溶液聚合多用于聚合物溶液直接使用的场合，如涂料、合成纤维纺丝液、胶黏剂等。

3. 悬浮聚合

单体以液滴状分散悬浮于水中的聚合。聚合体系主要由单体、水、引发剂、分散剂四组分组成。单体液滴内的反应与本体聚合相同，聚合结束，单体液滴转变成固体聚合物颗粒。悬浮聚合由于体系黏度低，传热和温度控制较容易，产品分子量及分布比较稳定，后处理工序也较简单，生产成本低等优点而得到广泛应用。悬浮聚合一般在聚合釜内间歇分批进行。悬浮聚合的主要缺点是产品中多少附有少量分散剂残留物，影响制品的透明度和绝缘性能。

4. 乳液聚合

单体和水（或其他分散介质）并且用乳化剂配成乳液状态所进行的聚合，聚合体系的基本组分是单体、水、引发剂、乳化剂。乳液聚合是单体溶入乳化剂所形成的胶束中进行的聚合，反应速度快，分子量很大。由于以水作分散介质，乳液的黏度与聚合物分子量及聚合物含量关系很小，这有利于混合、传热和管道输送，便于连续操作。因此，乳液聚合适用于胶乳和分子量高的场合，如水乳漆、胶黏剂、纸张、皮革以及乳液泡沫橡胶的生产等。乳液聚合的主要缺点是：要得到固体聚合物时，乳液需经凝聚（破乳）、洗涤、脱水、干燥等工序，生产成本较悬浮法高；产品中留有乳化剂，难以完全除尽，有损绝缘性能。

以上四种实施方法中，根据聚合物在其单体或聚合溶剂中的溶解性能，本体、溶液和悬浮聚合都有均相聚合和非均相聚合之分。例如聚苯乙烯能溶于苯乙烯或苯中，所以苯乙烯的本体聚合、悬浮聚合以及在苯中的溶液聚合，聚合体系始终为均相，属于均相聚合。相反，聚氯乙烯不溶于氯乙烯单体中，在聚合过程中，将从单体中沉析出来，形成两相，因此氯乙烯的本体、溶液或悬浮聚合都属于沉淀聚合，也属于非均相聚合。

8.2.2 聚合反应器

聚合反应器有搅拌釜式、塔式、管式以及特殊形式四种类型。在实际工业生产中，搅拌釜式约占90%，其次是塔式约占10%，管式和特殊形式所占比例不到釜式和塔式两者总和的2%。

1. 搅拌釜式聚合反应器

搅拌釜主要由釜体、釜盖、搅拌器、减速电机和密封装置等组成，如图8-2-1所示为氯乙烯悬浮聚合时的大型搅拌式聚合釜，釜内的搅拌、传热等都有许多专门的考虑。为了避免搅拌轴太长，故改从下部插入。所用的三叶后掠式桨能进行良好的搅拌而减少由于桨叶间的涡流而造成的功率消耗。采用中心通冷水的指型或 D 型挡板，一方面改善了液-液相之间的分散，以免出现釜内打漩现象；另一方面也加强了热量的传出。此外，结构设计尽量采用圆滑的外形，有些小型聚合釜的内壁还涂有搪瓷以减少聚合物黏壁（挂胶）现象的发生。

搅拌器由桨叶（叶轮）及轴组成。由于各种聚合方法的搅拌任务不同，桨叶设计成各种不同形式，主要有推进器式、涡轮式、桨式、锚式、螺轴式（有时带导流筒）、螺带式，以

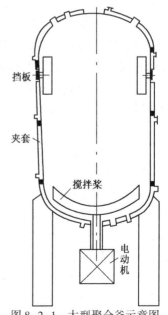

图 8-2-1 大型聚合釜示意图

及有刮壁作用的搅拌器等(图 8-2-2)。前三种适用于高速搅拌低黏度流体,后几种适用于低速搅拌高黏度流体。

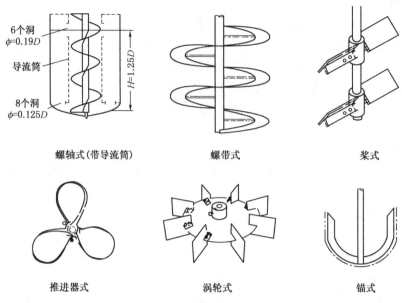

图 8-2-2　几种主要桨叶的形状

几乎所有的乳液聚合、悬浮聚合和溶液聚合以及部分本体聚合都可以在搅拌釜式反应器中进行。例如,乳液法生产丁苯橡胶、溶液法生产顺丁橡胶和聚乙酸乙烯、本体熔融缩聚法生产涤纶树脂以及悬浮聚合法生产聚苯乙烯和聚氯乙烯等等都使用搅拌聚合釜。尤其是氯乙烯悬浮聚合釜已趋向大型化,单釜容积已超过 $200m^3$,使生产成本大为降低。

2. 塔式聚合反应器

塔式反应器一般作为均相系统中处理高黏度反应液的聚合装置。这种装置构造简单,种类也较少。图 8-2-3 是苯乙烯本体连续聚合的装置示意图。物料初期黏度还小,故先在有搅拌的预聚釜中进行聚合,约转化到 33%~35%左右,引入塔内。此塔是只有换热管而没有搅拌装置的空塔,随着转化率的增高,黏度愈来愈大,为了维持约 0.15m/h 的流动速度,塔的下部需加热升温,到出口处为 200℃,聚合完毕。

图 8-2-4 是连续聚合生产尼龙 6 用的 KV 塔。塔内有一些简单的搅拌装置,以促进缩聚时所生成的水分子的排出。在将近 30h 的聚合中,物料以 0.33m/h 的速度下流,与此同时,黏度逐渐上升,从入口处的 1~10Pa·s 到出口处的 1000~2000Pa·s。由于水分的排出是一个关键问题,所以除用搅动来不断创造出新的表面之外,还要同时抽真空来尽量帮助水分的排出。

3. 管式反应器

管式反应器是使反应流体通过细长的管子而进行反应的一种装置,结构简单,适于作高温、高压反应装置。这方面一个突出的代表是高压法管式聚乙烯反应装置(图 8-2-5),聚合反应在高温、高压(250~300℃、1000atm 以上)下进行,反应装置采用内径 25~50mm、长径比 250~12000 的细长且装有夹套的管子,管子有时卷成螺旋状。为防止管壁上粘附聚合物,影响传热和产品质量,操作时,采用周期性变压脉冲或加大反应流体流速的方法把聚合物冲刷出去。

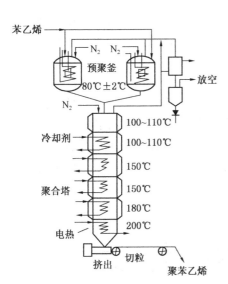

图 8-2-3　苯乙烯连续聚合塔

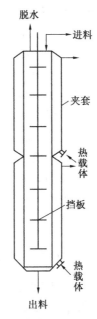

图 8-2-4　尼龙 6 的连续缩聚塔——"KV 塔"

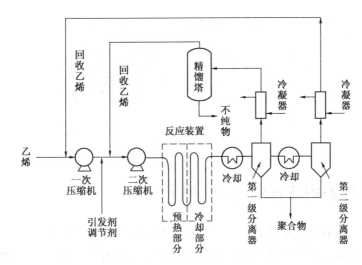

图 8-2-5　管式聚合反应装置的实例(高压法聚乙烯的生产装置)

　　与管式反应器相似的另一种反应器是环状反应器,它在聚烯烃生产中得到应用。如图 8-2-6 即为乙烯共聚物的一种生产装置示意图。乙烯与共聚单体从一处进入,溶剂(如异丁烷)及催化剂从另一处进入,依靠螺旋桨的作用使物料在环内循环,生成的聚合物粒子则在底部沉析出来并排出器外,为了控制反应温度,环外有夹套,内通冷却剂以带走聚合热。如反应管需要得比较长,可多绕几圈组成回路。

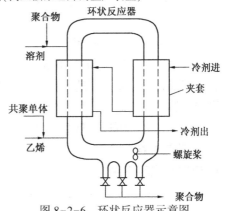

图 8-2-6　环状反应器示意图

4. 特殊形式聚合反应器

聚合过程中，尤其是本体聚合和缩聚反应中，聚合前期体系黏度较小，较易流动，放热较多；后期体系黏度升高，不易流动，传热更加困难。若是缩聚过程，还必须除去生成的小分子副产物。因此，针对具体反应前后两阶段的不同特点而分别采用两种反应器，后聚合器往往就是专门设计的特殊形式反应器，以满足不同的传热、传质、混合的需要。这类形式反应器很多，这里仅举两例。

苯乙烯本体聚合及丁苯橡胶本体聚合有用螺杆式反应装置作后聚合器的。由于螺杆的挤压推动作用，使高黏反应液成活塞流动，同时也解决了聚合物粘壁问题。

图8-2-7是双轴式多回转圆盘聚合反应器，一般用作缩聚反应的后聚合器，由于双轴转盘的剪切作用，转盘表面物料不断更新，低分子物较易脱除，转盘形式可视需要进行选择(图8-2-8)。

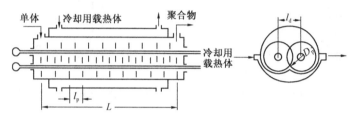

图 8-2-7　双轴式回转圆盘(表面更新式)聚合反应装置

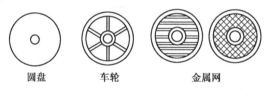

图 8-2-8　转盘形式

8.3　聚合反应器内流体的流动与传热

聚合过程中，随着转化率的升高，高聚物含量的增多，体系的流动特性一般都会有所变化；聚合方法不同，流体在反应过程中所表现的特性也有所不同。而且含高聚物的流体一般都呈非牛顿流体特性。因此，聚合过程中流体的流动、混合和传热均与一般反应有所不同。

固体颗粒悬浮液随着固相分率 Φ 的增大，体系黏度逐渐上升，但开始较为缓慢，当 Φ 增至某一数值后(一般 $\Phi = 0.3 \sim 0.5$ 之间)，随 Φ 的增大，黏度会急剧增大。因此，在悬浮聚合和乳液聚合中，要控制适当的水与单体配比，以免聚合将近终了时，体系黏度急剧上升而影响传热，进而影响产品质量。正常情况下，悬浮聚合和乳液聚合在聚合过程中体系黏度变化不是太大，可以按低黏度处理。

8.3.1　流动与搅拌

1. 流体的流动特性

在溶液聚合和本体聚合过程中，随着转化率的升高，高聚物增多，体系黏度增加较快，而且体系大多是非牛顿流体，即流体流动行为不能用牛顿黏性定律描述。

牛顿黏性定律为：

$$\tau = \mu \frac{\mathrm{d}u}{\mathrm{d}y} \qquad\qquad (8-3-1)$$

式中，τ 为剪切应力；$\frac{\mathrm{d}u}{\mathrm{d}y}$ 为速度梯度；μ 为黏度。上式也可表示如下：

$$\tau = \mu\dot{\gamma} \qquad\qquad (8-3-2)$$

式中，$\dot{\gamma} = \frac{\mathrm{d}u}{\mathrm{d}y}$，表示在剪切应力 τ 的作用下，沿 y 轴方向单位长度上的速度变化率，亦可称为剪切速率。

按式（8-3-2）作图，以剪切应力 τ 对剪切速率 $\dot{\gamma}$ 作图，所得图线称为剪切流动图线，简称流动图线，见图8-3-1。对牛顿流体得到一条通过原点的直线，直线的斜率为黏度 μ。图中也标出了几种非牛顿流体的流动图线。

虽然非牛顿流体黏度已不是常数，但仍定义为剪切力与剪切速率之比值，该比值称为表观黏度 μ_a，即 $\mu_a = \tau / \dot{\gamma}$。

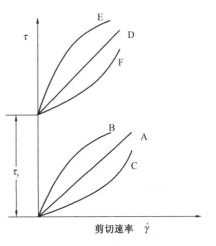

图 8-3-1　各种不同流体的流动曲线
A—牛顿流体；B—假塑性流体；C—胀塑性流体；D—宾汉塑性流体；E—屈服-假塑性流体；F—屈服-胀塑性流体

由图8-3-1可见，剪切速率不同，体系黏度也在改变。如假塑性流体随剪切速率的增加黏度下降，而胀塑性流体则相反；要使宾汉塑性流体流动，则要克服屈服应力。

许多转化率较高的本体聚合和溶液聚合体系属于假塑性流体；许多高聚物的分散体系如固体含量高的悬浮液、糊状物、涂料以及泥浆、淀粉、高分子凝胶等属于胀塑性流体；如牙膏、润滑脂、一些高聚物的浓溶液等属于宾汉塑性流体。

在聚合反应器的设计和操作中，高聚物流体的非牛顿流体特性是不可忽视的因素。如在搅拌釜中，当温度一定，物系是低分子的牛顿流体时，则整个搅拌釜中各处黏度相等。但如果是高聚物溶液，因它们大多属于假塑性流体，假塑性愈大，则对混合、搅拌、传热等方面的影响愈明显。可以看到，在釜中桨叶附近黏度最小，而离桨叶距离愈远，则黏度愈大，至釜壁附近黏度最大，因而造成流动困难，传热也很困难。可想而知，在这种情况下，要使得整个搅拌釜内的物料混合均匀，是不容易的。实验表明，在层流区，高黏度假塑性流体需要的混合时间，大约是牛顿流体的数倍甚至数十倍。所以对非牛顿流体，仅利用桨叶的剪切作用和泵送作用，使液体进行动量传递，以达到混合均匀的目的是不够的，必须利用桨叶在整个搅拌釜中的掺合作用，这时搅拌器的设计和选型十分重要。

由于釜壁附近黏度大，流体似处于静止状态，所以滞流边界层较厚，对传热十分不利。实验证明，为了减少边界层的厚度，对高黏度的非牛顿流体采用大直径低转速的刮壁式搅拌器，可增大给热系数数倍，而对高黏度的牛顿流体却增加得少一些。为使釜壁附近的流体也达到运动状态，曾分别对牛顿流体和非牛顿流体进行实验，发现后者必需的搅拌雷诺数是前者的四至五倍，方能达到同样的效果。

2. 圆管内的流动

不论是反应器或输送管，它们截面一般都是圆形的。对于圆管内的流动，主要是要知道管径、流速和压降的关系。对于黏度较高的流体，多数是处于层流状态的。下面将分别对层流及湍流的情况加以简单介绍：

(1) 层流

如图8-3-2所示，从管内流体中取一长度为 L 的圆柱体作力的平衡，则

$$2\pi r L \tau = \pi r^2 \Delta p \text{ 或 } \tau = r\Delta p/2L \qquad (8-3-3)$$

同理知，管壁处的剪应力 τ_W 为：

$$\tau_W = R\Delta p/2L \qquad (8-3-4)$$

故

$$\tau = \tau_W(r/R) \qquad (8-3-5)$$

因

$$\dot{\gamma} = -\frac{\mathrm{d}u}{\mathrm{d}r} = f(\tau) \qquad (8-3-6)$$

式中 $f(\tau)$ 函数形式视流体种类而定，故将式(8-3-6)积分，便得 r 处的流速 $u(r)$ 为：

$$u(r) = \int_r^R f\left(\tau_W \frac{r}{R}\right)\mathrm{d}r \qquad (8-3-7)$$

注意这里假定壁面处没有滑动，即 $u(r)=0$，式(8-3-7)为层流速度分布的基础式，由它可以导出体积流量 v

$$v = \int_0^R 2\pi r u(r)\mathrm{d}r \qquad (8-3-8)$$

结合式(8-3-7)可导得：

$$\frac{v}{\pi R^3} = \frac{1}{\tau_W^3}\int_0^{\tau_W} \tau^2 f(\tau)\mathrm{d}\tau \qquad (8-3-9)$$

下面我们来看几种具体情况下的结果。

① 对于牛顿流体有

$$f(\tau) = \tau/\mu = \dot{\gamma}$$

代入式(8-3-7)及式(8-3-9)积分后，分别得：

$$u = \frac{\Delta p}{4\mu L}(R^2 - r^2) \qquad (8-3-10)$$

及

$$v = \pi R^3 \tau_W/4\mu = \pi R^4 \Delta p/8\mu L \qquad (8-3-11)$$

如以平均流速 $u_m = v/\pi R^2$ 来表示，并写成 Δp 的表达式，便得：

$$\Delta p = 32 u_m \mu L/D^2 \qquad (8-3-12)$$

式中 $D=2R$，为管的直径。

② 对幂数法则流体有

$$\dot{\gamma} = f(\tau) = (\tau/m)^{1/n} \qquad (8-3-13)$$

同理可以求得

$$u = \left(\frac{n}{n+1}\right)\left(\frac{\Delta p}{2Lm}\right)^{1/n}\left[R^{(1/n)+1} - r^{(1/n)+1}\right]$$

或写成

$$u = u_m\left(\frac{3n+1}{n+1}\right)\left[1 - \left(\frac{r}{R}\right)^{(n+1)/n}\right] \qquad (8-3-14)$$

而

$$v = \frac{n\pi R^3}{3n+1}\left(\frac{R\Delta p}{2Lm}\right)^{1/n} \qquad (8-3-15)$$

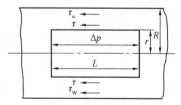

图8-3-2　圆管内的流动

图8-3-3 就是不同 n 值时的速度分布情况。$n=1$ 代表牛顿流体的情况，为抛物线形分布；$n=3$ 及 $n=1/3$ 分别代表胀性流体和假塑性流体的情况，$n=0$ 和 $n=\infty$ 的曲线则分别代表无限假塑性和无限胀性流体的极端情况，n 愈小者速度分布愈平。

对于牛顿流体($n=1$)，$\Delta p \propto 1/R^4$，但对高度假塑性流体，($n\approx 0$)，$\Delta p \propto 1/R$。可见管径的少许变化会对牛顿流体的压降产生显著影响，而对后者则影响很小。又因 $\Delta p \propto v^n$，故流量的影响对它也很小，所以只要加快泵的转速就能把流量加上去而不需要压头上增加多少。正是由于这样的原因，那些靠压降来测定流量的流量计对这种流体就显得不够准确了。

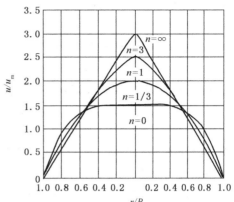

图 8-3-3　非牛顿流体的层流速度分布

③ 对于宾汉流体

$$f(\tau) = 0,\ 0 < \tau < \tau_0 \\ f(\tau) = (\tau - \tau_0)/\mu_0,\ \tau_0 < \tau < \tau_W \Big\} \tag{8-3-16}$$

因在管内中心轴处 $\tau = 0$，故在管内某一半径以内，其剪切应力小于 τ_0 时，就不起剪切作用，而成为柱塞状的流动(图 8-3-4)。因此仿照前面方法积分后，可得

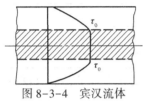

图 8-3-4　宾汉流体
的速度分布

$$u = \frac{1}{\mu_0}\left[\frac{(R^2 - r^2)\Delta p}{4L} - \tau_0(R - r)\right] \tag{8-3-17}$$

$$v = \frac{\pi R^4 \Delta p}{8L\mu_0}\left[1 - \frac{4}{3}\left(\frac{2L\tau_0}{R\Delta p}\right) + \frac{1}{3}\left(\frac{2L\tau_0}{R\Delta p}\right)^4\right] \tag{8-3-18}$$

对非牛顿流体还有另一种具有普通性的表示方法，即将 τ_W 表示成如下的形式[参见式(8-3-4)]。

$$\frac{D\Delta p}{4L} = \tau_W = m'\left(\frac{8u_m}{D}\right)^{n'} \tag{8-3-19}$$

m' 与 n' 为测定的参数，如与式(8-3-15)相对照，并引用 $v = \pi R^2 u_m$ 的关系，可知

$$m' = m\left(\frac{3n+1}{4n}\right)^n \\ n' = n \Big\} \tag{8-3-20}$$

如用通常的摩尔因子 f 的定义：

$$f = \frac{D\Delta p}{4L}\Big/\left(\frac{\rho u_m^2}{2}\right) \tag{8-3-21}$$

并引用新的雷诺数 Re' 为：

$$Re' = \frac{D^{n'} u_m^{2-n'}\rho}{m'8^{n'-1}} = \frac{D^n u_m^{2-n}\rho}{\dfrac{m}{8}\left(\dfrac{6n+2}{n}\right)^n} \tag{8-3-22}$$

则所得层流时的方程与牛顿流体的相一致，即

$$f = 16/Re',\ Re' < 2000 \tag{8-3-23}$$

图 8-3-5 中描绘了这一直线。因此根据 Re'

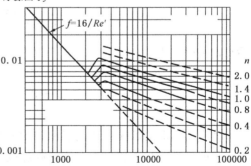

$$Re' = \frac{D^{n'} u_m^{2-n'}\rho}{m'8^{n'-1}}$$

图 8-3-5　非牛顿流体圆管内流动的
摩擦因子(虚线为外推值)

可求 f，而从 f 即可算出 Δp 了。

（2）湍流

对牛顿流体，摩擦系数式为

$$1/\sqrt{f} = 4.0\lg(Re\sqrt{f}) - 0.4, \quad Re > 3000 \qquad (8-3-24)$$

对非牛顿流体，其结果可写成和上式相似的形式：

$$1/\sqrt{f} = \frac{4.0}{(n')^{0.75}}\lg\left[Re'f^{1-(n'/2)}\right] - \frac{0.4}{(n')^{1.2}} \qquad (8-3-25)$$

并被描绘在图8-3-5中。此图可适用于牛顿流体（这时，$n=1$）、假塑性流体和膨胀性流体，也适用于宾汉流体，只要有实验定出的 m' 及 n' 值就可。

通常式（8-3-24）可用近似式表示

$$f = 0.079 Re^{-0.25} \qquad (8-3-26)$$

式（8-3-25）亦可用类似的式子来代表：

$$f = a\left(Re'\right)^{-b} \qquad (8-3-27)$$

式中 a，b 之值如下：

n'	0.2	0.3	0.4	0.6	0.8	1.0	1.4	2.0
a	0.0646	0.0685	0.0712	0.0740	0.0761	0.0779	0.0804	0.0826
b	0.349	0.325	0.307	0.281	0.263	0.250	0.231	0.213

这样我们就可以直接求出 f，而不必像式（8-3-25）中那样非试算不可了，而且准确度还是足够的。

关于速度分布问题，在非牛顿流体时为

$$u^+ = 5.5 + 5.75\lg y^+ \qquad (8-3-28)$$

式中 u^+ 及 y^+ 分别为无因次的速度与距离。

$$\left.\begin{array}{l} u^+ = u\sqrt{\tau_W/\rho} \\ y^+ = y\sqrt{\tau_W/\rho}/\rho \end{array}\right\} \qquad (8-3-29)$$

式中 y 为离壁面的距离，ν（运动黏度）$=\mu/\rho$

对非牛顿流体，则定义为：

$$\left.\begin{array}{l} u^+ = u\sqrt{\tau_W/\rho} \\ y^+ = \dfrac{y^n\left(\tau_W/\rho\right)^{1-(n/2)}}{m/\rho} \end{array}\right\} \qquad (8-3-30)$$

最后得出关联式为

$$u^+ = \frac{5.66}{(n')^{0.75}}\lg y^+ - \frac{0.4}{(n')^{1.2}} + \frac{2.458}{(n')^{0.75}}\left[1.960 + 1.255n' - 1.628n'\lg(3 + 1/n')\right]$$

$$(8-3-31)$$

事实上湍流时的流速分布比层流时的要平坦得多，牛顿流体、非牛顿流体间的差别也不像层流时的那样显著，再加上许多高黏度流体常在层流区操作，因此湍流速度分布的重要性也就比较小。

【例8-3-1】 有一属于幂数法则型的高分子水溶液，已知在操作条件下，$m = 0.095$ g·s^{n-2}/cm，$n = 0.566$，$\rho = 1.095$g/mL。今从一储槽用泵以 8m³/h 的流量，经一内径为50mm，长60m 的水平管道输送到一搅拌釜中去，求管道的压降。并与纯水（$\rho = 1.0$g/mL，

162

$\mu = 5.8 \times 10^{-4} \text{Pa} \cdot \text{s}$)时的情况作比较。

解: 由式(8-3-20)知:

$$n' = n, \quad m' = m\left(\frac{3n+1}{4n}\right)^n = 0.095\left(\frac{3 \times 0.566 + 1}{4 \times 0.566}\right)^{0.566} = 0.1049$$

令 $u_m = 8 \times 10^6 / \frac{\pi}{4}(5.0)^2(3600) = 113(\text{cm/s})$

故
$$Re = \frac{D^{n'}u_m^{2-n'}\rho}{m'8^{n'-1}} = \frac{(5)^{0.566}(113)^{2-0.566}(1.095)}{(0.1049)(8^{0.566-1})} = 56300$$

由图 8-3-5 查得 $\qquad\qquad f \approx 0.0030$

故
$$\Delta p = 2f\left(\frac{L}{D}\right)\rho u_m^2 = 2(0.0030)\left(\frac{60}{0.05}\right)(1095)(1.13)^2 = 10070(\text{Pa})$$

对于水,则因 $m = \mu$, $n = 1$, 故

$$Re = \frac{(0.05)(1.13)(1000)}{5.8 \times 10^{-4}} = 97400$$

仍用上图查得 $f \approx 0.0041$

故
$$\Delta p = 2(0.0041)\left(\frac{60.050}{0.05}\right)(1000)(1.13)^2 = 12560(\text{Pa})$$

可见假塑性流体所需的压降比牛顿流体要小。

3. 搅拌

如采用平桨式的搅拌器,则在高黏度物料时,桨径/釜径之比需大于 0.9,桨高/液深之比应大于 0.8,并且以加挡板为宜,这样才能使物料搅匀。有的把平桨和旋桨的作用结合起来,设计成如图 8-3-6 所示的形式,而且桨径大小不一,以改善混合性能,它的应用范围可到 300~500Pa·s。

图 8-3-6 一种特殊形式的搅拌桨(SABRE 桨)

锚式搅拌器也可用于高黏度体系,但容易在釜的中心形成空洞,混合效果不好,所以一般不采用。螺轴型及螺带型是比较常用的形式,它们可促使物料上下左右流动以加强混合效果,此外还有带刮片的螺轴型搅拌器等,这些在本章前面已经提到过了。关于螺带型搅拌器用于高黏性液体时的功率计算,可采用下式:

$$\frac{p}{\rho n^3 d^5} = 74.3\left(\frac{D-d}{d}\right)^{-0.5}\left(\frac{n_P d}{s}\right)\left(\frac{d^2 n\rho}{\mu}\right)^{-1} \qquad (8-3-32)$$

式中 n 为桨的转速。

对高黏度宾汉流流体,如含高浓度微细固体粒子的浆液,可用下式计算:

$$N_P = aN_0 + (\beta_N + kH_e^h)(Re'')^{-1} + I \qquad (8-3-33)$$

式中
$$\left.\begin{array}{l} N_0 = \tau_0 / d^2 n^2 \rho \\[2mm] Re'' = d^2 n\rho / \mu_P \\[2mm] H_e^h = \tau_0 \rho d^2 / \mu_P^2 = N_0(Re'')^2 \end{array}\right\} \qquad (8-3-34)$$

H_e^h 称为海斯特龙(Hedstrom)数,它的大小是流体非牛顿性的一种衡量。至于式中的各个系数和指数值,可见表 8-3-1。

表 8-3-1

搅拌器型式	a	β_N	I	k	h
螺带型	6.13	320	0.2	15	1/3
锚型	4.80	200	0.29	30	1/3
6 翼涡轮	3.44	70	—	10	1/3
6 翼涡轮（有挡板）	3.44	70	5.5	10	1/3

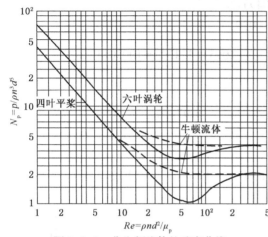

图 8-3-7 非牛顿流体的功率曲线

对于幂数法则的流体，其功率准数与雷诺数的关系如图 8-3-7 所示。在层流区，它与牛顿流体的曲线相重合，而 Re 数增大时，则因离桨较远处的切变速率较小，表观黏度较大，使涡流受到遏止而推迟了湍流的形成，所以消耗的功率比牛顿流体时更小，直到雷诺数达到充分湍流的程度，两者就又没有多少区别，并且与雷诺数也无关了。

4. 混合

搅拌釜中的混合效果如何，取决于桨形和转速。混合效果通常用混合时间 T_M 的大小来代表，它可以用加入微量示踪液体或不同温度的液体于搅拌釜中，然后测定釜内达到相同浓度或温度所需要的时间来加以测定。一般桨的转速愈快，混合时间便愈短；对一定的桨叶，两者的乘积是一个无因次数，它代表釜内的混合特性，以 N_{TM} 表示，

$$N_{TM} = T_M \cdot n \qquad (8-3-35)$$

图 8-3-8 表示了有圆盘及无圆盘的涡轮型搅拌桨在不同 Re 时的釜内流况，功率准数 N_P 及混合物特性数 N_{TM} 的关系。可以看出实际操作时，应选择在 Re 较大的 d 区间为宜。在该区，这些准数基本上接近于常数。此外，有挡板与否对混合的效果影响很大。譬如在有挡板的情况下，N_{TM} 之值在 90 左右，而无挡板时，则达 140 以上。对用于高黏度液体的螺旋型和螺带型搅拌器，N_{TM} 之值约在 25~45 左右，以螺带型为最好。

细察釜内物料的混合过程，乃是桨叶带动液体发生循环流动所造成的。图 8-3-9 就是这种环流的示意。搅拌桨相当于一个泵，把液体从一端抽入而从另一端吐出。吐出量 Q_d 的大小与桨型、桨径及转速有关，桨端吐出的这部分流量是釜内流体环流的主流，此外还有受它带动而不直接经过桨叶的一部分环流 Q_c。如以吐出量计的釜截面平均流速对桨尖速度之比作为一个表征循环特性的无因次准数，并称之吐出准数，以 N_{Qd} 表示，则

$$N_{Qd} = \frac{Q_d/D^2}{nD} = \frac{Q_d}{nD^3} \qquad (8-3-36)$$

它也是 Re 的函数，在图 8-3-8 中也画出了 N_{Qd}-Re 的曲线。

通常对于旋桨：

$$N_{Qd} \approx 0.5$$

对于 6 叶涡轮桨：

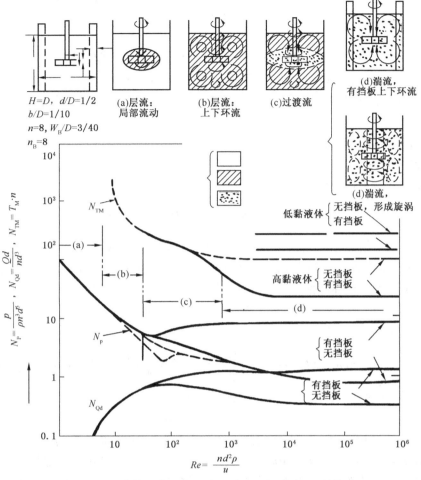

图 8-3-8　搅拌釜内的流况及 N_P、N_Q 及 N_{TM} 与 Re 的关系

（有圆盘及无盘的满轮桨）

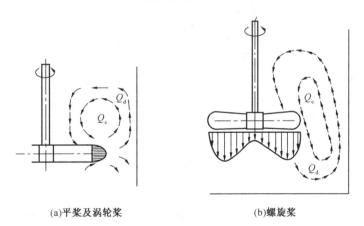

(a)平桨及涡轮桨　　　　　　(b)螺旋桨

图 8-3-9　搅拌釜内液体的环流

$$N_{Qd} = 0.93D/d\,(Re > 10^4)$$

如釜内物料体积为 V_1，则 Q/V_1 代表单位时间内流体通过桨叶的循环次数。对于低黏度

液体的一般搅拌，Q/V_1 之值约为 3~5 次循环/min，强烈搅拌时达 5~10 次循环/min。

利用以上的一些关系，就可以对一定尺寸的搅拌釜和具体物料，计算转速和搅拌功率、循环速度和混合时间。

至于对反应器中非理想流动的分析，可参照第 5 章。在管式反应器中常用的扩散模型，其他如多釜串联模型和各种组合模型都需根据具体的情况来恰当选用。由于高分子体系在基本物性与动力学数据方面的不足，按非理想流动来进行比较严格的处理的实例目前还是罕见的。

8.3.2 非牛顿流体的传热

1. 圆管内的传热

在层流时牛顿流体的给热 Nu 数与 Re 数及 Pr 数的关系如下：

$$Nu_a = \frac{hD}{\lambda} = 1.86\, Re^{1/3}\, Pr^{1/3}\, (D/L)^{1/3}\, (\mu/\mu_W)^{0.14} \qquad (8-3-37)$$

式中，下标 a 表示给热系数是按管内两端算术平均温度来计算；$Re = Du\rho/\mu$；$Pr = C_p\mu/\lambda$；μ_W 为壁温下流体的黏度，该项是对圆管内黏度不均一所作的校正项。此式对于胀性流体亦能适用，但对假塑性流体则偏差很大。对这种流体，可应用如下的关联式：

$$Nu_a = 1.75\delta^{1/3}\, (Gr)^{1/3}\, (\eta/\eta_W)^{0.14} \qquad (8-3-38)$$

式中 Graetz 数为

$$Gr = \omega C_p/\lambda L = \frac{\pi}{4}\frac{D}{L}\left(\frac{Du\rho}{\mu}\right)\left(\frac{C_p\mu}{\lambda}\right) = \frac{\pi}{4}\left(\frac{D}{L}\right)(Re)(Pr)$$

w 为质量流量，δ 是一校正因子，在 $Gr > 100$，$n' > 0.1$ 时，

$$\delta = (3n' + 1)/4n' \qquad (8-3-39)$$

又，$\eta = m'8^{n'-1}$，式中该项亦是黏度校正项，如直接用 (m/m_W) 来代替 (η/η_W)，结果也很接近。上式在 $n = 0.18 \sim 0.70$，$Gr = 100 \sim 2050$，$Re = 0.65 \sim 2100$ 的范围内，都与实验结果吻合。

湍流情况下的传热，可将牛顿流体的给热系数式直接应用于轻度非牛顿流体的情况。

$$Nu = 0.023\, Re^{0.8}\, Pr^{0.33}\, (\mu/\mu_W)^{0.14} \qquad (8-3-40)$$

对于非牛顿程度高的流体，则用

$$Nu = 0.023\left(\frac{D^{n'}u_m^{2-n'}\rho}{\eta}\right)^{0.3}\left[\frac{C_p\eta}{\lambda}\, (u_m/D)^{n'-1}\right](\eta/\eta_W)^{0.14} \qquad (8-3-41)$$

式中 u_m 是指管内平均流速。

2. 搅拌釜内的传热

对于高黏度液体的搅拌，有如下公式：

锚式　　　　　$$Nu_j = 1.5\, (Re)^{1/3}\, (Pr)^{1/3}\, (\mu/\mu_W)^{0.14} \qquad (8-3-42)$$

式中 $Nu_j = h_jD/\lambda$，是指向夹套壁上给热的，$Re = d^2n\rho/\mu$。

螺带式：

$$Nu_j = 4.2\, (Re)^{1/3}\, (Pr)^{1/3}\, (\mu/\mu_W)^{0.2} \quad 1 < Re < 1000 \qquad (8-3-43)$$

$$Nu_j = 0.42\, (Re)^{2/3}\, (Pr)^{1/3}\, (\mu/\mu_W)^{0.14} \quad Re > 1000 \qquad (8-3-44)$$

如果在螺带上加有刮片，可以经常除去附壁的黏液层，则给热系还可显著提高。

对刮壁式的搅拌槽：

$$Nu_j = 1.2 \left(\frac{D^2 \rho C_p^n n_p^n}{\lambda} \right)^{1/2} \qquad (8-3-45)$$

式中 n_p 为刮片数。有关卧式或立式刮壁式搅拌反应釜给热系数公式,文献上有其他一些报道,有的结果比本式的要小一倍左右。可见这方面的研究还是很不够完善的,在具体应用时需加以注意。

对于非牛顿流体,也有一些介绍。如用锚式搅拌器时,幂数法则的假塑性流体的釜壁给热系数,可用牛顿流体的式子一样来表示,即与

$$Nu_j = 0.4 (Re)^{2/3} (Pr)^{1/3} (\mu/\mu_W)^{0.14} \qquad (8-3-46)$$

相似而写成

$$\frac{h_i D}{\lambda} = 0.4 \left(\frac{d^2 n^{2-1/n} \rho}{\gamma_1} \right)^{2/3} \left(\frac{C_P \gamma_1}{\lambda} \right)^{1/3} \left(\frac{\mu_a}{\lambda_{aw}} \right)^{0.14} \qquad (8-3-47)$$

式中 $\gamma_1 = \mu_n^{1/n} \left(\frac{28\pi n}{D/d-1} \right)^{1/n-1}$,而 μ_a 为表观黏度。

对于涡轮桨,则有

$$\frac{h_i D}{\lambda} = 1.474 \left(\frac{d^2 n^{2-1/n} \rho}{r_2} \right)^{0.70} \left(\frac{C_P \gamma_2}{\lambda} n^{1-1/n} \right)^{0.33} \left(\frac{\mu_a}{\lambda_{aw}} \right)^{-0.24n} \qquad (8-3-48)$$

注意上式中有二种 n,在幂数上的 n 均是非牛顿流动的指数,其余的 n 是桨的转速。而 $\gamma_2 = \mu_a^{1/n} \left(\frac{n+3}{4} \right)^{1/n}$ 中的 n 均为非牛顿流动指数。

对于含有固体粒子的浆料,如其体积含量小于 1%,可以忽略不计;如含量更高,就会使给热系数显著降低。这方面的一个经验公式是适用于有旋桨搅拌和有四块挡板的牛顿流体的情况的:

$$\frac{hD}{\lambda} = 0.578 (\overline{Re})^{0.6} (\overline{Pr})^{0.26} \left(\frac{D}{d} \right)^{0.33} \left(\frac{C_{PS}}{C_P} \right)^{0.13} \left(\frac{\rho_S}{\rho} \right)^{-0.16} \left[\frac{m_S/\rho_S}{1 - m_S/\rho_S} \right]^{-0.04}$$

$$(8-3-49)$$

式中下标 S 表示固体粒子,无下标的指液体,m_S 是单位体积中粒子的质量,$\overline{Re}$ 及 $\overline{Pr}$ 是指混合的平均 Re 及 Pr 数,所谓平均值是指其中的 ρ 及 C_P 是以液体及固体粒子的浓度为基准,按加成法则算出的,而 $\overline{\lambda}$ 及 $\overline{\mu}$ 的这两个平均值则按下列公式计算:

$$\overline{\lambda} = \lambda \frac{2\lambda + \lambda_S - 2(m_S/\rho_S)(\lambda - \lambda_S)}{2\lambda + \lambda_S + 2(m_S/\rho_S)(\lambda - \lambda_S)} \qquad (8-3-50)$$

$$\overline{\mu} = \mu [1 + 2.5(m_S/\rho_S) + 7.54(m_S/\rho_S)^2] \qquad (8-3-51)$$

对于其他形式的搅拌器由于其通式为

$$Nu = a(Re)^a (Pr)^b (\mu/\mu_W)^2 \qquad (8-3-52)$$

如果应用到浆状液体,只要在式子右侧乘上 $(C_{PS}/C_P)^{0.13} (\rho_S/\rho)^{-0.16} [(m_S/\rho_S)/(1-m_S/\rho_S)]^{-0.04}$ 即可。

对于非牛顿浆液,则因其表观黏度难于定出,所以一般以通过中间试验来测定为宜。

【例 8-3-2】 在一直径为 800mm,外有夹套(冷却面积 $A_j = 0.231 \text{m}^2$)、内有转速为 40r/min 和桨直径为 0.285m 的双螺管搅拌桨(螺管 $S = d$,内通冷剂,冷却面积 $A_C = 0.1932 \text{m}^2$)的聚合釜内进行聚合反应,为保持反应温度在 70℃,需除去反应热 12570kJ/h。

聚合液的浓度曲线经测定如附图(a)所示。平均切变速率为 $\dot{\gamma}_{aV} = 30.0 n \text{s}^{-1}$

式中 n 为转速(s^{-1})，其他物性值为：

$$\lambda = 0.582 \text{W}/(\text{m} \cdot \text{K}), \quad \rho = 950 \text{kg}/\text{m}^3, \quad C_p = 4.178 \text{J}/(\text{g} \cdot \text{K}) \qquad (\text{I})$$

用这种桨时，向夹套及冷却管的给热系数有下列经验可用(当 $1 < Re < 200$)。

$$Nu_j = 202 \, (Re)^{1/3} \, (Pr)^{1/3} \, (\mu_a/\mu_{aw})^{0.2} \qquad (\text{II})$$

$$Nu_c = 6.2 \, (Re)^{1/3} \, (Pr)^{1/3} \, (\mu_a/\mu_{aw})^{0.2} \qquad (\text{III})$$

计算(1) 夹套冷却时的壁温和给热系数；

(2) 螺管冷却时的壁温和给热系数；

并加以比较。

解：平均切变速率

$$\dot{\gamma}_{av} = 30.0 n = 30.0 (40/60) = 20.0 (\text{s}^{-1})$$

由附图找得 70℃ 时的 $\tau = 240\text{Pa}$，故表观黏度 μ_a 为

$$\mu_a = \tau/\dot{\gamma} = 240/20.0 = 12.0 (\text{Pa} \cdot \text{s}) = 120 [\text{kg}/(\text{m} \cdot \text{s})]$$

令

$$Re = d^2 n \rho / \mu_a = (0.285)^2 (40/60)(950)/12.0 = 4.29$$

$$Pr \equiv C_p \mu_a / \lambda = 4.178 \times 120 \times 1000/0.582 = 8.63 \times 10^4$$

由搅拌产生的热可由式(8-3-33)来求：

$$p = 340(\rho n^3 d^5)(Re)^{-1} = 340(950)(40/60)^3(0.285)^5/4.29 = 41.8 (\text{J/s})$$

故总共需除去热量为

$$12570 + 41.8(3600)/1000 = 12720 (\text{kJ/h})$$

(1) 夹套传热：

由式(II)可得

$$h_j = \left(\frac{0.582}{0.300}\right)(2.2)(4.29)^{1/3}(8.63 \times 10^4)^{1/3}(\mu_a/\mu_{aw})^{0.2} \qquad (\text{IV})$$

由热平衡

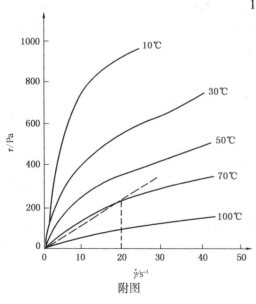

$$12720\left(\frac{1000}{3600}\right) = h_j A_j (t - t_w)$$

$$= h_j(0.231)(70 - t_w)$$

或

$$h_j = 15271/(70 - t_w) \qquad (\text{V})$$

用试差法联立求解(IV)、(V)，令 $t_w = 0℃$，则

$$h_j = 15271(70 - 0) = 218 \text{J}/(\text{m}^2 \text{s} \cdot \text{k})$$

在附图上外推到 $t_w = 0$ 和 $\dot{\gamma} = 20.2 \text{s}^{-1}$ 时得到 τ 值大约为 1240Pa，故

$$\mu_{aw} = 1240/20.0 = 62.0 (\text{Pa} \cdot \text{s})$$

$$(\mu_a/\mu_{aw})^{0.2} = (12.0/2.0)^{0.2} = 0.720$$

故由式(IV)算得

$$h_j = 305(0.720) = 220 \text{J}/(\text{m}^2 \cdot \text{s} \cdot \text{K}),$$

与由式(V)算得的一致，故知 t_w 需为 0℃，才能靠夹套的冷却面传出这些热量。

附图

（2）回转的螺管传热：

由式（Ⅲ）

$$h_c = \left(\frac{0.582}{0.300}\right)(6.2)(4.29)^{1/3}$$

$$(8.63 \times 10^4)^{1/3}\left(\frac{\mu_a}{\mu_{aw}}\right)^{0.2} \qquad （Ⅵ）$$

热量平衡

$$12720(1000/3600) = h_c A_c(t - t_w) = h_c(0.1932)(70 - t_w)$$

或 $$h_c = 18260/(70 - t_w) \qquad （Ⅶ）$$

同样，用试差法求解，在46℃时，由式（Ⅶ）得

$$h_c = 18260/(70 - 46) = 761[J/(m^2 \cdot s \cdot K)]$$

由附图内插到46℃时得 $\tau = 430$，故 $\mu_{aw} = 430/20.0 = 21.5(Pa \cdot s)$，于是

$$(\mu_a/\mu_{aw})^{0.2} = (12.0/12.5)^{0.2} = 0.890$$

代入式（Ⅵ）得

$$h_c = 860 \times 0.890 = 765[J/(m^2 \cdot s \cdot K)]$$

与由式（Ⅶ）算得之值基本相符。

由上述结果可以看出回转螺管的冷却效果是很好的，不仅给热系数大，而且壁温也比夹套时的0℃高得多，用一般的冷却水就可以了。从本例可以看出对于高黏度液体，$(\mu_a/\mu_{aw})^{0.2}$这一校正项的影响时很显著的。此外，如反应放出的热量更多时，仅仅依靠夹套传热是不够的。

8.4 聚合反应器的设计和放大

由于聚合反应过程的复杂性，目前聚合反应器的设计和放大离完美的程度尚有很大距离。对新发现的聚合物，其工艺过程开发还必须依靠从小试到中试到试验厂的过程（图8-4-1），并从中获得所需技术经济数据，为工业化过程服务。对已工业化生产的高聚物，生产工艺技术一般归企业所有且受专利保护。但聚合反应器的设计和放大仍有章可循，一般可按下列步骤进行。

① 确定所生产高聚物的性能。例如聚合物的平均分子量、分子量分布、微结构、共聚物组成和分布、粒径大小及其分布等。

② 选择适当的聚合方法和反应器形式。同一种高聚物，聚合方法不同，形成聚合物的性能也不相同，如低密度聚乙烯和高密度聚乙烯。因此，聚合方法不但关系到反应器的形式、大小，也关系到聚合物流动特点和产品性能。

③ 选择合适的操作方式。如连续操作、分批间歇操作以及半连续操作等。这种选择要求与聚合方法相结合。例如在搅拌釜内的乳液聚合，可以连续操作，但一般要利用多釜串联才能达到一定的转化率，并得到性能合格的产品。

④ 确定反应器内的流动状况。反应器内的流动状况一般有平推流式、全混式和部分返混式，并应考虑转化率变化后，形成的非牛顿流体对流动状况的影响。

169

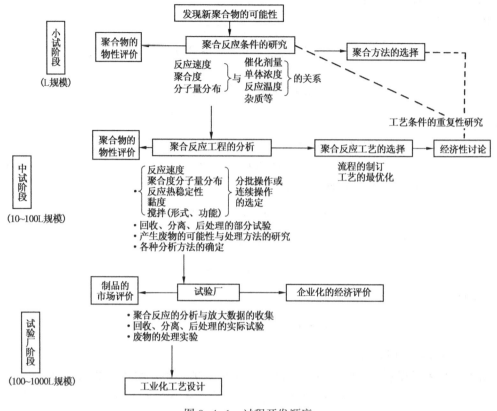

图 8-4-1　过程开发顺序

⑤ 确定聚合动力学。动力学有微观动力学(本征动力学)和宏观动力学之分,宏观动力学受传递过程影响,必须从具体的聚合反应、聚合方法和反应条件、流动状况等所形成的聚合过程中综合得出。因此,可以以微观动力学为基础,研判宏观动力学中受传递影响的程度,并确定改进方法等。设计反应器时应以宏观动力学为依据。

⑥ 确定反应器参数与聚合物性能之间的相互关系。目前最好的方法是利用模型化技术在各种影响因素与聚合物性能之间建立数学模型。这种模型也可直接用于放大设计。

⑦ 确定传热方式并满足传热要求。一般反应器几何放大后,传热面积会相对不足,这时应采取相应措施如提高流速、回流冷凝、反应器内装入配件换热器(如挡板式换热器)等,以及时携走反应热。对于有些放热速率随转化率急剧变化的聚合过程,也可通过利用复配引发剂体系或改变引发剂加入方式等来使放热速率保持基本恒定,以有效利用有限传热面积,并保持较快反应速度和合格的产品性能。

此外,针对不同的聚合方法和体系,还要设计不同的产品后处理装置,如悬浮聚合要设计脱水、干燥等装置,溶液聚合有脱溶剂装置。

以苯乙烯-丁二烯橡胶乳液聚合反应器为例。乳液聚合是一种重要的聚合方法,苯乙烯-丁二烯橡胶(SBR)、丁腈橡胶、氯丙橡胶、丙烯腈-丁二烯-苯乙烯树脂(ABS)、糊状氯乙烯树脂等乳液聚合过程生产高聚物材料的代表,而以 SBR 的生产规模为最大。

SBA 的聚合工艺由多段串联的连续搅拌槽型聚合反应器组成,反应器数量远多于其他聚合物合成工艺,有的达 24 只反应器串联。早期反应器为 14m³ 釜,随着产量的增加而大型化,目前常为 20m³、30m³ 和 40m³ 的反应器,表 8-4-1 为聚合条件一览。

170

表 8-4-1 SBR 聚合条件

聚合配方	单体	100 质量份(丁二烯 70~80，苯乙烯 20~30)
	水、乳化剂等	200 质量份
	混合液密度	1000kg/m^3
聚合条件	温度	5℃
	反应速率	0 级反应(以 8h 达 60%转化率，此时停止聚合)
冷却条件	冷却介质	氨
	温度	-10℃
	冷却管传热系数	837.4kJ/(m^2·h·℃)
	聚合热	1256.1kJ/kg(平均)

在表 8-4-1 的条件下，计算生产量 4.0t/h 的反应器数量与容器。在 SBR 聚合过程中，反应转化率达 60%时，加入阻聚剂。停止聚合后，原料液混合物的流量为

$$4.0\ t/h \times \frac{300\ 质量份混合物}{100\ 质量份单体 \times 60\%\ 转化率} = 20\ t/h = \frac{20\ t/h}{1.0\ t/m^3} = 20m^3/h$$

因而，20m^3 的聚合反应器 8 釜串联时，单釜的停留时间(反应时间)为 1h，8 釜为 8h，成为符合表 8-4-1 所示聚合条件的连续搅拌槽型反应装置。

图 8-4-2 为苯乙烯-丁二烯(SBR)聚合装置的简图，采用布鲁马琴型搅拌桨(图 8-4-3)，此形式的搅拌桨不大普遍，工业上最常用于 SBR 聚合反应装置。

乳液聚合的搅拌首先要求提供把单体分散于乳化剂水溶液中的机械能，其次在进行聚合阶段，必须保持生成的聚合物微粒子稳定地分散于乳化剂水溶液中。搅拌时，为了防止过度的剪切作用使聚合物微粒子不稳定，并使釜内液体混合均匀和及时传热，宜用以较少搅拌动力产生大的循环液流量的桨叶。后倾桨叶布鲁马琴桨叶能达到这种目的。

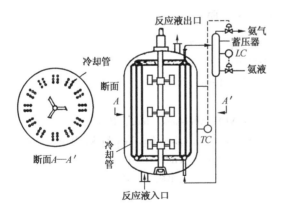

图 8-4-2 SBR 乳化聚合装置的概略图

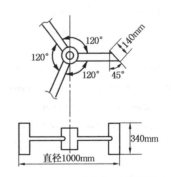

图 8-4-3 三叶布鲁马琴搅拌叶

搅拌桨叶在釜内设多层，一般 14m^3 聚合釜内设二层，20m^3 釜内(如图 8-4-2)设 3 层。20m^3 釜内径为 2500~3000mm、直筒长度约 3000mm、总高约 4000mm，桨叶直径为釜内径的 1/2.5~1/3.0，转速为 100r/min，不专设挡板，但多个冷却管有挡板的功能。

聚合反应器要求的另一特性是及时移去聚合热。乳液聚合反应液黏度低(与水差不多)但在 SBR 的低温聚合，聚合温度 5℃，冷却介质温度也要相当低，早期的 14m^3 釜是利用外夹层通冷冻液传热。由于聚合热正比于容积，即正比于基本长度的 3 次方，而外夹套传热面积正比于基本长度的 2 次方。所以，当反应釜大型化后，聚合热与冷却能力之间当然失

去平衡，一般用内部冷却管增加冷却面积，并且用氨作冷却介质。

生产量 4.0t/h 的 $20m^3$ 反应器冷却面积计算示例如下：

（1）聚合热

由表 8-4-1 知聚合热为：

$$4.0t/h \times 1256.1kJ/kg = 5.024 \times 10^6 kJ/h$$

SBR 乳液聚合为 0 级反应，单釜的聚合热为

$$\frac{5.024 \times 10^6 kJ/h}{8} = 6.28 \times 10^5 kJ/h$$

（2）冷却面积

由表 8-4-1 的数值与上述聚合热，计算必需的传热面积

$$冷却面积 = \frac{6.28 \times 10^5 kJ/h}{837.4kJ/(m^2 \cdot h \cdot \mathbb{C}) \times [5-(-10)]\mathbb{C}} = 50m^2$$

若用外夹套冷却，上下端部及直筒的合计冷却面积只有 $30 \sim 35m^2$，必须安装内冷管，其长度（若用外径 32mm 管）为：

$$管长 = \frac{18m^2}{\pi \times 0.032m} = 180m$$

若单管长度为 2.5m，需要 72 支。图 8-4-2 的截面 A-A' 为 3 支×2 列×12 处 = 72 支的示例。

在图 8-4-2 中，液氨输入蓄压器，从这里由压差送到冷却管。在冷却管中借助氨的蒸发除去聚合热，蒸发的氨经蓄压器回到氨压缩机。氨蒸汽的管路有控制阀，用釜内温度作反馈控制冷却管内氨蒸发的压力，改变氨蒸发温度从而控制传热量。

参 考 文 献

[1]　陈甘棠主编. 化学反应工程. 北京：化学工业出版社，2007

[2]　计其达编. 聚合过程及设备. 北京：化学工业出版社，1981

[3]　潘祖仁主编. 高分子化学. 北京：化学工业出版社，1986

[4]　高分子学会[日]. 重合反应工学演习. 培风馆，1974

[5]　McGreavyC. Polymer Reactor Engineering. New York：VCH Publishers，Inc.，1994

[6]　Biesenberger J A，Sebastian D H. Principles of Polymerization Engineering. New York：Wiley，1983

[7]　George Odian. Principles of Polymerization，2nd ed. New York：Wiley，1981

[8]　庄万发译著. 化工反应装置(选定、设计、实例). 武汉：武汉出版社，1984

第9章　生化反应器

9.1　概述

利用微生物生产食品已有几千年的历史。酿酒、发酵制酱和酱油、制醋都是生化反应，但都只靠老艺人的经验。直到近代，由于生物技术有了很大的突破，并与传统的化工技术相结合，才形成了最有生命力的生物化工新学科。生化反应工程是其中的重要的分支学科。生物反应从微观上考察可分为四个层次：

① 分子或酶的层次，即分子规模的反应。

② 细胞中具有某些功能结构或称为细胞器(Organelle)的层次。其大小比分子大，比细胞小。

③ 细胞的层次，包括一些单细胞细菌反应。

④ 细胞的集合群体(Population)的层次，即多细胞微生物的反应。

实施生物反应的设备就是生化反应器。早期的生化反应按工作的对象不同主要分两大类：

① 以酶为催化剂进行的催化反应过程，也称为酶反应工程。它们可能是均相反应，如酿酒、葡萄糖异构化为果糖等。它在食品、纺织、制革、造纸、医疗、畜牧、化工诸方面都有广泛的用途。酶本身是一种蛋白质，它由活细胞产生，具有活性很高、选择性极好的催化作用，在常温下反应，它从细胞分离出来后仍然可以继续发生作用。反应活化能很小，一般只有 $8\sim32kJ/mol$。温度对反应速率的影响较小，但活性对 pH 值很敏感。可以通过改变 pH 值控制反应的进行。

② 细胞和微生物的反应过程，包括细菌、酵母、霉菌和动植物细胞的培养和它们产生的代谢物和酶的催化反应。细菌一般为单细胞微生物，尺寸为 $0.5\sim2\mu m$；酵母也是单细胞，大小为 $5\sim10\mu m$，进行无性或有性生殖；霉菌为多细胞结构，约 $5\mu m$ 或更大。如利用微生物迅速增殖生产单细胞蛋白；利用微生物的初级代谢或酶的催化作用生产各类化学品如乙醇、有机酸、氨基酸等；利用微生物生产二次(次级)代谢产物，其中最重要的是抗生素和激素的生产。

近年来对动植物细胞的培养成为一个重点。它与基因工程和细胞工程相配合，可以使经改造后的动物细胞大规模、较稳定地生产单克隆抗体、医药用酶等高附加值的生物制品。植物细胞的培养主要应用于以下三方面，即生产细胞的代谢产物、生物转化和人工育种。代谢产物主要是一些价值高的药物(如紫杉醇、长春碱)、色素(如紫草宁、番红花)、油料和食品添加剂等。与种植的植物相比可以在更短时间内生产更多的产品，且不受气候的限制。生产转化主要是通过植物细胞分泌的酶的催化作用以生产一些药用化合物，如哚生物碱或类黄酮等。人工育种则可以大大缩短改良品种的时间，对农业生产有重要的作用。

动植物细胞的培养与微生物的培养相比，对反应器有更高的要求。一些细胞要求贴壁培养；对悬浮细胞的培养则要求流体产生的剪切力很小，以防止细胞受到伤害。另外，动植物细胞生长慢，培养时间长，对保持无杂菌的要求高，而且对 pH 值、溶氧、温度、营养源等因素的影响都比较敏感，要求有更适宜的反应器。

下列的一些主要参数对生化反应过程的影响与对传统的化学反应过程相比有较大差别。

① 温度。生化反应只在较低的温度(大部分在 293~310K)下进行。较高温度下蛋白质会发生热变性，反应速率下降甚至停止反应；这与化学反应的反应速率总是随温度的增加而加大(只要催化剂不失活)是不同的。因此，各类生化反应都有自己的最适宜反应温度。另外，由于生化反应的活化能很小，温度对反应速度的影响也比一般的化学反应小。

② pH 值。酶分子上都有许多羧基和胺基，水溶液 pH 值的变化会引起酶活性的变化。pH 值太大或太小都会引起酶的变性，只有在最优的 pH 值下酶才具有最高活性。一般 pH 值为 6.5~7.5 是最适宜的。各种微生物亦需要在一定的 pH 值环境中才能生长繁殖，培养基的 pH 值影响产品的产量和质量。

③ 辅酶。有一些物质本身并不是酶，但对酶的活性有决定性的影响，称为辅酶。它们类似于助催化剂，可用透析方法分离。如烟酰胺腺嘌呤二核苷酸(NAD)和烟酰胺腺嘌呤二核苷酸磷酸(NADP)都是辅酶。

④ 化学试剂。微量化学试剂的存在对不同的发酵阶段有不同的影响。某一些金属离子可以起活化剂的作用。如 Co^{2+}、Mn^{2+}、Mg^{2+} 都可显著增加 D-葡萄糖异构酶的活性。另一些金属离子则可以起抑制剂的作用。如 Cu^{2+}、Hg^{2+}、Zn^{2+} 则对肝葡萄糖异构酶起抑制作用。重金属离子(如汞离子)可与酶分子的巯基结合，对活性与巯基有关的酶有强烈的抑制作用。细胞在生长期中都需要一些含氮、碳的无机盐和有机物为氮源和碳源，但若浓度太高也可能有抑制作用。微量元素也可以显著促进微生物的繁殖和生长。其中最重要的无机元素有磷、钾、镁、钙、钠、铁和硫等。磷是构成核酸、磷脂和酶的主要成分，它参与代谢和能量转化的过程。硫是构成蛋白质或某些活性物质(如辅酶 A、生物素)的成分。镁是许多酶的激活剂。钾可以控制细胞质的胶态和细胞膜的渗透性，也是某些酶的激活剂。钙是细胞芽孢的主要成分，对维持蛋白质的分子结构有重要的作用，也是某些酶的激活剂。铁是细胞色素的重要成分和某些酶的激活剂。其他的如锌、锰、硼、钼、硅等元素也很重要。

⑤ 溶氧的影响。工业上大部分酶反应和微生物发酵、细胞繁殖过程都需要氧。溶氧速率的增加经常可以强化生产过程，特别在微生物或细胞的生长和增殖阶段，都有促进作用。但对二次代谢物产生阶段，或对动植物细胞的培养，过高的溶氧速率或缺氧都可能是不利的，溶氧速率的控制在生化反应中是一个很重要因素。

⑥ 灭菌。防止杂菌污染是生化反应中的一个突出问题。故全部设备、原料、空气在进入反应器之前都必须进行消毒或灭菌。采用高温、短时间的灭菌方法，可以减少营养物高温分解的损失。

⑦ 光线对微生物也有影响。大多数微生物无光合作用，但光线往往能刺激或抑制它的生长或使之死亡。强烈的阳光(主要为紫外线)可以灭菌。剂量适宜的紫外线、X 射线、γ射线能刺激微生物的生产或使品种变异。

9.2 生化反应过程的动力学

生化反应动力学可分为酶的反应动力学，微生物、细胞生产和代谢过程动力学，灭菌过程的动力学等。在本章中不准备研究反应的机理，只从反应器的计算角度研究一些最重

174

要的操作参数对反应速率的影响以及相应的宏观反应动力学方程式。酶反应动力学与微生物、细胞生长和代谢过程动力学的主要不同在于：前者的酶本身在过程中并不增长，而后者细胞在反应过程中是可以增殖的，故可分为生长动力学和代谢过程动力学两部分。另外，在生化反应器中，氧气、底物的传递速率经常是控制性因素，故亦需研究有关的传质动力学。

1. 酶反应动力学

酶可以溶解在底物水溶液中进行均相反应，与化学均相催化反应是类似的。若把酶固定在惰性载体上，便相当于化学的液-固催化反应。与化学反应类似，应根据反应的控制步骤，研究相应的反应本征动力学或内、外扩散的传质动力学。

酶在均相溶液中的反应动力学方程最常用的是 Michaelis-Menten 方程，亦称米氏方程，即：

$$(-r_A) = -\frac{dC_A}{dt} = kC_{E0}C_A / (K_m + C_A) \tag{9-2-1}$$

式中　$(-r_A)$——单位反应体积或面积的反应速率；

　　　k——反应速率常数；

　　　C_{E0}——开始时酶的浓度；

　　　C_A——底物 A 的浓度；

　　　t——时间；

　　　K_m——一常数。

式(9-2-1)中，当 C_A 很小时，$K_m \gg C_A$，变为一级反应，当 C_A 很大时，$C_A \gg K_m$，即对 C_A 为零级反应。$(-r_A)$ 只与酶的原始浓度 C_{E0} 成正比。

推导米氏方程时，可以假定酶(E)和底物(A)先生成复合物 EA，再分解得产物 P。若假设 EA 与 E，A 之间达到解离平衡，即

$$E + A \underset{k_2}{\overset{k_1}{\rightleftharpoons}} EA \overset{k_3}{\longrightarrow} E + P \tag{9-2-2}$$

则可证明 $K_m = \dfrac{k_3 + k_2}{k_1}$，它代表酶的一半活性中心与底物生成复合物所需底物的浓度。由于米氏方程能较好地处理酶的反应过程，故被广泛使用。若把式(9-2-1)改写成以下形式，即：

$$\frac{1}{(-r_A)} = \frac{1}{kC_{E0}}\left[\frac{K_m}{C_A} + 1\right] \tag{9-2-3}$$

以 $\dfrac{1}{(-r_A)}$ 对 $\dfrac{1}{C_A}$ 作图，若根据实验结果得出一条直线，其斜率为 $\dfrac{K_m}{kC_{E0}}$，在 $\dfrac{1}{C_A}$ 轴上的截距为 $\dfrac{1}{K_m}$，在 $\dfrac{1}{(-r_A)}$ 轴上的截距为 $\dfrac{1}{kC_{E0}}$，便可求得 k 和 K_m。

在生化反应中，经常有某些物质可以降低反应速率，称为抑制作用。常见的是底物的浓度过大，反应速率反而下降，称为底物的抑制作用；反应产物对反应也可能有抑制作用。例如用发酵法生产乙醇，乙醇对发酵便有抑制作用，反应动力学便不能采用米氏方程表示。抑制作用主要可分为以下几类：

① 可逆抑制。主要由于小分子抑制剂与酶结合而使它的活性下降。可以用透析等物理方法把抑制剂除去以恢复酶的活性。这类可逆抑制又可细分为竞争性抑制、非竞争性抑制

和反竞争性抑制三类，应分别采用不同的动力学方程。

② 不可逆抑制，是指抑制剂与酶的某些活性基团成共价键结合，使酶永久失活。

③ 底物的抑制作用。在酶反应中普遍存在这种作用，可以假设按下列方式进行：

$$A + E \underset{k_2}{\overset{k_1}{\rightleftharpoons}} [AE] \overset{k_3}{\longrightarrow} P + E$$

$$A + [AE] \underset{k_5}{\overset{k_4}{\rightleftharpoons}} [AEA]$$

设产生产物 P 的动力学方程可表示为：

$$r_P = \frac{dC_P}{dt} = k_3[AE] \tag{I}$$

且生成的中间物 $[AE]$ 和 $[AEA]$ 已达到平衡，则

$$\frac{d[AE]}{dt} = k_1 C_A C_B + k_5[AEA] - (k_2 + k_3)[AE] - k_4 C_A[AE] = 0 \tag{II}$$

$$\frac{d[AE]}{dt} = k_4 C_A[AE] - k_5[AEA] = 0 \tag{III}$$

又设

$$C_{E0} = C_E + [AE] + [AEA] \tag{IV}$$

由式（I）至式（IV）消去 C_E、$[AE]$、$[AEA]$ 可得

$$r_P = \frac{k_3 C_A C_{EA}}{K_m + C_A + N C_A^2} \tag{9-2-4}$$

式中，r_P 生成产物的速率；$N = \dfrac{k_4}{k_5}$；$K_m = \dfrac{k_3 + k_2}{k_1}$，当 $N = 0$ 时，式（9-2-4）便变为式（9-2-1），

式（9-2-4）用作底物有抑制作用的动力学方程，若令 $\dfrac{dr_P}{dC_A} = 0$，由该式可求出 r_P 为最大时 C_A

浓度 C_{Am}，对于间歇操作，经常把浓度为 C_A 的底物分批或连续加入，使釜内底物接近于 C_{Am} 下进行反应，保持反应速率接近于最大值，称为"流加"（Feed Batch）。此项技术被认为是生物发酵工程的一项重要成就。采用适当的"流加"常可大幅度提高间歇生化反应器的处理能力和收率，在抗生素生产中采用很普遍。

2. 微生物、细胞生长及代谢过程动力学

以自由酶催化的反应过程，大部分属于均相反应。理论上酶本身是不变化的，故酶催化反应与化学催化反应的本质是相同的。但微生物细胞的生长和代谢过程则不同，它们是固体，在繁殖及代谢过程中往往需要消耗大量氧气和底物，绝大部分是液-固、气-液-固的非均相反应，且细胞会不断增殖。典型的动力学过程见图 9-2-1，C_C 为细胞浓度。把细胞放入反应器中接种后，需经历一段时间细胞才能增长，这段时间称为诱导期。这是细胞处在一个新的环境中需要的一个适应过程。然后，细胞便按指数关系增长，若细胞数增长一倍称为一代，所需的时间为 t_D，称为倍数时间。

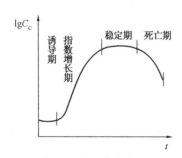

图 9-2-1 微生物、细胞生长
动力学示意图

若在时间 t 内细胞增殖为 n 代，理论上在 t 时间内细胞的增殖数为 2^n 或 $2^{t/t_D}$。愈是低等的生物，t_D 愈小。细菌的 t_D 为几分钟的数量级。这段时间称为指数增殖期。在这段时间的后期，代谢物（有些是发酵过程的产物）不断增加，且营养

源的浓度不断减少，C_C 便不再增加，转入稳定期。第二次代谢物是过程的主要产物，大部分都是在这时期中产生的，以后进入细胞死亡期，C_C 不断下降。若产物是细胞本身(如生产酵母或单细胞蛋白)，要设法延长指数增长期，当增殖停止，反应也应结束。若要获得代谢产物或利用细胞的酶使底物转化，则主要在稳定期中运行。可见在上述的非均相反应过程中，总的表观反应速率的计算应区分为几个阶段，而且不但与酶或细胞的本征反应动力学有关，也与底物和氧在相内、相间的传质速率有关，与细胞凝聚体内或细胞内部的传质速率有关。找出整个过程的速率控制因素，对反应器的设计以及增加生产过程的效率都是很重要的。

微生物、细胞反应动力学模型有许多不同类型，总体上可区分为离散模型和集总模型，或者分为结构模型和非结构模型。在离散模型中，把生物质的具体细胞的区别分别加以考虑，其中的结构模型认为各细胞间存在不同的生理状态，而非结构模型则认为各细胞间不存在差别。在集总模型中把生物质看为一个整体，不区分为个别细胞，其中的结构模型则把生物质划分为若干个组分，非结构模型则把生物质看作为一个组分。本节只介绍集总模型中几个较常用的动力学方程。

(1) 细胞生长动力学方程

可以把细胞的增殖过程用化学方程式表示如下，并与酶反应进行比较。

<table>
<tr><td>酶反应</td><td>细胞增殖</td></tr>
<tr><td>$A+E \rightleftharpoons AE \longrightarrow P+E$</td><td>$A+CL \rightleftharpoons CG \longrightarrow 2CL+P$</td></tr>
<tr><td>$C_{E0} = C_E + [AE]$</td><td>$C_C = C_{CL} + C_{CG}$</td></tr>
</table>

式中，E 为酶；AE 为底物 A 与酶结合的中间产物，$[AE]$ 为其浓度；P 为产物；CL 代表有生物活性但不分裂的静止细胞；CG 表示可分裂为两个新的静止细胞的孕细胞；C_{CL}、C_{CG} 分别为静止细胞和孕细胞的浓度；C_C 为细胞的总浓度。与酶反应相比，静止细胞相当于酶，故细胞增长动力学方程也可以用类似于酶反应的米氏方程表示为：

$$\mu = \frac{1}{C_C}\frac{dC_C}{dt} = \frac{\mu_m C_A}{K_S + C_A} \tag{9-2-5}$$

式中，μ 为比生长速度；μ_m 表示营养物达到饱和时细胞的最大比增长速率，相当于反应速率常数；式(9-2-5)亦称为 Monod 方程，K_S 称为 Monod 常数。在多数情况下用 Monod 方程都得到满意的结果。对于比较黏稠的发酵液，细胞的增长会增大液相的传质阻力，可以把式(9-2-5)改写为：

$$\mu = \frac{\mu_m C_A}{K_S C_C + C_A} \tag{9-2-6}$$

上式称为 Contois 方程。

对于底物有明显抑制作用时，Andrews 提出：

$$\mu = \frac{\mu_m C_A}{K_S + C_A + C_A^2 / K_P} \tag{9-2-7}$$

式中，K_P 为与抑制作用有关的比例常数。

对于产物抑制的反应，可用 Aiba 提出的方程：

$$\mu = \frac{\mu_m C_A}{K_S + C_A} \cdot \frac{K_P}{K_P + [P]} \tag{9-2-8}$$

式中，[P]为产物P的浓度，若产物有i种，可用：

$$\mu = \mu_m \prod_{i=1}^{i} \frac{C_{Ai}}{K_{Si} + C_{Ai}} \qquad (9-2-9)$$

式中，K_{Si}为第i种产物的饱和系数。

（2）底物消耗动力学方程

底物的消耗主要有三方面：一是供细胞的生长，消耗速率可表示为$-\dfrac{1}{Y_{C/A}} \dfrac{dC_C}{dt}$；二是用以维持细胞生命所消耗的能耗物质，消耗速率可表示为$-m_c C_C$；三是用于合成次级产物P，消耗速率可表示为$-\dfrac{1}{r_{P/A}}$，$Y_{C/A}$、$Y_{P/A}$分别为细胞C对底物A、产物P对底物A的得率系数，m_C为菌体维持系数。故底物消耗动力学方程可表示为：

$$-\frac{dC_A}{dt} = -\frac{1}{Y_{C/A}} \cdot \frac{dC_C}{dt} - m_C C_C - \frac{1}{Y_{P/A}} \frac{d[P]}{dt} \qquad (9-2-10)$$

（3）产物生成的动力学方程

产物指在细胞培养过程中除细胞外所有代谢生产的产物。主要分为两类：一类是随细胞生长而产生，表示为$\alpha \dfrac{dC_C}{dt}$；另一类则只要细胞存在就会产生，可表示为βC_C。α、β均为比例系数。故生成的产物通用动力学方程为：

$$\frac{d[P]}{dt} = \alpha \frac{dC_C}{dt} + \beta C_C \qquad (9-2-11)$$

以上各方程的动力学常数μ_m以及$1/K_S$与温度的关系，一般可用类似于Arrhenius方程表示，如：

$$\frac{1}{K_S} = A_1 e^{-E_1/RT} \qquad (9-2-12)$$

式中，R为气体常数，A_1、E_1均为常数。但由于温度升高，开始时μ_m会增加，但若温度继续上升，细胞的生物活性会下降甚至死亡，故μ_m在某温度下有一最大值，它与温度的关系为：

$$\mu_m = A_2 e^{-E_2/RT} - A_3 e^{-E_3/RT} \qquad (9-2-13)$$

式中 A_2、A_3、E_2、E_3均为待定系数。

有关生物反应的动力学方程还有很多，在本章只介绍一些较简单和常用的，对不同过程，最好通过实验方法求得。

（4）灭菌动力学方程

加热是最常用的一种灭菌方法。但加热常同时会使营养成分损失。高温下杂菌的死亡速度和营养源损失速率均可用一级反应动力学方程表示。在培养基中，杂菌在中性不比在酸、碱性下更易死亡。由于杂菌死亡的活化能比营养源损失的活化能高，故采用较高温、较短时间的快速灭菌方法，可以达到灭菌并减少营养源组分损失的目的。

3. 传质动力学方程

在生化反应器中，底物和氧的传质速率经常是整个反应的控制因素。在这里只重点介绍氧气的溶解和有关的传质问题。

氧气从气相传到细胞，一般要经历下列几个过程。①在气液界面上气膜中的扩散；②在界面上气体的溶解；③在气泡液膜中的扩散；④从气泡附近的液相主体向细胞附近的液相主体迁移；⑤通过细胞外表面液膜的扩散；⑥对某些菌丝体团还附加在菌丝体中一些扩散阻力。一般氧气的液解速度很快，可设在气泡的液膜界面上氧的浓度达到了饱和浓度 $C_{O_2}^*$。菌体耗氧的速率也很快，故通过液膜或菌丝团以及固定化酶的载体内部的扩散过程往往是整个反应过程的速度控制步骤。在许多发酵过程的细胞增殖阶段，底物中氧的浓度 C_{O_2} 很低，当 C_{O_2} 低于某一临界值 $(C_{O_2})_{Cr}$，菌体便停止增殖或死亡。故在反应器中，要求保持为 $C_{O_2} > (C_{O_2})_{Cr}$。一般 $(C_{O_2})_{Cr}$ 为 $C_{O_2}^*$ 的 $5\% \sim 10\%$，在常压 25℃，对水介质的 $C_{O_2}^*$ 约为 8×10^{-6}。

传质速率都用 Fick 方程表示。对于液膜扩散控制过程。可用下式计算：

$$N_D = K_L a (C_{O_2}^* - C_{O_2}) \tag{9-2-14}$$

式中，N_D 为氧体积传递速率；K_L 为液膜传质系数；a 为单位体积液体的传质表面积。由于 K_L 和 a 较难分别测定，一般把 $K_L a$ 作为一个变量处理，称为体积传质系数。由于 $C_{O_2}^*$ 值很小，故 N_D 也很小，因此在许多耗氧的生化过程，溶氧速率成为控制因素。溶氧速率明显受液体黏度、扩散系数、表面张力、菌体的形态和浓度、通气速度、搅拌速度和反应器结构的影响。不同过程和设备的 $K_L a$ 的差别很大。在发酵过程中，醪液的黏度不断增大，$K_L a$ 不断下降，可减少 3/4。矢本(1974)在培养面包酵母液中加入消泡剂，$K_L a$ 下降了 30%。在设计反应器时必须考虑不同情况下 $K_L a$ 的变化。设法增大 $K_L a$ 以强化生化反应过程，是一个重要的研究课题。

在生化反应器中，细胞主要有两种存在形式：

① 以絮状或颗粒的形式悬浮在流体中；

② 以薄膜的形式附在载体壁的表面上。

一般，这些絮、膜或固定化载体都比细胞大几个数量级。底物或氧需要穿过它们的表面进入内部进行反应。这种内扩散速率都很慢，往往成为整个过程的速率控制步骤。设计反应器时，必须联解反应器主体的物料衡算方程、动力方程和絮或膜内部的扩散传质方程，也可采用化学反应固体催化剂的催化剂有效因子的方法对动力学方程加以修正。定义有效因子 η 为：

$$\eta = \frac{膜或絮内部实际的反应速率}{按外表面浓度 C_{AS} 计算的反应速率} \tag{9-2-15}$$

若动力学方程用米氏方程或 Monod 方程，并定义 Thiele 数 Φ 为：

$$\Phi = \frac{k_2 L}{(1 + 2k_3 C_{AS})^{1/2}} \tag{9-2-16}$$

可推导得：

当
$$\Phi < 1，\quad \eta = 1 - \frac{\tanh(k_2 L)}{k_2 L} \cdot \left[\frac{\Phi}{\tanh \Phi} - 1 \right] \tag{9-2-17}$$

当
$$\Phi > 1，\quad \eta = \frac{1}{\Phi} - \frac{\tanh(k_2 L)}{k_2 L} \cdot \left[\frac{1}{\tanh \Phi} - 1 \right] \tag{9-2-18}$$

式中，$k_2 = (ak/k_3 De)^{1/2}$；a 为单位体积絮(膜)的活性表面；$k = \dfrac{\mu_m}{C_C}$；De 为絮(膜)内的有效扩散系数。$k_3 = 1/K_S$；$L = \dfrac{V_P}{a_P}$，V_p、a_p 分别为絮的体积和外表面积。

9.3 生化反应器和它的操作

生化反应大部分属于气-液、气-液-固体系。工业采用的都是化学反应常用的反应器，最多的还是带搅拌桨的釜式反应器。由于反应时间一般相当长，故主要采用间歇操作。但生化反应与化学反应有很多不同的特点，采用传统的化学反应器显示出许多缺点。例如，许多生化反应要求溶氧速率高。增大k_{LA}最有效的方法是增加搅拌速度，但搅拌功率分别约与搅拌转速和搅拌桨的直径的三次方成正比。对于大型反应器，为了使搅拌功率不致太大，搅拌转速都比小型反应器小。另外，搅拌反应器中流体产生的剪切力较大，对于细胞的生长，特别是对动、植物细胞的培养是不利的。

采用较多的另一类反应器是鼓泡塔。从塔底的气体分布器中通入气体使液体运动，并使气、液相有良好的接触。气-液-固三相流化床反应器也属于此类型。

近年来采用气升式环流反应器日渐增多，它与前二类反应器相比有很多优点，也可用于动、植物细胞的培养和黏度较大的流体。

反应与分离过程耦合的反应器，特别是膜反应器近年来研究很多，它对于产物能抑制反应的大多数生物反应有很好的应用前景，但目前尚未达到大规模工业生产应用的阶段。

按反应器的操作方式，可分为间歇式和连续式两大类。生化反应器采用间歇操作较多。因为间歇反应器比较容易保持消毒清洁的条件。间歇反应又可分为三类：

① 整批加料和卸料。

② 分批加料。即把底物分批或连续加入反应器内，产物是最后一次取出。这种操作方式就是前面已介绍过的"流加"。可以保持反应器在较低的底物浓度下操作。

③ 分批加料与取出。即加料与液体产品的取出是分批的。但固体残渣仍留在釜中，再加入另一批原料进行反应，直至反应器中存积的固体物料已相当多，才将反应器作一次清理。这种操作，多用于污水处理。

对于间歇操作的生化反应器，计算方法与化学反应器原则上是相同的，只是动力学方程不同。例如对于整批加料和卸料的操作，若是酶催化反应，反应动力学可用米氏方程表示，可得：

$$(-r_A) = -\frac{dC_A}{dt} = \frac{kC_{E0}C_A}{(K_m + C_A)}$$

当$t = 0$时，$C_A = C_{A0}$，$C_E = C_{E0}$，$C_P = C_{P0} = 0$

上式积分得：

$$K_m \ln\frac{C_{A0}}{C_A} + (C_{A0} - C_A) = kC_{E0}t \tag{9-3-1}$$

式(9-3-1)左方第一项相当于一级反应，第二项相当于零级反应。

对于微生物和细胞的发酵过程，可以根据对反应速率起控制作用的过程选择动力学方程，如Monod方程或传质的扩散速率方程，用上述类似的方法进行计算。

对于连续操作的生化反应器，与化学反应器相比稍有一点不同。今以全混釜为例作一分析。连续操作的全混釜，在生化工程中也称为"恒化器"（Chemostate），是因为细胞的培育是在恒温、恒化学组成的化学环境所控制的条件下进行的。生化反应器与化学反应器在操作中最主要的一点区别是细胞的接种一般是分批的，连续加入的只是底物，但取出的产物中会有细胞被带出。若进料通入的体积速率 F 过大，使产物带出细胞比在反应器中增殖产生的细胞的速率更快，反应速率便因反应器内无细胞停留而大幅度下降至不能继续进行反应。此现象称为洗脱(Washout)。若定义时间 t 的倒数 D 为 $D = 1/t = F/V$，V 为反应器体积，D 为稀释速率(Dilution Rate)，则 D 的大小要受到限制，否则会导致反应器"洗脱"。

恒化器的计算方法与化学反应器的计算方法是相同的，差别也只是动力学方程不同，下面举几个简单例子作一分析。

① 酶催化反应器。若动力学用米氏方程，则：

$$t = \frac{C_{A0} - C_A}{(-r_A)} = \frac{(C_{A0} - C_A)}{KC_{B0}C_A}(K_m + C_A) \tag{9-3-2}$$

② 微生物反应器，若动力学用 Monod 方程，则

$$t = \frac{C_C - C_{C0}}{r_C} = \frac{C_C - C_{C0}}{KC_C C_A}(K'_m + C_A) \tag{9-3-3}$$

③ 对底物有抑制作用的反应，若动力学方程可用式(9-2-4)表示，则可得：

$$t = \frac{C_C - C_{C0}}{r_C} = \frac{C_C - C_{C0}}{KC_C C_A}(K'_m + C_A + NC_A^2) \tag{9-3-4}$$

以 $1/r_C$ 对 C_A 作图，可得图 9-3-1 可见当 $C_A = C_{A1}$ 时，反应速率最大，C_{A1} 与 K'_m 和 C_{A0} 有关。

由于在反应器中，增加细胞的浓度往往可以提高反应器的生产能力。为此，生化反应器常采用带循环的操作，如图 9-3-2 所示。把一个生物量浓集器与反应器相连。从浓集器中取出的料液不包含细胞，把含细胞的料液循环回反应器，循环量与进料量之比 F 之比称为循环比 r。在定态下对整个反应器作物料衡算得：

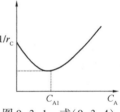

图 9-3-1 式(9-3-4)的表示图

$$V\frac{dC_C}{dt} = FrC_C - F(1 + r)C_C + r_C V = 0 \tag{9-3-5}$$

$$\frac{r_C}{C_C} = D\left(1 + r - r\frac{C_{Cr}}{C_C}\right) \tag{9-3-6}$$

式中 F 为体积进料速率；$D = F/V$。

经过浓集器后，$C_{Cr} > C_C$，故 $\left(1 + r - r\frac{C_{Cr}}{C_C}\right) < 1$。在无循环下，$r = 0$，$D = \frac{r_C}{C_C}$；在循环操作下 $D > \frac{r_C}{C_C}$，即 D 值比无循环时更大，故可使操作强化。若动力学方程可用 Monod 表示，由物料衡算可推导得：

$$C_A = \frac{K'_m D\left(1 + r - r\frac{C_{Cr}}{C_C}\right)}{k - D\left(1 + r - r\frac{C_{Cr}}{C_C}\right)} \tag{9-3-7}$$

$$C_C = \frac{r(C_{A0} - C_A)}{\left(1 + r - r\frac{C_{Cr}}{C_C}\right)} \tag{9-3-8}$$

若无循环，$r = 0$，由式(9-3-8)可得 $C_C = C'_C$，其中

$$C'_C = r(C_{A0} - C_A) \quad\quad\quad (9\text{-}3\text{-}9)$$

以上各式的参数关系的示意见图 9-3-3，图中的虚线为无循环操作的结果。从图中也可见当采用循环操作，生产能力可增加较大。工业上通常采用的浓集器可以是沉淀槽或离心机。对于其他动力学方程的过程，包括传质扩散控制的过程，只要采用相应的动力学方程，都可以按上面介绍的方法进行分析和计算。

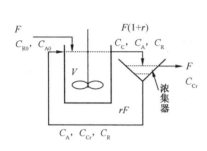

图 9-3-2　带循环的全混釜示意图

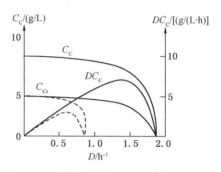

图 9-3-3　带循环的全混釜各参数间的关系

参 考 文 献

[1]　袁乃驹，丁富新著．化学反应工程基础．北京：清华大学出版社，1988

[2]　合叶修一，永进史郎．生物反应工程-反应动力学．北京：化学工业出版社，1984

[3]　刘国诠主编．生物工程下游技术．北京：化学工业出版社，1993

第10章 列管式固定床反应器设计计算示例

10.1 反应器设计的教学要求

反应器设计是学生在学完反应工程课程后安排进行的工程实践性教学环节，它不仅与反应工程课程内容紧密相连，而且与换热器设计、化工塔器设计系列一脉相通，还与毕业设计环节密切相关。本着"加强基础训练、增强专业适用、培养创新能力"的理念，使学生得到一次化工初步设计技能和工程实践能力强化的学习训练，为毕业设计环节奠定基础。通过这一环节的训练，应使学生在下列几个方面能力得到较好的培养：

① 查阅资料，快速使用相关技术资料(手册、图表及网络资源)，收集合适的数据，正确选用计算公式和设计参数。

② 培养学生以技术可行性及经济合理性两方面的工程观点进行问题分析的能力，正确、迅速地确定固定床反应器及反应单元相关辅助设备的流程方案。

③ 初步掌握反应器设计的基本方法，训练学生用拟均相一维模型计算变温固定床催化反应器的思维，培养学生实践能力和知识的综合运用能力。

④ 应用简洁的文字、适当的图表和工程语言正确表述设计思想和结果，综合应用所学专业基础知识解决化工实际问题。

通过一周的训练，学生提交的成果包括：

① 课程设计报告(设计说明书)。每位学生根据设计任务书进行反应单元工艺流程的初步设计，按照分解的任务，完成相应生产能力设备的设计计算，撰写一份设计说明书。

② 图纸。工艺流程简图 1 张(建议绘制带控制方案的流程图)、反应器设备条件图 1 张。

10.2 拟均相一维模型计算气相丁醛加氢反应器

10.2.1 反应组成的计算

设反应氢醛比为 a(本设计为 28)，正丁醛在某一床层深度的转化率为 x_A，气体混合物中各组分组成的摩尔分数为：

$$CH_3(CH_2)_2CHO(A) + H_2 \longrightarrow CH_2(CH_2)_3OH(C)$$

反应前   1 a

某一转化率 $1-x_A$ $a-x_A$ x_A

正丁醛(A)：$y_A = \dfrac{1-x_A}{1+a-x_A}$

正丁醇(C)：$y_C = \dfrac{x_A}{1+a-x_A}$

氢(H)：$y_H = \dfrac{a-x_A}{1+a-x_A}$

则气体混合物中丁醛和氢的分压为：

丁醛（A）：$p_A = P \dfrac{1-x_A}{1+a-x_A}$

氢（H_2）：$p_H = P \dfrac{a-x_A}{1+a-x_A}$

10.2.2　丁醛加氢热力学参数计算

1. 混合气体等压摩尔热容

丁醛加氢反应的混合气体，其摩尔热容可根据各组分在系统温度 T 下的等压摩尔热容 C_{pi} 与该组分的摩尔分率 y_i 之乘积的加和来计算：

$$\bar{C}_p = \sum y_i C_{p,i} \tag{10-2-1}$$

计算纯组分的热容方程：

正丁醛、正丁醇：　　$C_p = A+BT+CT^2+DT^3 \, \text{cal}/(\text{mol} \cdot \text{K})$ $\tag{10-2-2}$

氢气：　　$C_p = 27.28+3.26 \times 10^{-3}T+0.502 \times 10^5 T^{-2} \, \text{J}/(\text{mol} \cdot \text{K})$ $\tag{10-2-3}$

式中，T 的单位为 K。

式（10-2-2）出自文献《化工工艺设计手册》（第四版，P1210），相应的各参数见表 10-2-1。

表 10-2-1　式（10-2-2）热容方程常数

化合物	A_i	B_i	C_i	D_i	$C_{p,i}$(423K)
正丁醛	4.9161	7.3596×10^{-2}	-1.03×10^{-4}	-6.51×10^{-10}	17.57
正丁醇	8.305	8.4175×10^{-2}	-1.1697×10^{-4}	7.3×10^{-9}	23.53

反应温度为 393~453K，温度范围内的定性温度取 423K。423K 下，氢气摩尔热容通过式（10-2-3）计算的数值为 28.9395J/（mol·K）。

混合气体的等压摩尔热容（423K，转化率取 50%）计算如下：

$$\bar{C}_p = C_{p,A} \times \frac{1-x_A}{1+a-x_A} + C_{p,H} \times \frac{a-x_A}{1+a-x_A} + C_{p,C} \times \frac{x_A}{1+a-x_A}$$

$$= 17.57 \times 4.1868 \times \frac{1-0.5}{1+28-0.5} + 28.9395 \times \frac{28-0.5}{1+28-0.5} + 23.53 \times 4.1868 \times \frac{0.5}{1+28-0.5}$$

$$= 30.94 \left[\text{J}/(\text{mol} \cdot \text{K}) \right]$$

2. 混合气体黏度 μ 及导热系数 λ 的计算

混合气体的黏度 μ 和导热系数 λ 可用对比状态法进行估算，即

$$\mu = \mu_R \mu_C \tag{10-2-4}$$

$$\lambda = \lambda_R \lambda_C \tag{10-2-5}$$

混合气体的临界黏度 μ_C 和临界导热系数 λ_C 可计算如下：

$$\mu_C = \sum y_i \mu_{C,i} \tag{10-2-6}$$

$$\lambda_C = \sum y_i \lambda_{C,i} \tag{10-2-7}$$

式中　$\mu_{C,i}$——组分 i 的临界黏度，$\mu\text{Pa} \cdot \text{s}$；

$\lambda_{C,i}$——组分 i 的临界导热系数，$\text{J}/(\text{s} \cdot \text{m} \cdot \text{K})$；

y_i——组分 i 的摩尔分数。

混合气体的对比黏度 μ_R 和对比导热系数 λ_R 可计算如下：

当 $0 \leqslant p_R \leqslant 1$ 时，μ_R（或 λ_R）$= AT^B + CT^D p_R$ (10-2-8)

当 $p_R \geqslant 1$ 时，μ_R（或 λ_R）$= AT^B + CT^D + ET_R^F(p_R - 1)$ (10-2-9)

式中 T_R——对比温度，$T_R = T/T_C$；

      P_R——对比压力，$P_R = P/P_C$；

混合气体的临界温度 T_C 和临界压力 P_C 用虚拟混合规则求取：

$$T_C = \sum y_i T_{C,i}$$

$$P_C = \sum y_i p_{C,i}$$

表 10-2-2 为式（10-2-8）和式（10-2-9）的常数。表 10-2-3 列出了丁醛、丁醇和氢的临界参数。数据中除 $\lambda_{C,H}$、$\mu_{C,H}$、$\mu_{C,C}$、$\mu_{C,A}$、$\lambda_{C,A}$、$\lambda_{C,C}$ 外，均取自文献《石油化工基础数据手册》，而 $\lambda_{C,H}$、$\mu_{C,H}$ 可以查物理化学等教材得到，$\mu_{C,A}$、$\lambda_{C,A}$、$\lambda_{C,C}$、$\mu_{C,C}$ 为临界温度和临界压力下计算所得（见下文）。

表 10-2-2 估算混合气体对比黏度和对比导热系数的各常数

	A	B	C	D	E	F
μ_R	0.64	0.60	1.43	-3.98	0.275	-1.54
λ_R	0.68	0.65	1.08	-6.40	0.275	-1.52

表 10-2-3 混合气体中各组分的临界值

	$\mu_{C,i}/\mu Pa \cdot s$	$\lambda_{C,i}/[J/(s \cdot m \cdot K)]$	$T_{C,i}/K$	$p_{C,i}/atm$	$V_{C,i}/(mL/mol)$	$Z_{C,i}$	W_i
丁醛	21.97	7.67×10^{-5}	2637	42.64	258	0.250	0.345
丁醇	28.93	0.0389	563	43.56	274	0.258	0.595
氢	37.56	0.192	33.3	12.8	65.0	0.305	-0.22

（1）丁醛的临界黏度 $\mu_{C,A}$ 和丁醇的临界黏度 $\mu_{C,C}$ 的计算

丁醛和丁醇的临界压力很高，用高压下的黏度计算公式计算丁醛的临界黏度 $\mu_{C,A}$ 和丁醇的临界黏度 $\mu_{C,C}$。公式如下：

$$(\mu - \mu^o)\xi = 10.8 \times 10^{-5} \times [\exp(1.439\rho_r) - \exp(-1.111\rho_r^{1.858})] \quad (10-2-10)$$

公式出自《化工工艺设计手册》[第三版，式（21-131a）]

式中 ξ——黏度参数；

$$\text{丁醛的黏度参数 } \xi_A = \frac{T_{C,A}^{1/6}}{M_A^{1/2} \times p_{C,A}^{2/3}} = \frac{2637^{1/6}}{72.11^{1/2} \times 42.64^{2/3}} = 0.0359$$

$$\text{丁醇的黏度参数 } \xi_C = \frac{T_{C,C}^{1/6}}{M_C^{1/2} \times p_{C,C}^{2/3}} = \frac{563^{1/6}}{74.12^{1/2} \times 43.56^{2/3}} = 0.0270$$

    ρ_r——对比密度，临界状态下，$\rho = \rho_C$，所以 $\rho_r = \rho/\rho_C = 1$；

    ρ_C——假临界密度，$\rho_C = 1/V_C$；

    μ^o——低压下的气体黏度；

    μ——高压下气体黏度。

求低压下丁醛的黏度，参考《化工工艺设计手册》[第四版，P1233 式（21-113）]

$$T_r = T/T_C = 2637/2637 = 1 < 2.5$$
$$\mu_A^o \xi_A = (1.90 T_r - 0.29)^{4/5} \cdot Z_C^{-2/3}$$
$$= (1.90 \times 1 - 0.29)^{4/5} \times 0.250^{-2/3}$$
$$= 3.688 (\mu P)$$

$$\mu_A^o = \frac{3.688}{\xi_A} = \frac{3.688}{0.0359} = 102.73 (\mu P) = 102.73 \times 10^{-4} (cP)$$

即 $T_{C,A} = 2637K$，常压下，丁醛的黏度 $\mu_A^o = 102.73 \times 10^{-4} cP$；

同理，$T_{C,C} = 563K$，常压下，丁醇的黏度 $\mu_C^o = 133.78 \times 10^{-4} cP$。

将上述数据代入公式（10-2-10），求得丁醛的临界黏度：

$$\mu_{C,A} = \frac{10.8 \times 10^{-5} \times [\exp(1.439\rho_r) - \exp(-1.111\rho_r^{1.858})]}{\xi_A} + \mu_A^o$$

$$= \frac{10.8 \times 10^{-5} \times [\exp(1.439 \times 1) - \exp(-1.111 \times 1^{1.858})]}{0.0359} + 102.73 \times 10^{-4}$$

$$= 219.67 \times 10^{-4} (cP) = 21.97 \times 10^{-6} (Pa \cdot s)$$

丁醇的临界黏度

$$\mu_{C,C} = \frac{10.8 \times 10^{-5} \times [\exp(1.439\rho_r) - \exp(-1.111\rho_r^{1.858})]}{\xi_C} + \mu_C^o$$

$$= \frac{10.8 \times 10^{-5} \times [\exp(1.439 \times 1) - \exp(-1.111 \times 1^{1.858})]}{0.0270} + 133.78 \times 10^{-4}$$

$$= 289.27 \times 10^{-4} cP = 28.93 \times 10^{-6} (Pa \cdot s)$$

（2）丁醛的临界导热系数 $\lambda_{C,A}$ 和丁醇的临界导热系数 $\lambda_{C,C}$ 的计算

丁醛和丁醇的临界压力都很高，用高压下的导热系数计算公式计算丁醛和丁醇的临界导热系数 $\lambda_{C,A}$，$\lambda_{C,C}$，公式如下：

$$(\lambda - \lambda^o) \Gamma Z_C^5 = 13.1 \times 10^{-8} \times (e^{0.067\rho_r} - 1.069) \tag{10-2-11}$$

式中　Γ——导热系数参数；

丁醛的导热系数参数，$\Gamma = \dfrac{T_C^{1/6} M^{1/2}}{p_C^{2/3}} = \dfrac{2637^{1/6} \times 72.11^{1/2}}{42.64^{2/3}} = 2.586$

正丁醇的导热系数参数，$\Gamma = \dfrac{T_C^{1/6} M^{1/2}}{p_C^{2/3}} = \dfrac{563^{1/6} \times 74.12^{1/2}}{43.56^{2/3}} = 1.998$

ρ_r——对比密度，临界状态下，$\rho = \rho_C$，所以 $\rho_r = \rho/\rho_C = 1$

ρ_C——假临界密度，$\rho_C = 1/V_C$

λ^o——低压下气体的导热系数；

λ——高压下气体导热系数。

正丁醛的临界温度 $T_{C,A} = 2637K$，常压下丁醛的导热系数，参考《化工工艺设计手册》（第四版，P1045 图21-18）。

$T_r = 1$，$p_r = 1/42.64 = 0.02$，查图得 $\lambda_{C,A}/\lambda_A^o = 1.0002$。代入式（10-2-11），得

$$\lambda_{C,A} = \frac{\lambda_{C,A}}{1.0002} + \frac{13.1 \times 10^{-8} \times (e^{0.067\rho_r} - 1.069)}{\Gamma Z_C^5}$$

$$= \frac{\lambda_{C,A}}{1.0002} + \frac{13.1 \times 10^{-8} \times (e^{0.067 \times 1} - 1.069)}{2.586 \times 0.25^5}$$

$$\lambda_{C,A} = 7.67 \times 10^{-5} \text{J}/(\text{m} \cdot \text{s} \cdot \text{K})$$

$T_{C,C} = 563\text{K}$，常压下丁醇的导热系数，查《化工工艺设计手册》(第四版，P1042)，得 $\lambda_C^\circ = 9.28 \times 10^{-5} \text{cal}/(\text{cm} \cdot \text{s} \cdot \text{K})$。代入式(10-2-11)，解得：

$$\lambda_{C,C} = \lambda_C^\circ + \frac{13.1 \times 10^{-8} \times (e^{0.067\rho_r} - 1.069)}{\Gamma Z_C^5}$$

$$= 9.28 \times 10^{-5} \times 4.1868 \times 100 + \frac{13.1 \times 10^{-8} \times (e^{0.067 \times 1} - 1.069)}{1.998 \times 0.258^5}$$

$$= 0.0389 [\text{J}/(\text{m} \cdot \text{s} \cdot \text{K})]$$

(3) 计算混合气体的平均黏度 $\bar{\mu}$ 和平均导热系数 $\bar{\lambda}$

因为丁醛加氢反应转化率为50%和平均温度423K计算混合气体的平均黏度 $\bar{\mu}$ 和平均导热系数 $\bar{\lambda}$，总压 $P = 0.45\text{MPa}$，此时气体组成：

$$y_A = \frac{1 - x_A}{1 + a - x_A} = \frac{1 - 0.5}{29 - 0.5} = 0.0175$$

$$y_C = \frac{x_A}{1 + a - x_A} = \frac{0.5}{29 - 0.5} = 0.0175$$

$$y_H = \frac{a - x_A}{1 + a - x_A} = \frac{28 - 0.5}{29 - 0.5} = 0.965$$

此条件下混合气体的临界黏度和临界导热系数：

$$\mu_C = \sum y_i \mu_{C,i}$$

$$= 0.0175 \times 21.97 + 0.0175 \times 28.93 + 0.965 \times 37.56$$

$$= 37.14 (\mu\text{Pa} \cdot \text{s})$$

$$\lambda_C = \sum y_i \lambda_{C,i}$$

$$= 0.0175 \times 7.67 \times 10^{-5} + 0.0175 \times 0.0389 + 0.965 \times 0.192$$

$$= 0.186 [\text{J}/(\text{m} \cdot \text{s} \cdot \text{K})]$$

临界温度和临界压力

$$T_C = \sum y_i T_{C,i}$$

$$= 0.0175 \times 2637 + 0.0175 \times 563 + 0.965 \times 33.3$$

$$= 88.13 (\text{K})$$

$$P_C = \sum y_i p_{C,i}$$

$$= (0.0175 \times 42.64 + 0.0175 \times 43.56 + 0.965 \times 12.8) \times 0.1013$$

$$= 1.40 (\text{MPa})$$

对比温度和对比压力：

$$T_R = T/T_C = 423/88.13 = 4.80$$

$$P_R = P/P_C = 0.45/1.40 = 0.32 < 1$$

用式(10-2-8)计算对比黏度和对比导热系数：

对比黏度和对比导热系数：

$$\mu_R = A T_R^B + C T_R^D P_R$$

$$= 0.64 \times 4.80^{0.6} + 1.43 \times 4.80^{-3.98} \times 0.32$$

$$= 1.641$$

$$\lambda_R = AT_R^B + CT_R^D P_R$$
$$= 0.68 \times 4.80^{0.65} + 1.08 \times 4.80^{-6.4} \times 0.32$$
$$= 1.885$$

平均黏度和平均导热系数

$$\bar{\mu} = \mu_R \cdot \mu_C$$
$$= 1.641 \times 37.14 = 6.095 \times 10^{-5} (\text{Pa} \cdot \text{s})$$

$$\bar{\lambda} = \lambda_R \cdot \lambda_C$$
$$= 1.885 \times 0.186 = 0.351 [\text{J}/(\text{s} \cdot \text{m} \cdot \text{K})]$$

3. 反应热计算

假设反应热与反应温度无关，25℃时丁醛加氢反应的标准反应热 $\Delta H_r^\ominus$ 可由各组分的标准生成热 $\Delta H_f^\ominus$ 计算

$$\Delta H_{r,25℃}^\ominus = \sum \Delta H_{f,\text{生成物}j}^\ominus \cdot v_j - \sum \Delta H_{f,\text{反应物}j}^\ominus \cdot v_j$$

查文献得，25℃时各纯组分的标准生成热为：

$$\Delta H_{f,25℃,\text{丁醛}}^\ominus = -204.8\text{kJ/mol}$$
$$\Delta H_{f,25℃,\text{丁醇}}^\ominus = -274.97\text{kJ/mol}$$
$$\Delta H_{f,25℃,H_2}^\ominus = 0\text{kJ/mol}$$

25℃时的标准反应热 $\Delta H_r^\ominus$：

$$\Delta H_{r,25℃}^\ominus = -274.97 - (-204.8) = -70.17(\text{kJ/mol})$$

当平均温度为423K

$$\Delta H_{r,T} = \Delta H_{r,298.15K}^\ominus + \int_{298}^{423} \Delta C_{p,m_1} dT - \int_{298}^{423} \Delta C_{p,m_2} dT$$

$$\int_{298}^{423} \Delta C_{p,m_1} dT = \int_{298}^{423} [(8.305 - 4.9161) + (8.4175 \times 10^{-2} - 7.3596 \times 10^{-2})T +$$
$$(-1.1697 \times 10^{-4} + 1.03 \times 10^{-4})T^2 + (7.3 \times 10^{-9} - 6.51 \times 10^{-10})T^3] dT$$

$$= 3.3889 \times (423 - 298) + \frac{1}{2} \times 1.0579 \times 10^{-2} \times (423^2 - 298^2)$$

$$+ \frac{1}{3} \times (-1.397 \times 10^{-5}) \times (423^3 - 298^3)$$

$$= 671.11(\text{cal/mol}) = 2.81(\text{kJ/mol})$$

$$\int_{298}^{423} \Delta C_{p,m_2} dT = \int_{298}^{423} [27.28 + 3.26 \times 10^{-3}T + 0.502 \times 10^5 T^{-2}] dT$$

$$= 27.28 \times (423 - 298) + \frac{3.26 \times 10^{-3}}{2} \times (423^2 - 298^2)$$

$$- 0.502 \times 10^5 (423^{-1} - 298^{-1}) = 3.607(\text{kJ/mol})$$

$$\Delta H_{r,T} = \Delta H_{r,298.15K}^\ominus 2.81 + \int_{298}^{423} \Delta C_{p,m_1} dT - \int_{298}^{423} \Delta C_{p,m_2} dT$$

$$= -70.17 + 2.81 - 3.607$$

$$= -70.967(\text{kJ/mol})$$

10.2.3 丁醛加氢反应流体力学计算

1. 结构尺寸和操作参数

气相丁醛加氢合成丁醇的列管式固定床反应器，其结构参数为：反应器反应管规格 $\Phi 45mm \times 3mm$，管长 10m，转化率 99.9%，工艺操作参数：操作压力 0.45MPa，空速 $170h^{-1}$，进料温度 120℃。催化剂床层堆积密度 $1.52g \cdot mL^{-1}$，床层空隙率 $\varepsilon = 0.66$。

2. 流体力学计算

反应器单管体积：$d_t = (45-6) \times 10^{-3}m = 0.039m$

$$V_1 = \frac{\pi}{4} \times d_t^2 \times l$$
$$= 0.785 \times 0.039^2 \times 10 = 1.194 \times 10^{-2}(m^3)$$

反应器单管横截面积：

$$A_t = \frac{\pi}{4} \times d_t^2$$
$$= 0.785 \times 0.039^2 = 1.194 \times 10^{-3}(m^2)$$

丁醛的进料浓度：

$$C_{A0} = \frac{p_{A0}}{RT_0} = \frac{P \cdot y_{A0}}{RT_0}$$
$$= \frac{P}{RT_0}(\frac{1-x_{A0}}{1+a-x_{A0}})$$
$$= \frac{0.45 \times 10^6}{8.314 \times 393} \times \frac{1}{29} = 4.75(mol/m^3)$$

反应器单管中丁醛的摩尔流量：

$$(F_{A0})_1 = C_{A0} \times V_1 \times S_V$$
$$= 4.75 \times 1.194 \times 10^{-2} \times 170/3600$$
$$= 2.678 \times 10^{-3}(mol/s)$$

反应器单管中氢的摩尔流量：

$$(F_{H0})_1 = F_{A0} \times a$$
$$= 2.678 \times 10^{-3} \times 28 = 7.499 \times 10^{-2}(mol/s)$$

反应器单管中进料的摩尔流量：$(F_{t0})_1 = (F_{A0})_1 + (F_{H0})_1 = 7.767 \times 10^{-2}(mol/s)$

丁醛原料气的质量通量：

$$G_{A0} = (F_{A0})_1 \times M_A/A_t$$
$$= \frac{2.678 \times 10^{-3} \times 72.11 \times 10^{-3}}{1.194 \times 10^{-3}} = 0.162[kg/(m^2 \cdot s)]$$

氢气进料的质量通量：

$$G_{H0} = (F_{H0})_1 \times M_H/A_1$$
$$= \frac{7.499 \times 10^{-2} \times 2.01 \times 10^{-3}}{1.194 \times 10^{-3}} = 0.126[kg/(m^2 \cdot s)]$$

混合气进料的质量通量：
$$G = G_{H0} + G_{A0} = 0.126 + 0.162 = 0.288[kg/(m^2 \cdot s)]$$

转化率 50% 时混合气体的平均分子量 $\overline{M}$

$$\overline{M} = M_A \cdot y_A + M_H \cdot y_H + M_C \cdot y_C$$

$$= 72.11 \times 0.0175 + 2.01 \times 0.965 + 74.12 \times 0.0175$$
$$= 4.499(\text{g/mol})$$

转化率 50% 时，气体混合物在 423K 与 0.45MPa 下的平均密度为：

$$\rho = \frac{P\overline{M}}{RT} = \frac{0.45 \times 10^6 \times 4.499}{8.314 \times 423 \times 1000} = 0.5757(\text{kg/m}^3)$$

10.2.4 反应器总传热系数的求取

1. 总括给热系数 h_0 和传热介质的给热系数

总括给热系数 h_0 相对于空管传热过程中的管内壁的给热系数，是床层内对流、传热和辐射三种传热的综合，其数值比相同空管流速下的管内壁给热系数大得多。关联 h_0 值的经验公式有许多，其中比较简单的是 Leva 公式：

当床层被加热时（吸热反应）

$$\frac{h_0 d_t}{\lambda} = 0.813 \left(\frac{d_P G}{\mu}\right)^{0.9} \cdot \exp\left(-6\frac{d_P}{d_t}\right) \qquad (10\text{-}2\text{-}12)$$

当床层被冷却时（放热反应）：

$$\frac{h_0 d_t}{\lambda} = 3.5 \left(\frac{d_P G}{\mu}\right)^{0.7} \cdot \exp\left(-4.6\frac{d_P}{d_t}\right) \qquad (10\text{-}2\text{-}13)$$

式中　d_t——反应管内径，m；

　　　G——气体质量通量，kg/(m²·s)；

　　　μ——气体黏度，kg/(m·s)；

　　　λ——气体导热系数，kJ/(m·s·K)；

　　　d_P——颗粒直径，m（本设计催化剂为圆柱状 ϕ6mm×6mm）。

丁醛加氢反应为放热反应，用式（10-2-13）计算总括给热系数 h_0。

查文献，水蒸气的给热系数 $\alpha_\text{外}$ 为 10^4 J/(m²·s·K)。

比表面积当量直径：

$$d_S = 6 \times \frac{V_P}{a_P}$$

$$= 6 \times \frac{0.785 \times 6^2 \times 6}{2 \times 0.785 \times 6^2 + 3.14 \times 6 \times 6} = 6(\text{mm}) = 0.006(\text{m})$$

$$h_0 = 3.5 \left(\frac{d_P \cdot G}{\mu}\right)^{0.7} \cdot \exp\left(-4.6\frac{d_P}{d_t}\right) \cdot \frac{\lambda}{d_t}$$

$$= 3.5 \times \left(\frac{0.006 \times 0.288}{6.095 \times 10^{-5}}\right)^{0.7} \times \exp\left(-4.6 \times \frac{0.006}{0.039}\right) \times \frac{0.351 \times 10^{-3}}{0.039}$$

$$= 0.1613[\text{kJ/(s·m²·K)}] = 161.3[\text{J/(s·K·m²)}]$$

2. 总传热系数 U

以管内床层某截面上平均温度 T_m 与同一截面上管外传热介质温度 T_s 之差定义的总传热系数可用下式计算：

$$\frac{1}{U} = \frac{1}{h_0} + \frac{\delta}{\lambda_S} + \frac{1}{\alpha_\text{外}} + R_\alpha \qquad (10\text{-}2\text{-}14)$$

由式（10-2-13）　　　$h_0 = 161.3\text{J/(m²·s·K)}$

污垢热阻　　　　　　$R_\alpha = 0.0006(\text{m}^2 \cdot \text{h} \cdot \text{K} \cdot \text{kcal}^{-1}) = 0.000516(\text{m}^2 \cdot \text{s} \cdot \text{K} \cdot \text{J}^{-1})$

根据表 10-2-4，碳钢在不同温度下的热导率，估算 λ_s 值。

表 10-2-4　碳钢在不同温度下的热导率

温度/℃	120	175	230	290
λ/[W/(m·K)]	55.9	53.5	50.9	48.5

取定性温度 $T=423\mathrm{K}$，插值计算

$$\frac{(423-273.15)-120}{\lambda s-55.9}=\frac{175-120}{53.5-55.9}$$

$$\lambda s=54.6\,\mathrm{W/(m\cdot K)}$$

$$\frac{1}{U}=\frac{1}{h_0}+\frac{\delta}{\lambda_S}+\frac{1}{\alpha_{外}}+R_\alpha$$

$$=\frac{1}{161.3}+\frac{0.003}{54.6}+\frac{1}{10000}+0.000516$$

$$=0.006871$$

$$U=145.5\,\mathrm{J/(m^2\cdot s\cdot K)}$$

3. 气体在均匀固体颗粒的固定床中流动时产生的压降

混合气进料的质量通量：

$$G=0.288\,\mathrm{kg/(m^2\cdot s)}$$

空床平均流速 u_0：

$$u_0=G/\rho=0.288/0.5757=0.5\,(\mathrm{m/s})$$

比表面积当量直径 $d_S=6\mathrm{mm}$

$$R_{eM}=\frac{d_S\cdot\rho\cdot u_0}{\mu(1-\varepsilon)}=\frac{d_S\cdot G}{\mu(1-\varepsilon)}=\frac{0.006\times0.288}{6.095\times10^{-5}\times(1-0.66)}=83.39$$

$$f=\frac{150}{R_{eM}}+1.75=\frac{150}{83.39}+1.75=3.55$$

$$\Delta p=f\times\frac{L\cdot u_0^2\cdot\rho(1-\varepsilon)}{d_S\cdot\varepsilon^3}$$

$$=3.55\times\frac{10\times0.5^2\times0.5757\times(1-0.66)}{0.006\times0.66^3}$$

$$=1007\mathrm{Pa}<(0.45\times10^6\times15\%=6.75\times10^4\mathrm{Pa})$$

10.2.5　拟均相一维模型的建立和求解

1　拟均相一维模型建立

当床层被冷却时(放热反应)，在气固相催化反应达到定常态以后，以丁醛为着眼组分，取床层微元厚度 $\mathrm{d}l$ 进行着眼组分的物料衡算与热量衡算。

物料平衡方程及热量平衡方程如下：

$$F_{A0}\cdot\mathrm{d}x_A=\frac{\pi}{4}d_t^2\cdot\rho_B\cdot(-r'_A)\cdot\mathrm{d}l=\mathrm{d}W\cdot(-r'_A) \qquad (10\text{-}2\text{-}15)$$

$$F_t\cdot\overline{C}_p\cdot\mathrm{d}T=\frac{\pi}{4}\cdot d_t^2\cdot\rho_B(-r'_A)(-\triangle H_A)\mathrm{d}l-U\pi\cdot d_t(T-T_s)\mathrm{d}l \qquad (10\text{-}2\text{-}16)$$

整理得一非线性微分方程：

$$\frac{\mathrm{d}x_A}{\mathrm{d}l} = \frac{\pi \cdot d_t^2 \cdot \rho_B}{4F_{A0}}(-r'_A) \tag{10-2-17}$$

$$\frac{\mathrm{d}T}{\mathrm{d}l} = \frac{1}{F_t \cdot \bar{C}_p}\left[\frac{\pi}{4} \cdot d_t^2 \cdot \rho_B \cdot (-r'_A) \cdot (-\Delta H_A) - U\pi d_t(T - T_s)\right] \tag{10-2-18}$$

上述方程可用数值法求解，数值计算的结果将给出一组 $l \sim T \sim x_A$ 对应值，描出 $T \sim l$ 及 $x_A \sim l$ 曲线形状，$T \sim l$ 曲线出现最高点，该点温度称为热点，热点温度必须低于反应器和催化剂所允许的最高温度。否则可能产生飞温失控，烧坏催化剂和反应器，发生事故。

丁醛催化加氢的催化剂动力学方程为：

$$(-r'_A) = 0.1984\exp\left(-\frac{1.589\times10^4}{RT}\right)p_{H_2}^{0.3}p_{C_4H_8O}^{0.16}\,\mathrm{mol/(g \cdot h)} \qquad (P:\mathrm{MPa})$$

式中，C_4H_8O 为正丁醛（A）。

其中：$p_H = 0.45 \times \dfrac{28 - x_A}{29 - x_A}$

$p_A = 0.45 \times \dfrac{1 - x_A}{29 - x_A}$

a（氢醛比）$= 28$

床层的堆积密度 $\rho_B = 1.52\mathrm{g/mL}$

单管中丁醛的摩尔流量：

$$F_{A0} = 2.678\times10^{-3}\,\mathrm{mol/s}$$

单管中混合气进料的摩尔流量：$F_{t0} = 7.767\times10^{-2}\,\mathrm{mol/s}$

进料气体的总摩尔流量：$F_t = F_{t0}(1 + \delta_A \cdot y_{A0} \cdot x_A)$

对于反应：$CH_3(CH_2)_2CHO + H_2 \longrightarrow CH_3(CH_2)_3OH$

（A）　　　　　（H）　　　　　（C）

$$\delta_A = \frac{1 - 1 - 1}{1} = -1$$

$$y_{A0} = \frac{1}{1 + 28} = 0.03448$$

$$F_t = F_{t0}(1 - 1\times0.03448x_A) = 7.767\times10^{-2}(1 - 0.03448x_A)$$

当平均温度为 423K，转化率 50% 时，$\bar{C}_p = 30.94\mathrm{J/(mol \cdot K)}$，$(-\Delta H_A) = 70967\mathrm{J/mol}$，平均总传热系数 $U = 145.5\mathrm{J/(m^2 \cdot s \cdot K)}$，$T_s = 120℃$。

2. 算法简介

一维模型所确定的微分方程组可以用数值法求解，得出换热式催化剂床层中轴向的温度分布。因此，由进出口转化率及出口温度，便可以确定催化剂床层高度。常用的数值解法，除改进欧拉法外还有龙格-库塔法等。这里介绍四阶龙格-库塔法的求解步骤：

将式（10-2-17）和式（10-2-18）化成有限差分形式：

$$\Delta x_A = \frac{\pi d_t^2 \rho_B}{4F_{A0}}(-r'_A)\Delta l = f(x_A, T, l)\Delta l \tag{10-2-19}$$

$$\Delta T = \frac{1}{F_t \bar{C}_P}\left[\frac{\pi}{4}d_t^2\rho_B \cdot (-r'_A)(-\Delta H_A) - U\pi d_t(T - T_S)\right]\Delta l = g(x_A, T, l)\Delta l$$

$$\tag{10-2-20}$$

初始边界条件为：$l=0$，$x_{A0}=0$，$T=393\mathrm{K}$，以此作为初值，取步长为 Δl，逐点计算：

$$k_1 = f(x_{A0}, \ T_0, \ l_0)\Delta l$$

$$h_1 = g(x_{A0}, \ T_0, \ l_0)\Delta l$$

$$k_2 = f(x_{A0} + \frac{k_1}{2}, \ T_0 + \frac{h_1}{2}, \ l_0 + \frac{\Delta l}{2})\Delta l$$

$$h_2 = g(x_{A0} + \frac{k_1}{2}, \ T_0 + \frac{h_1}{2}, \ l_0 + \frac{\Delta l}{2})\Delta l$$

$$k_3 = f(x_{A0} + \frac{k_2}{2}, \ T_0 + \frac{h_2}{2}, \ l_0 + \frac{\Delta l}{2})\Delta l$$

$$h_3 = g(x_{A0} + \frac{k_2}{2}, \ T_0 + \frac{h_2}{2}, \ l_0 + \frac{\Delta l}{2})\Delta l$$

$$k_4 = f(x_{A0} + k_3, \ T_0 + h_3, \ l_0 + \Delta l)\Delta l$$

$$h_4 = g(x_{A0} + k_3, \ T_0 + h_3, \ l_0 + \Delta l)\Delta l$$

经过一个步长后，下一点的各变量值为：

$$x_{A1} = x_{A0} + \frac{1}{6}(k_1 + 2k_2 + 2k_3 + k_4)$$

$$T_1 = T_0 + \frac{1}{6}(h_1 + 2h_2 + 2h_3 + h_4)$$

$$l_1 = l_0 + \Delta l$$

再以 $(x_{A1}, \ T_1, \ l_1)$ 为初值，经过相同的步骤算得 $(x_{A2}, \ T_2, \ l_2)$，然后以此类推。龙格-库塔法适于用计算机计算。为使计算机结果稳定准确，步长应取得较小。学生可以用 VB 程序设计语言编写程序进行求解计算。

将相关数据代入式（10-2-19）、式（10-2-20），如下：

$$\Delta x_A = \frac{\pi d_t^2 \rho_B}{4 F_{A0}}(-r'_A)\Delta l$$

$$= \frac{3.14 \times 0.039^2 \times 1.52 \times 10^6}{4 \times 2.678 \times 10^{-3} \times 3600} \times 0.1984 \times \exp(\frac{-1.589 \times 10^4}{8.314 \times T}) \times (0.45 \times \frac{28 - x_A}{29 - x_A})^{0.3}$$

$$\times (0.45 \times \frac{1 - x_A}{29 - x_A})^{0.16} \ \Delta l$$

$$= 25.867 \times \exp(\frac{-1911.2}{T}) \times (\frac{28 - x_A}{29 - x_A})^{0.3} \times (\frac{1 - x_A}{29 - x_A})^{0.16} \cdot \Delta l$$

$$\Delta T = \frac{1}{F_t \overline{C_p}}[\frac{\pi}{4} d_t^2 \rho_B \cdot (-r'_A)(-\Delta H_A) - U\pi d_t(T - T_S)]\Delta l$$

$$= \frac{1}{7.767 \times 10^{-2}(1 - 0.03448 x_A) \times 30.94}$$

$$\times [\frac{3.14}{4} \times 0.039^2 \times 1.52 \times 10^6 \times 0.1984 \times \exp(\frac{-1.589 \times 10^4}{8.314 \times T})$$

$$\times (0.45 \times \frac{28 - x_A}{29 - x_A})^{0.3} \times (0.45 \times \frac{1 - x_A}{29 - x_A})^{0.16}$$

$$\times \frac{70967}{3600} - 3.14 \times 0.039 \times 145.5(T - 393)]\Delta l$$

$$= \frac{0.4161}{1 - 0.03448 x_A} \times [4916.05 \exp(\frac{-1911.2}{T}) \times (\frac{28 - x_A}{29 - x_A})^{0.3}$$

$$\times (\frac{1 - x_A}{29 - x_A})^{0.16} - 17.8179T + 7002.4]\Delta l$$

编程及 $x_A \sim l$ 和 $T \sim l$ 数据表略。

3. 管子数的求解

丁醇的生产能力为 5200t/a，正丁醛转化率 99.9%，空速 170h^{-1}[m^3（原料气体积）/(m^3（催化剂体积）·h]，年操作 7200h，丁醛的进料浓度 C_{A0} 为 4.75mol/m^3，反应器单管体积 V_1 为 1.194×10^{-2}m^3。

丁醇的摩尔流量为：

$$F_C = \frac{5200 \times 10^6}{7200 \times 3600 \times 74.12} = 2.707(\text{mol/s})$$

反应器入口丁醛的摩尔流量为：

$$F_{A0} = \frac{F_C}{x_A} = \frac{2.707}{0.999} = 2.710(\text{mol/s})$$

进料口的体积流量为：

$$v_0 = \frac{F_{A0}}{C_{A0}} = \frac{2.710}{4.75} = 0.571(\text{m}^3/\text{s})$$

单管入口处的体积流量为：

$$v_1 = V_1 S_V = 1.194 \times 10^{-2} \times 170/3600$$
$$= 5.64 \times 10^{-4}(\text{m}^3/\text{h})$$

反应器的管子数为：

$$n = \frac{v_0}{v_1} = \frac{0.571}{5.64 \times 10^{-4}} = 1013(\text{根})$$

4. 反应器直径的确定

管中心距 $t = 1.368 d_t = 1.368 \times 0.039 = 0.053(\text{m})$

管束中心线最外层管的中心至反应器内壁的距离为 b，一般 $b = (1 \sim 1.5) d_t$，取 $b = 1.5 d_t = 1.5 \times 0.039 = 0.0585(\text{m})$

横过管中心线的参数为 $n_C = 1.1 \times \sqrt{n} = 1.1 \times \sqrt{1013} \approx 35(\text{根})$

反应器内径 $D = t \cdot (n_C - 1) + 2b = 0.053 \times (35 - 1) + 2 \times 0.0585 = 1.919\text{m} \approx 1920(\text{mm})$

10.3 图纸

带控制点工艺流程见图 10-3-1，反应器设备条件图略。

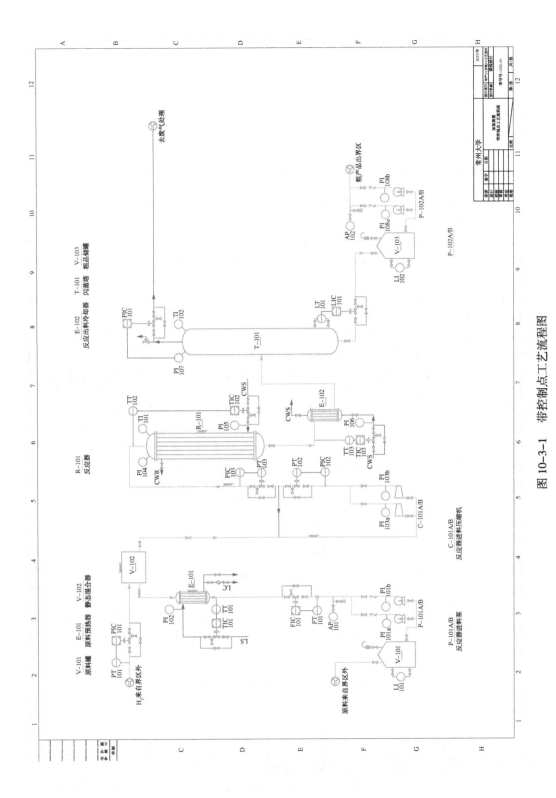

图 10-3-1　带控制点工艺流程图

195

习　题

1. V_2O_5-硅胶催化剂上进行萘的气相氧化以制取邻苯二甲酸酐的反应:

$$(-r'_A) = 3.05 \times 10^6 \exp\left(-\frac{14000}{T}\right) p_A^{0.38} \text{ mol/(h·g)}, \quad p_A \text{ 单位为 atm}_\circ$$

$(-\Delta H_A) = 19000 \text{ J/g}$。如进料含萘 0.1%(摩尔分数),空气 99.9%(摩尔分数),温度 ≤400℃。空气热容为:

$$C_P = 1.06 \times 28.9 = 30.6 \text{ J/(mol·K)}$$

按年产 100kt 邻苯二甲酸酐生产能力计算,年工作时间为 300 天,转化率为 45%,催化剂选择性为 95%,预热到 340℃的原料气,床层对壁传热系数 $h_0 = 10 \text{W/(m}^2 \cdot \text{K)}$,热载体保持 340℃,内径 2.5cm 列管反应器。新鲜催化剂外形为直径 0.5cm、高为 0.5cm 的圆柱体,堆积密度 0.8g/cm^3。按一维模型设计固定床反应器。

2. 苯催化加氢制备环己烷是一种得到广泛采用的工艺方法。常用的催化剂含 Fe、Co、Ni、Pt、Cr、Ru、Ti 等活性组分,以 $\gamma\text{-Al}_2O_3$、活性炭、硅藻土等为载体。气相苯催化加氢合成环己烷的工艺流程简述如下:苯与补充的氢、循环氢混合后,与反应物热交换而被汽化,把这种混合气体导入一台装有催化剂的列管式固定床反应器(前反应器)。前反应器反应管 $\phi45\text{mm} \times 2.5\text{mm}$,管长 6m,反应压力 0.7MPa,反应温度为 420K(前反应器入口),苯转化率约为 95%,再在后反应器中完全转化,加氢产物经热交换,冷却后进闪蒸罐,闪蒸出来的气体,一部分用作循环氢气,一部分用作燃料气,闪蒸罐出来的液体,经稳定塔处理后得高纯度环己烷。反应热用于产生 0.2MPa 压力的饱和蒸汽。按一维模型设计固定床反应器。

其他工艺操作参数:气相苯空速 1000h^{-1},催化剂床层堆密度 600kg/m^3。

$$C_6H_6 + 3H_2 \Longrightarrow C_6H_{12}$$
$$A + 3B \Longrightarrow P$$

模拟苯加氢催化剂动力学: $(-r'_A) = \dfrac{644.67\exp\left(-\dfrac{4025}{RT}\right) p_A p_B^{1.5}}{1 + 35470\exp\left(-\dfrac{17328.6}{RT}\right) p_A^{0.3}}$ mol/(s·kgcat.) (p: MPa)

3. 醋酸乙烯反应器为管壳式固定床反应器,反应器中并联固定着若干根直径 $\phi45\text{mm} \times 3\text{mm}$ 的钢管,管内装填 $\text{Pd-Au-CH}_3\text{COOK/SiO}_2$ 催化剂。反应物料由上向下经过催化床发生催化放热反应,加氢产物由下部排出。反应热由壳程冷却水移走。

$$CH_2=CH_2 + CH_3COOH + \frac{1}{2}O_2 \longrightarrow CH_3COOCH=CH_2 + H_2O - 146.7 \text{kJ/mol}$$

动力学方程:

$$(-r'_A) = 0.432 \times 10^8 \exp\left(\frac{-39092}{RT}\right) p_{O_2}^{1.44} \quad \text{mol/(g·h)} \quad (p, \text{MPa})$$

醋酸乙烯生产能力为 50kt/a,空速 $500 \sim 2000\text{h}^{-1}$。

其他工艺条件:乙烯的单程转化率为 10%,醋酸乙烯的选择性 100%。反应温度为 125 ~ 145℃,反应压力 0.15 ~ 0.25MPa。原料气组成:乙烯:醋酸:氧气 = 9:4:1.5(摩尔比)。催化剂堆积密度 $\rho_B = 0.6 \text{g/mL}$。冷却水进口温度 70℃,出口温度 80℃,按一维模型设计固定床反应器。